国家出版基金项目
NATIONAL PUBLICATION FOUNDATION

"十三五"国家重点
出版物出版规划项目

战略前沿新材料
——石墨烯出版工程
丛书总主编　刘忠范

功能化石墨烯
材料及应用

智林杰　马英杰　孔德斌　编著

Functionalized Graphene
Materials and Applications

GRAPHENE

18

华东理工大学出版社
EAST CHINA UNIVERSITY OF SCIENCE AND TECHNOLOGY PRESS
·上海·

上海高校服务国家重大战略出版工程资助项目

图书在版编目(CIP)数据

功能化石墨烯材料及应用/智林杰，马英杰，孔德斌编著.
—上海：华东理工大学出版社，2021.12
战略前沿新材料——石墨烯出版工程/刘忠范总主编
ISBN 978-7-5628-6411-0

Ⅰ.①功… Ⅱ.①智… ②马… ③孔… Ⅲ.①石墨—复合材
料 Ⅳ.①TB332

中国版本图书馆 CIP 数据核字(2020)第 252785 号

内容提要

发展功能化石墨烯材料,研究其结构及物理化学性质,探索其在不同领域的应用,对推动石墨烯材料的实用化具有重要意义,是目前和未来石墨烯领域的重要研究方向。本书旨在对功能化石墨烯相关研究领域进行较为系统的分析和归纳整理,以期对石墨烯功能化领域的研究进展进行较为系统的梳理。

本书从功能化石墨烯及功能化石墨烯复合材料的发展历程出发,围绕功能化石墨烯材料的构建策略及其制备方法,阐述功能化石墨烯材料的定义、分类和制备方法,重点对功能化石墨烯材料的"自上而下""自下而上"和可控官能团修饰等几种不同构建方式的研究成果进行总结。在此基础上系统阐述功能化石墨烯材料在光能转化、储能、生物医学、环境和催化等领域的应用,并对石墨烯功能化领域未来发展趋势及应用前景进行展望。

项目统筹 / 周永斌　马夫娇
责任编辑 / 马夫娇
装帧设计 / 周伟伟
出版发行 / 华东理工大学出版社有限公司
　　　　　　地址：上海市梅陇路 130 号,200237
　　　　　　电话：021-64250306
　　　　　　网址：www.ecustpress.cn
　　　　　　邮箱：zongbianban@ecustpress.cn
印　　刷 / 上海雅昌艺术印刷有限公司
开　　本 / 710 mm×1000 mm　1/16
印　　张 / 21.5
字　　数 / 368 千字
版　　次 / 2021 年 12 月第 1 版
印　　次 / 2021 年 12 月第 1 次
定　　价 / 288.00 元

.

总序 一

2004 年,英国曼彻斯特大学物理学家安德烈·海姆(Andre Geim)和康斯坦丁·诺沃肖洛夫(Konstantin Novoselov)用透明胶带剥离法成功地从石墨中剥离出石墨烯,并表征了它的性质。仅过了六年,这两位师徒科学家就因"研究二维材料石墨烯的开创性实验"荣摘 2010 年诺贝尔物理学奖,这在诺贝尔授奖史上是比较迅速的。他们向世界展示了量子物理学的奇妙,他们的研究成果不仅引发了一场电子材料革命,而且还将极大地促进汽车、飞机和航天工业等的发展。

从零维的富勒烯、一维的碳纳米管,到二维的石墨烯及三维的石墨和金刚石,石墨烯的发现使碳材料家族变得更趋完整。作为一种新型二维纳米碳材料,石墨烯自诞生之日起就备受瞩目,并迅速吸引了世界范围内的广泛关注,激发了广大科研人员的研究兴趣。被誉为"新材料之王"的石墨烯,是目前已知最薄、最坚硬、导电性和导热性最好的材料,其优异性能一方面激发人们的研究热情,另一方面也掀起了应用开发和产业化的浪潮。石墨烯在复合材料、储能、导电油墨、智能涂料、可穿戴设备、新能源汽车、橡胶和大健康产业等方面有着广泛的应用前景。在当前新一轮产业升级和科技革命大背景下,新材料产业必将成为未来高新技术产业发展的基石和先导,从而对全球经济、科技、环境等各个领域的发展产生深刻影响。中国是石墨资源大国，也是石墨烯研究和应用开发最活跃的国家，已成为全球石墨烯行业发展最强有力的推动力量，在全球石墨烯市场上占据主导地位。

作为21世纪的战略性前沿新材料，石墨烯在中国经过十余年的发展，无论在科学研究还是产业化方面都取得了可喜的成绩，但与此同时也面临一些瓶颈和挑战。如何实现石墨烯的可控、宏量制备，如何开发石墨烯的功能和拓展其应用领域，是我国石墨烯产业发展面临的共性问题和关键科学问题。在这一形势背景下，为了推动我国石墨烯新材料的理论基础研究和产业应用水平提升到一个新的高度，完善石墨烯产业发展体系及在多领域实现规模化应用，促进我国石墨烯科学技术领域研究体系建设、学科发展及专业人才队伍建设和人才培养，一套大部头的精品力作诞生了。北京石墨烯研究院院长、北京大学教授刘忠范院士领衔策划了这套"战略前沿新材料——石墨烯出版工程"，共22分册，从石墨烯的基本性质与表征技术、石墨烯的制备技术和计量标准、石墨烯的分类应用、石墨烯的发展现状报告和石墨烯科普知识等五大部分系统梳理石墨烯全产业链知识。丛书内容设置点面结合、布局合理，编写思路清晰、重点明确，以期探索石墨烯基础研究新高地、追踪石墨烯行业发展、反映石墨烯领域重大创新、展现石墨烯领域自主知识产权成果，为我国战略前沿新材料重大规划提供决策参考。

参与这套丛书策划及编写工作的专家、学者来自国内二十余所高校、科研院所及相关企业，他们站在国家高度和学术前沿，以严谨的治学精神对石墨烯研究成果进行整理、归纳、总结，以出版时代精品作为目标。丛书展示给读者完善的科学理论、精准的文献数据、丰富的实验案例，对石墨烯基础理论研究和产业技术升级具有重要指导意义，并引导广大科技工作者进一步探索、研究，突破更多石墨烯专业技术难题。相信，这套丛书必将成为石墨烯出版领域的标杆。

尤其让我感到欣慰和感激的是，这套丛书被列入"十三五"国家重点出版物出版规划，并得到了国家出版基金的大力支持，我要向参与丛书编写工作的所有同仁和华东理工大学出版社表示感谢,正是有了你们在各自专业领域中的倾情奉献和互相配合,才使得这套高水准的学术专著能够顺利出版问世。

　　最后,作为这套丛书的编委会顾问成员,我在此积极向广大读者推荐这套丛书。

中国科学院院士

2020 年 4 月于中国科学院化学研究所

总序　二

"战略前沿新材料——石墨烯出版工程":
一套集石墨烯之大成的丛书

2010 年 10 月 5 日,我在宝岛台湾参加海峡两岸新型碳材料研讨会并作了"石墨烯的制备与应用探索"的大会邀请报告,数小时之后就收到了对每一位从事石墨烯研究与开发的工作者来说都十分激动的消息:2010 年度的诺贝尔物理学奖授予英国曼彻斯特大学的 Andre Geim 和 Konstantin Novoselov 教授,以表彰他们在石墨烯领域的开创性实验研究。

碳元素应该是人类已知的最神奇的元素了,我们每个人时时刻刻都离不开它:我们用的燃料全是含碳的物质,吃的多为碳水化合物,呼出的是二氧化碳。不仅如此,在自然界中纯碳主要以两种形式存在:石墨和金刚石,石墨成就了中国书法,而金刚石则是美好爱情与幸福婚姻的象征。自 20 世纪 80 年代初以来,碳一次又一次给人类带来惊喜:80 年代伊始,科学家们采用化学气相沉积方法在温和的条件下生长出金刚石单晶与薄膜;1985 年,英国萨塞克斯大学的 Kroto 与美国莱斯大学的 Smalley 和 Curl 合作,发现了具有完美结构的富勒烯,并于 1996 年获得了诺贝尔化学奖;1991 年,日本 NEC 公司的 Iijima 观察到由碳组成的管状纳米结构并正式提出了碳纳米管的概念,大大推动了纳米科技的发展,并于 2008 年获得了卡弗里纳米科学奖;2004 年,Geim 与当时他的博士研究生 Novoselov 等人采用粘胶带剥离石墨的方法获得了石墨烯材料,迅速激发了科学界的研究热情。事实上,人类对石墨烯结构并不陌生,石墨烯是由单层碳原子构成的二维蜂窝状结构,是构成其他维数形式碳材料的基本单元,因此关于石墨烯结构的工作可追溯到20世纪40年代的理论研究。1947年,Wallace首次计算了石墨烯的电子结构,并且发现其具有奇特的线性色散关系。自此,石墨烯作为理论模型,被广泛用于描述碳材料的结构与性能,但人们尚未把石墨烯本身也作为一种材料来进行研究与开发。

石墨烯材料甫一出现即备受各领域人士关注,迅速成为新材料、凝聚态物理等领域的"高富帅",并超过了碳家族里已很活跃的两个明星材料——富勒烯和碳纳米管,这主要归因于以下三大理由。一是石墨烯的制备方法相对而言非常简单。Geim等人采用了一种简单、有效的机械剥离方法,用粘胶带撕裂即可从石墨晶体中分离出高质量的多层甚至单层石墨烯。随后科学家们采用类似原理发明了"自上而下"的剥离方法制备石墨烯及其衍生物,如氧化石墨烯;或采用类似制备碳纳米管的化学气相沉积方法"自下而上"生长出单层及多层石墨烯。二是石墨烯具有许多独特、优异的物理、化学性质,如无质量的狄拉克费米子、量子霍尔效应、双极性电场效应、极高的载流子浓度和迁移率、亚微米尺度的弹道输运特性,以及超大比表面积,极高的热导率、透光率、弹性模量和强度。最后,特别是由于石墨烯具有上述众多优异的性质,使它有潜力在信息、能源、航空、航天、可穿戴电子、智慧健康等许多领域获得重要应用,包括但不限于用于新型动力电池、高效散热膜、透明触摸屏、超灵敏传感器、智能玻璃、低损耗光纤、高频晶体管、防弹衣、轻质高强航空航天材料、可穿戴设备,等等。

因其最为简单和完美的二维晶体、无质量的费米子特性、优异的性能和广阔的应用前景,石墨烯给学术界和工业界带来了极大的想象空间,有可能催生许多技术领域的突破。世界主要国家均高度重视发展石墨烯,众多高校、科研机构和公司致力于石墨烯的基础研究及应用开发,期待取得重大的科学突破和市场价值。中国更是不甘人后,是世界上石墨烯研究和应用开发最为活跃的国家,拥有一支非常庞大的石墨烯研究与开发队伍,位居世界第一。有关统计数据显示,无

　　　　　　　　　　　　　　　　　　　　功能化石墨烯材料及应用

论是正式发表的石墨烯相关学术论文的数量、中国申请和授权的石墨烯相关专利的数量，还是中国拥有的从事石墨烯相关的企业数量以及石墨烯产品的规模与种类，都远远超过其他任何一个国家。然而，尽管石墨烯的研究与开发已十六载，我们仍然面临着一系列重要挑战，特别是高质量石墨烯的可控规模制备与不可替代应用的开拓。

十六年来，全世界许多国家在石墨烯领域投入了巨大的人力、物力、财力进行研究、开发和产业化，在制备技术、物性调控、结构构建、应用开拓、分析检测、标准制定等诸多方面都取得了长足的进步，形成了丰富的知识宝库。虽有一些有关石墨烯的中文书籍陆续问世，但尚无人对这一知识宝库进行全面、系统的总结、分析并结集出版，以指导我国石墨烯研究与应用的可持续发展。为此，我国石墨烯研究领域的主要开拓者及我国石墨烯发展的重要推动者、北京大学教授、北京石墨烯研究院创院院长刘忠范院士亲自策划并担任总主编，主持编撰"战略前沿新材料——石墨烯出版工程"这套丛书，实为幸事。该丛书由石墨烯的基本性质与表征技术、石墨烯的制备技术和计量标准、石墨烯的分类应用、石墨烯的发展现状报告、石墨烯科普知识等五大部分共 22 分册构成，由刘忠范院士、张锦院士等一批在石墨烯研究、应用开发、检测与标准、平台建设、产业发展等方面的知名专家执笔撰写，对石墨烯进行了 360°的全面检视，不仅很好地总结了石墨烯领域的国内外最新研究进展，包括作者们多年辛勤耕耘的研究积累与心得，系统介绍了石墨烯这一新材料的产业化现状与发展前景，而且还包括了全球石墨烯产业报告和中国石墨烯产业报告。特别是为了更好地让公众对石墨烯有正确的认识和理解，刘忠范院士还率先垂范，亲自撰写了《有问必答：石墨烯的魅力》这一科普分册，可谓匠心独具、运思良苦，成为该丛书的一大特色。我对他们在百忙之中能够完成这一巨制甚为敬佩，并相信他们的贡献必将对中国乃至世界石墨烯领域的发展起到重要推动作用。

刘忠范院士一直强调"制备决定石墨烯的未来"，我在此也呼应一下："石墨烯的未来源于应用"。我衷心期望这套丛书能帮助我们发明、发展出高质量石墨烯的制备技术,帮助我们开拓出石墨烯的"杀手锏"应用领域,经过政产学研用的通力合作,使石墨烯这一结构最为简单但性能最为优异的碳家族的最新成员成为支撑人类发展的神奇材料。

中国科学院院士

成会明,2020 年 4 月于深圳

清华大学,清华－伯克利深圳学院,深圳

中国科学院金属研究所,沈阳材料科学国家研究中心,沈阳

丛书前言

　　石墨烯是碳的同素异形体大家族的又一个传奇，也是当今横跨学术界和产业界的超级明星，几乎到了家喻户晓、妇孺皆知的程度。当然，石墨烯是当之无愧的。作为由单层碳原子构成的蜂窝状二维原子晶体材料，石墨烯拥有无与伦比的特性。理论上讲，它是导电性和导热性最好的材料，也是理想的轻质高强材料。正因如此，一经问世便吸引了全球范围的关注。石墨烯有可能创造一个全新的产业，石墨烯产业将成为未来全球高科技产业竞争的高地，这一点已经成为国内外学术界和产业界的共识。

　　石墨烯的历史并不长。从 2004 年 10 月 22 日，安德烈·海姆和他的弟子康斯坦丁·诺沃肖洛夫在美国 *Science* 期刊上发表第一篇石墨烯热点文章至今，只有十六个年头。需要指出的是，关于石墨烯的前期研究积淀很多，时间跨度近六十年。因此不能简单地讲，石墨烯是 2004 年发现的、发现者是安德烈·海姆和康斯坦丁·诺沃肖洛夫。但是，两位科学家对"石墨烯热"的开创性贡献是毋庸置疑的，他们首次成功地研究了真正的"石墨烯材料"的独特性质，而且用的是简单的透明胶带剥离法。这种获取石墨烯的实验方法使得更多的科学家有机会开展相关研究，从而引发了持续至今的石墨烯研究热潮。2010 年 10 月 5 日，两位拓荒者荣获诺贝尔物理学奖，距离其发表的第一篇石墨烯论文仅仅六年时间。

"构成地球上所有已知生命基础的碳元素,又一次惊动了世界",瑞典皇家科学院当年发表的诺贝尔奖新闻稿如是说。

从科学家手中的实验样品,到走进百姓生活的石墨烯商品,石墨烯新材料产业的前进步伐无疑是史上最快的。欧洲是石墨烯新材料的发源地,欧洲人也希望成为石墨烯新材料产业的领跑者。一个重要的举措是启动"欧盟石墨烯旗舰计划",从 2013 年起,每年投资一亿欧元,连续十年,通过科学家、工程师和企业家的接力合作,加速石墨烯新材料的产业化进程。英国曼彻斯特大学是石墨烯新材料呱呱坠地的场所,也是世界上最早成立石墨烯专门研究机构的地方。2015 年 3 月,英国国家石墨烯研究院(NGI)在曼彻斯特大学启航;2018 年 12 月,曼彻斯特大学又成立了石墨烯工程创新中心(GEIC)。动作频频,基础与应用并举,矢志充当石墨烯产业的领头羊角色。当然,石墨烯新材料产业的竞争是激烈的,美国和日本不甘其后,韩国和新加坡也是志在必得。据不完全统计,全世界已有 179 个国家或地区加入了石墨烯研究和产业竞争之列。

中国的石墨烯研究起步很早,基本上与世界同步。全国拥有理工科院系的高等院校,绝大多数都或多或少地开展着石墨烯研究。作为科技创新的国家队,中国科学院所辖遍及全国的科研院所也是如此。凭借着全球最大规模的石墨烯研究队伍及其旺盛的创新活力,从 2011 年起,中国学者贡献的石墨烯相关学术论文总数就高居全球榜首,且呈遥遥领先之势。截至 2020 年 3 月,来自中国大陆的石墨烯论文总数为 101913 篇,全球占比达到 33.2%。需要强调的是,这种领先不仅仅体现在统计数字上,其中不乏创新性和引领性的成果,超洁净石墨烯、超级石墨烯玻璃、烯碳光纤就是典型的例子。

中国对石墨烯产业的关注完全与世界同步,行动上甚至更为迅速。统计数据显示,早在 2010 年,正式工商注册的开展石墨烯相关业务的企业就高达 1778 家。截至 2020 年 2 月,这个数字跃升到 12090 家。对石墨烯高新技术产业来说,知识产权的争夺自然是十分激烈的。进入 21 世纪以来,知识产权问题受到国人前所未有的重视,这一点在石墨烯新材料领域得到了充分的体现。截至 2018 年底,全球石墨烯相关的专利申请总数为 69315 件,其中来自中国大陆的专利高达 47397 件,占比 68.4%,可谓是独占鳌头。因此,从统计数据上看,中国的石墨烯研究与产业化进程无疑是引领世界的。当然,不可否认的是,统计数字只能反映一部分现实,也会掩盖一些重要的"真实",当然这一点不仅仅限于石墨烯新材料领域。

中国的"石墨烯热"已经持续了近十年,甚至到了狂热的程度,这是全球其他国家和地区少见的。尤其在前几年的"石墨烯淘金热"巅峰时期,全国各地争相建设"石墨烯产业园""石墨烯小镇""石墨烯产业创新中心",甚至在乡镇上都建起了石墨烯研究院,可谓是"烯流滚滚",真有点像当年的"大炼钢铁运动"。客观地讲,中国的石墨烯产业推进速度是全球最快的,既有的产业大军规模也是全球最大的,甚至吸引了包括两位石墨烯诺贝尔奖得主在内的众多来自海外的"淘金者"。同样不可否认的是,中国的石墨烯产业发展也存在着一些不健康的因素,一哄而上,遍地开花,导致大量的简单重复建设和低水平竞争。以石墨烯材料生产为例,2018 年粉体材料年产能达到 5100 吨,CVD 薄膜年产能达到 650 万平方米,比其他国家和地区的总和还多,实际上已经出现了产能过剩问题。2017 年1 月 30 日,笔者接受澎湃新闻采访时,明确表达了对中国石墨烯产业发展现状的担忧,随后很快得到习近平总书记的高度关注和批示。有关部门根据习总书记的指示,做了全国范围的石墨烯产业发展现状普查。三年后的现在,应该说情况有所改变,随着人们对石墨烯新材料的认识不断深入,以及从实验室到市场的产业化实践,中国的"石墨烯热"有所降温,人们也渐趋冷静下来。

这套大部头的石墨烯丛书就是在这样一个背景下诞生的。从 2004 年至今,已经有了近十六年的历史沉淀。无论是石墨烯的基础研究,还是石墨烯材料的产业化实践,人们都有了更多的一手材料,更有可能对石墨烯材料有一个全方位的、科学的、理性的认识。总结历史,是为了更好地走向未来。对于新兴的石墨烯产业来说,这套丛书出版的意义也是不言而喻的。事实上,国内外已经出版了数十部石墨烯相关书籍,其中不乏经典性著作。本丛书的定位有所不同,希望能够全面总结石墨烯相关的知识积累,反映石墨烯领域的国内外最新研究进展,展示石墨烯新材料的产业化现状与发展前景,尤其希望能够充分体现国人对石墨烯领域的贡献。本丛书从策划到完成前后花了近五年时间,堪称马拉松工程,如果没有华东理工大学出版社项目团队的创意、执着和巨大的耐心,这套丛书的问世是不可想象的。他们的不达目的决不罢休的坚持感动了笔者,让笔者承担起了这项光荣而艰巨的任务。而这种执着的精神也贯穿整个丛书编写的始终,融入每位作者的写作行动中,把好质量关,做出精品,留下精品。

本丛书共包括 22 分册,执笔作者 20 余位,都是石墨烯领域的权威人物、一线专家或从事石墨烯标准计量工作和产业分析的专家。因此,可以从源头上保障丛书的专业性和权威性。丛书分五大部分,囊括了从石墨烯的基本性质和表征技术,到石墨烯材料的制备方法及其在不同领域的应用,以及石墨烯产品的计量检测标准等全方位的知识总结。同时,两份最新的产业研究报告详细阐述了世界各国的石墨烯产业发展现状和未来发展趋势。除此之外,丛书还为广大石墨烯迷们提供了一份科普读物《有问必答:石墨烯的魅力》,针对广泛征集到的石墨烯相关问题答疑解惑,去伪求真。各分册具体内容和执笔分工如下:01 分册,石墨烯的结构与基本性质(刘开辉);02 分册,石墨烯表征技术(张锦);03 分册,石墨烯基材料的拉曼光谱研究(谭平恒);04 分册,石墨烯制备技术(彭海琳);05 分册,石墨烯的化学气相沉积生长方法(刘忠范);06 分册,粉体石墨烯材料的制备方法(李永峰);07 分册,石墨烯材料质量技术基础:计量(任玲玲);08 分册,石墨烯电化学储能技术(杨全红);09 分册,石墨烯超级电容器(阮殿波);10 分册,石墨烯微电子与光电子器件(陈弘达);11 分册,石墨烯薄膜与柔性光电器件(史浩飞);12 分册,石墨烯膜材料与环保应用(朱宏伟);13 分册,石墨烯基传感器件(孙立涛);14 分册,石墨烯宏观材料及应用(高超);15 分册,石墨烯复合材料(杨程);16 分册,石墨烯生物技术(段小洁);17 分册,石墨烯化学与组装技术(曲良体);18 分册,功能化石墨烯材料及应用(智林杰);19 分册,石墨烯粉体材料:从基础研究到工业应用(侯士峰);20 分册,全球石墨烯产业研究报告(李义春);

21分册,中国石墨烯产业研究报告(周静);22分册,有问必答:石墨烯的魅力(刘忠范)。

　　本丛书的内容涵盖石墨烯新材料的方方面面,每个分册也相对独立,具有很强的系统性、知识性、专业性和即时性,凝聚着各位作者的研究心得、智慧和心血,供不同需求的广大读者参考使用。希望丛书的出版对中国的石墨烯研究和中国石墨烯产业的健康发展有所助益。借此丛书成稿付梓之际,对各位作者的辛勤付出表示真诚的感谢。同时,对华东理工大学出版社自始至终的全力投入表示崇高的敬意和诚挚的谢意。由于时间、水平等因素所限,丛书难免存在诸多不足,恳请广大读者批评指正。

刘忠范

2020 年 3 月于墨园

前　言

　　石墨烯作为一种新型二维纳米材料,其特殊的单原子层结构赋予其诸多新奇的物理性质,如优异的力学性能、良好的导电和导热性能、极佳的气体阻隔性能等,因而在社会生产与生活多个领域均表现出广阔的应用前景。自 2004 年石墨烯被成功剥离以来,功能化石墨烯材料及相关研究领域得到了研究人员的广泛关注,并积累了许多有价值的研究成果,但截至目前该领域缺乏较为系统的归纳和总结。

　　近年来石墨烯行业迅猛发展,目前已有多家公司实现石墨烯的大批量生产,并在透明导电薄膜和导电添加剂等领域取得了较为显著的进展。然而,受石墨烯本征特性的影响,石墨烯片层在绝大多数溶剂里难以分散,其功能也相对单一。这也成为制约其实现大规模产业化应用的重要瓶颈。从实际应用角度看,将石墨烯功能化或与其他物质进行复合,制备具有电学、光学及力学等特定结构与功能的功能化石墨烯材料是满足不同应用要求所必需的,也是充分挖掘其性能潜力以及拓展其应用范围的前提。发展功能化石墨烯,实现其与其他功能组分的有机复合,对推动石墨烯材料的实用化具有重要意义,是目前和未来石墨烯领域的重要研究方向。

　　本书主要根据作者所在课题组近些年来在功能化石墨烯材料领域的研究成果,并结合最新的科研进展,旨在对功能化石墨烯材料研究领域进行较为系统的分析和归纳整理,以期对功能化石墨烯材料领域的研究进展进行较为系统的梳理。本书从功能化石墨烯材料的发展历程出发,围绕"石墨烯功能化"这一主题,阐述了功能化石墨烯材料的定义、分类和制备方法,重点对功能化石墨烯材料的"自上而下""自下而上"和可控官能团修饰等几种不同构建方式的研究成果进行了总结。在此基础上系统阐述了功能化石墨烯材料在光能转化、储能、生物医学、环境和催化等领域的应用,并对功能化石墨烯材料领域未来发展趋势及应用前景进行了展望。

全书共分九章,第 1 章为绪论,概述功能化石墨烯材料的构建策略和发展现状。第 2 章介绍功能化石墨烯材料的定义和分类,重点围绕什么是功能化石墨烯材料,功能化石墨烯材料包括哪几种等基本问题进行界定和讨论,并对功能化石墨烯材料的结构特点和功能特性做了系统分析。第 3~5 章分别从"自下而上""自上而下"和可控官能团修饰三种不同的构建策略论述功能化石墨烯材料的可控制备和构建,包括由芳香性有机单体制备的具有丰富石墨烯片段的功能化石墨烯、化学剥离薄层石墨得到的具有丰富表面官能团的功能化石墨烯、以石墨烯为基本单元通过可控共价衍生化制备的功能化石墨烯等。第 6~8 章围绕功能化石墨烯材料的应用,分别详述基于以上三种策略构建的功能化石墨烯材料,系统阐述其在光能转化、储能、生物医学、环境和催化等领域的应用,重点揭示功能化石墨烯材料设计原则。第 9 章对功能化石墨烯材料的发展趋势和面临的挑战做了较为系统的评述。

本书系统整理了近些年来功能化石墨烯材料领域的重要研究成果,深入分析了该领域的研究现状,旨在引导石墨烯功能化的研究向科学化和系统化发展。书中所传达的学术思想创新性强、观点新颖、内容完整且结构严谨,目前国内外还没有类似主题的书籍出版。本书尽可能使用较为通俗易懂的语言进行阐述,以达到专业性与易读性并存的效果。本书不仅可以作为纳米科学与技术等专业科学研究人员和工程技术人员的参考书,也适用于对石墨烯感兴趣的非专业读者。

本书内容主要基于智林杰教授团队在功能化石墨烯材料上的研究成果,由智林杰教授团队负责书稿的撰写、统筹和修改工作。编写本书的目的是引起读者对功能化石墨烯材料的关注,有助于读者深化理解"功能化石墨烯材料"这一理念在石墨烯相关材料研究中的重要作用,指引功能化石墨烯材料的研究向科学化和系统化的方向发展,为加速功能化石墨烯材料的实用提供理论和技术支持。

本书主要由智林杰教授负责整体思路的设计和内容的部署,马英杰负责书稿的统筹和修改工作。具体分工如下：第 1 章由智林杰、马英杰和孔德斌编写，第 2 章由智林杰、马英杰和周善柯编写，第 3 章由智林杰、马英杰、肖志昌和孔德斌编写，第 4 章由智林杰、马英杰和邱雄鹰编写，第 5 章由智林杰、马英杰和高扬编写，第 6～9 章由智林杰和马英杰编写。本书特别感谢智林杰课题组团队李祥龙老师、杨琪、牛越、黄小雄、张兴豪以及其他各位老师和同学的科研贡献和在本书撰写、修改过程中给予的大力支持和帮助。衷心感谢国家自然科学基金项目和国家重大科学研究计划项目等对相关研究的长期资助和支持。

谨以此书献给从事功能化石墨烯材料领域研究的同行，有志于从事功能化石墨烯材料研究的青年学子，以及从事基于石墨烯材料的制备技术及应用的企业界人士。由于功能化石墨烯材料领域仍在快速发展，新知识、新理论仍在不断涌现，加之著者经验不足，书中存在不妥之处在所难免，希望读者提出宝贵意见，以便及时补充和修改。

智林杰

2020 年 10 月

目 录

● **第1章 绪论** 001

1.1 石墨烯概述 003

1.2 功能化石墨烯材料 005

　　1.2.1 石墨烯功能化的必要性 005

　　1.2.2 功能化石墨烯 006

　　1.2.3 功能化石墨烯复合材料 007

1.3 小结 008

● **第2章 功能化石墨烯材料的定义和分类** 009

2.1 功能化石墨烯材料的定义 011

2.2 功能化石墨烯材料的分类 012

　　2.2.1 功能化石墨烯 012

　　2.2.2 功能化石墨烯复合材料 015

2.3 功能化石墨烯材料的制备策略 017

　　2.3.1 "自下而上"策略 017

　　2.3.2 "自上而下"策略 018

2.4 小结 021

● **第3章 "自下而上"策略功能化石墨烯** 023

3.1 多环芳烃分子构筑功能化石墨烯 025

3.1.1　多环芳烃构筑功能化石墨烯的策略　　　　　027

3.1.2　多环芳烃构筑功能化石墨烯的方法　　　　　032

3.1.3　多环芳烃构筑功能化石墨烯的控制策略　　　036

3.2　化学气相沉积法制备功能化石墨烯　　　　　　041

3.2.1　CVD法概述　　　　　　　　　　　　　　041

3.2.2　CVD法用于石墨烯宏观形貌控制　　　　　044

3.3　其他材料构筑功能化石墨烯　　　　　　　　　　047

3.3.1　共价有机框架衍生的石墨烯　　　　　　　047

3.3.2　金属有机框架衍生的功能化石墨烯　　　　051

3.3.3　生物质衍生的功能化石墨烯　　　　　　　054

3.3.4　有机分子碳化衍生的功能化石墨烯　　　　055

3.4　小结　　　　　　　　　　　　　　　　　　　057

第4章　"自上而下"策略功能化石墨烯　　　　　　　　　　059

4.1　概述　　　　　　　　　　　　　　　　　　　061

4.2　石墨类功能化石墨烯　　　　　　　　　　　　　061

4.2.1　石墨简介　　　　　　　　　　　　　　　061

4.2.2　石墨类功能化石墨烯　　　　　　　　　　062

4.3　石墨类非共价功能化石墨烯复合材料　　　　　　081

4.4　非石墨类功能化石墨烯　　　　　　　　　　　　087

4.4.1　碳纳米管作为碳源　　　　　　　　　　　088

4.4.2　富勒烯作为碳源　　　　　　　　　　　　096

4.4.3　其他碳源　　　　　　　　　　　　　　　099

4.5　小结　　　　　　　　　　　　　　　　　　　102

第5章　可控官能团修饰的功能化石墨烯材料　　　　　　　105

5.1　概述　　　　　　　　　　　　　　　　　　　107

5.2 石墨烯和氧化石墨烯的共价功能化 108

    5.2.1 石墨烯的共价功能化 108

    5.2.2 氧化石墨烯的共价功能化 123

5.3 石墨烯和氧化石墨烯的非共价功能化 128

    5.3.1 π-π 键功能化 129

    5.3.2 氢键功能化 131

    5.3.3 静电作用功能化 132

    5.3.4 疏水作用功能化 133

5.4 小结 134

● 第 6 章 "自下而上"策略功能化石墨烯的应用 135

6.1 超分子领域 137

6.2 半导体器件 139

6.3 透明导电薄膜 145

6.4 光能转化 147

6.5 小结 148

● 第 7 章 "自上而下"策略功能化石墨烯的应用 151

7.1 氧化石墨烯材料 155

    7.1.1 透明导电薄膜 156

    7.1.2 太阳能电池材料 160

7.2 还原氧化石墨烯 161

7.3 石墨烯纳米带 166

7.4 小结 169

● 第 8 章 功能化石墨烯材料的应用 171

8.1 光能转化中的应用 175

8.1.1　有机太阳能电池　176

8.1.2　染料敏化太阳能电池　183

8.1.3　钙钛矿太阳能电池　187

8.1.4　光催化　191

8.1.5　小结　195

8.2　储能　195

8.2.1　超级电容器　196

8.2.2　锂离子电池　202

8.2.3　其他二次电池　214

8.2.4　小结　222

8.3　生物医学　223

8.3.1　药物传输　224

8.3.2　生物传感器　228

8.3.3　生物造影和光照疗法　234

8.3.4　小结　238

8.4　环境　238

8.4.1　染料的去除　240

8.4.2　重金属离子的去除　244

8.4.3　药物分子的去除　249

8.4.4　油性物质的去除　250

8.4.5　有毒有害气体的吸附　253

8.4.6　小结　254

8.5　催化　255

8.5.1　石墨烯作为催化活性材料　256

8.5.2　石墨烯作为催化剂载体　263

8.5.3　小结　270

8.6　电磁干扰屏蔽　271

8.6.1　石墨烯用作电磁干扰屏蔽材料　272

8.6.2　小结　275

8.7 海水淡化 275

8.7.1 氧化石墨烯用作海水淡化材料 275

8.7.2 小结 279

● 第9章 总结与展望 281

● 参考文献 285

● 索引 311

第 1 章

绪　论

1.1　石墨烯概述

石墨烯(graphene)是一种由单层碳原子构成的二维晶体，是富勒烯、碳纳米管和石墨这些碳同素异形体的基本组成单元(图1-1)。它是人类已知强度最高、韧性最好、重量最轻的材料，同时也是一种性能优异的导热体和导电体，在许多领域具有良好的应用前景。graphene 一词来源于英文 graphite(石墨) + ene(烯烃类词尾)，早在 1986 年就已被 Boehm 等人正式提出，随后被用来描述单层石墨片。借用有机化学的概念，将 graphene 翻译成石墨烯。

图 1-1　石墨烯结构示意图

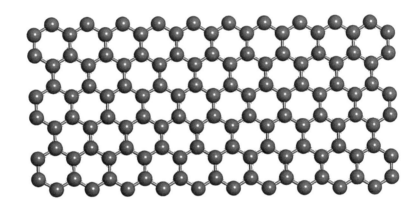

1924 年，英国的 J. D. Bernal 正式提出了石墨的层状结构，即不同的碳原子层以 ABAB 的方式相互层叠，层间 A—B 的距离为 0.3354 nm，但是层间没有化学键连接，因此面外作用力(out-of-plane interactions)较弱。相邻两层之间仅存在范德瓦耳斯力以保持石墨的层状结构，从而使一层原子可以轻易地在另一层原子上滑动，这也解释了为何石墨可以用于润滑剂和铅笔芯。也正是层间不存在化学键导致其层间结合力较弱这一特点为后续机械剥离法制备石墨烯提供了机制上的可能性。

自从石墨的层状结构被确定后，就不断有研究者试图将石墨剥离从而得到很薄的石墨片层。早在 1940 年，一系列理论分析就已经预测单片层的石墨具有

非常奇特的电子特性。因此,对石墨片层剥离的研究从未间断。1962 年,
Boehm 等人利用透射电子显微镜(Transmission Electron Microscopy,TEM)观
察还原的氧化石墨溶液中的石墨片层时,发现最薄片层的厚度只有 4.6 Å[①],但遗
憾的是,他们当时只将这个发现简单地归纳为:这个发现可以证明"最薄的碳片
层可以是单层的"的预言。1988 年,Kyotani 等利用模板法在蒙脱土层间制成了
单层石墨烯,然而一旦脱除模板,这些片层就会自组装形成体相石墨。1999 年,
Ruoff 研究小组通过原子力显微镜(Atomic Force Microscope,AFM)探针制得
了厚度在 200 nm 左右的薄层石墨。随后哥伦比亚大学 Kim 研究小组也制备出
了厚度只有 20~30 nm 的薄层石墨。此外,Enoki 等多个研究小组也都制备出了
厚度很薄的石墨片层,但是这些都是多层石墨片,距离获得单层石墨还有一段
距离。

　　直到 2004 年,曼彻斯特大学的安德烈·海姆(Andre Geim)和康斯坦丁·诺
沃肖洛夫(Konstantin Novoselov)第一次利用机械剥离法(mechanical cleavage)
获得了单层石墨,即"石墨烯"。根据国际纯粹与应用化学联合会(IUPAC)的定
义,石墨烯是具有石墨结构的单原子碳层,其结构可类比准无限尺寸的多环芳
烃,但应注意的是 IUPAC 对"graphene"的适用范围作了限定,"只有当讨论每层
的反应、结构关系或其他性质时,才使用'石墨烯'这一术语"。Geim 定义"石墨
烯"为"石墨烯是单原子层的石墨,且必须是完全脱离环境、不需要支撑物、独立
存在的",即石墨烯是与其环境充分分离独立存在的单原子层石墨。Geim 强调
石墨烯的独立存在性(free-standing),即不依附其他物质单独存在的单层石墨才
是真正意义上的石墨烯。"独立存在"是石墨烯必备的特征。这是因为在
Geim 和 Novoselov 制备出石墨烯之前,科学界普遍认为严格的二维晶体由于热
力学不稳定而不可能独立存在。石墨烯的成功制备推翻了这一存在了 70 多年
的论断。

　　自石墨烯被成功制备以来,研究人员不断地发现石墨烯的各种奇特性质。
例如,石墨烯的本征迁移率超过 200000 cm^2/(V·s);单层石墨烯对可见光的吸

---

① 1 Å = 10^{-10} m。

收仅为 2.3%，具有极高的透明度；其杨氏模量高达 1.0 TPa，是已知强度最高的材料；其导热系数高达 5000 W/(m·K)，导热性极好。由于具有独特的结构和性质，石墨烯为多种以前无法实现的理论研究提供了理想的实验验证平台，并为多个领域的科学研究和应用技术开发提供了新材料。通过石墨烯材料，人们已经观察到一些奇特现象，如电子和空穴的半整数量子霍尔效应、非常高的载流子迁移率(超过商用硅片迁移率的 10 倍)和超高灵敏单分子检测等。此外，石墨烯还在机械、光学和热传导等方面具有优良特性。总之，在短短十几年时间里，石墨烯就已经向人们展示了许多奇特性质和丰富多彩的功用，成为近年来材料研究领域的热点之一。

1.2　功能化石墨烯材料

1.2.1　石墨烯功能化的必要性

经过十几年的发展，石墨烯已经应用于储能、催化、微电子、生物医学及环境等领域，并表现出极大的发展潜力。应注意的是，为了满足不同领域应用的需求，需对石墨烯进行功能化。对石墨烯进行功能化可赋予石墨烯新性质，从而得到具有电学、光学及力学等特定功能的石墨烯，进一步拓展其应用领域，使其具有更广泛的应用价值。事实上，绝大部分应用于各领域的石墨烯都是功能化石墨烯材料，直接利用纯粹石墨烯的应用并不多。这主要是从以下三个方面考虑。

首先，对石墨烯进行功能化是改善其加工性的需要。结构完整的石墨烯是由不含任何不稳定键的 sp^2 碳六元环组合而成的二维晶体，化学稳定性高。其表面呈惰性状态，与其他介质(如溶剂等)的相互作用较弱，并且石墨烯片与片之间有较强的范德瓦耳斯力，容易聚集，使其难溶于水及常用的有机溶剂。这给石墨烯的进一步研究和应用造成了极大困难。为了充分发挥石墨烯的优良性质，并改善其成型加工性(如提高溶解性、在基体中分散性等)，必须对其进行有效的功能化。

其次,对石墨烯进行功能化可赋予石墨烯新属性。在不破坏石墨烯固有属性的基础上,功能化可使石墨烯展现出一些新奇的性质,既加深人们对石墨烯材料的认识、扩大石墨烯应用范围,又可为一些应用提供新材料体系。如图1-2所示,将两个石墨烯片层堆叠可形成二维超晶格结构,并展现出奇异的性质——上下两层堆叠的石墨烯扭曲一定角度(约1.1°,"魔角")后,在半充满状态下,为绝缘体,但是当静电掺杂后在1.7 K的温度下此双层石墨烯呈超导态;再比如,将石墨烯制成纳米尺寸的材料后,由于量子限域作用可得到石墨烯量子点。

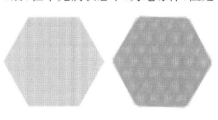

图1-2 魔角石墨烯超晶格示意图

最后,对石墨烯进行功能化是为了满足特定领域的需求。不同领域的应用对石墨烯有不同的要求。这时需对石墨烯进行功能化,赋予其满足应用需求的性质。例如,当石墨烯用作半导体材料时,由于其本征带隙为零,则需采用掺杂或调节石墨烯尺寸等功能化手段打开带隙;当石墨烯作为催化剂时,需采用掺杂或刻蚀等手段向石墨烯中引入催化位点;当石墨烯作为超级电容器电极材料时,需将石墨烯掺杂以提高石墨烯对电解液的亲和力或引入赝电容活性位点;当石墨烯用于水系或有机溶剂体系时,需向石墨烯上连接水溶性或脂溶性链,以使其在对应溶剂中具有很好的溶解性;当石墨烯用作吸附材料时,需将其制成多孔的三维结构,以提高其吸附容量。

然而,目前业内并没有对石墨烯功能化后的材料进行系统的分类,也没有给出明确的定义。这给石墨烯研究和应用带来很大困扰和不便。因此,为了方便石墨烯材料的研究和应用,促进其进一步发展,作者结合自身在石墨烯领域的研究,在系统归纳整理近年来功能化石墨烯材料领域的研究成果基础上,对功能化石墨烯材料进行了系统分类,明确其概念,并探讨它们在多个重要领域的应用。

1.2.2 功能化石墨烯

一般情况下,主要通过修饰或调控其化学组成、结构、尺寸或形貌等方式对

功能化石墨烯材料及应用

石墨烯进行功能化,从而得到功能化石墨烯。例如,通过掺杂的方式可向石墨烯中引入 N、S、P 或 B 等杂原子,改变石墨烯的元素组成;通过物理或化学的方法刻蚀石墨烯,可改变石墨烯的碳骨架结构,如引入规则纳米孔或不规则的缺陷等,进而调控改变石墨烯的电子结构,可打开其带隙或使其具有催化活性等。通过共价连接的方法将功能化基团链接到石墨烯上,也可改变石墨烯的结构;通过可控合成或刻蚀等手段可制成不同尺寸和形状的石墨烯;将石墨烯卷成一维线状,堆叠成双层或三层结构,制成三维多孔结构,可实现对石墨烯形貌的调控。

1.2.3　功能化石墨烯复合材料

为满足特定的需求,石墨烯或功能化石墨烯作为组分之一还与其他材料复合,制得功能化石墨烯复合材料。与材料复合,可改变(功能化)石墨烯的物理化学性质,甚至赋予其新性质,以满足更广泛的应用需求。在复合材料中,石墨烯或功能化石墨烯作为基底或者功能组分发挥特定的作用。

作为基底材料时,石墨烯或者功能化石墨烯常用于支撑复合材料中的活性物质。例如单原子催化剂中,杂原子掺杂或带有缺陷的功能化石墨烯作为单原子活性中心的支撑材料,用于锚定活性单原子,使其高度分散,抑制其聚集。再比如石墨烯传感器中,功能化石墨烯除作为导电层外,还作为基底负载传感器的识别位点。

相较于基底材料,石墨烯或者功能化石墨烯更常用作功能化石墨烯复合材料的功能组分。例如单层或者少层石墨烯作为活性层与高分子柔性基底一起组成柔性石墨烯透明导电薄膜;银纳米线透明导电薄膜中,氧化石墨烯作为黏结剂将银纳米线牢固地"焊接"到一起,形成银纳米线网络,以增强其导电性;光催化剂中,石墨烯纳米片提供高效电子传输通道,增强催化过程中电子传递效率;在有机太阳能电池中,氧化石墨烯修饰空穴传输层,以降低其界面电阻;在锂离子电池中,高度分散的石墨烯片作为导电剂与硅碳活性材料一起构成电池的负极;此外,石墨烯片作为活性材料与高分子基底复合以支撑吸波材料。

石墨烯及功能化石墨烯与其他一种或多种材料复合,可制成种类繁多、功能丰富的功能化石墨烯复合材料,这也是石墨烯最主要的应用形式。功能化石墨烯和功能化石墨烯复合材料可称为广义的"功能化石墨烯材料"。事实上,绝大多数应用于各领域的石墨烯都可称为功能化石墨烯材料。

1.3 小结

石墨烯是一种新兴的材料,也是一种发展及应用潜力巨大的材料。虽然它神秘的面纱才刚刚被揭开,人们还未能一窥其全貌,但是其应用的大门已经渐渐打开。应注意的是,由于技术原因或应用需求,在石墨烯应用过程中纯粹的石墨烯并不是应用的主流,往往需要将石墨烯进行修饰制成功能化石墨烯或者将其与其他材料复合制成功能化石墨烯复合材料。以下几个章节将对功能化石墨烯材料的基本概念、制备方法以及应用进行逐一阐述。

第 2 章

功能化石墨烯材料的
定义和分类

功能化石墨烯材料（functionalized graphene materials，FGMs）种类繁多，制备方法多样，应用领域也不尽相同。因此，明确功能化石墨烯材料的相关概念、主要制备策略及分类是十分必要的。本章在整理归纳已报道的石墨烯工作的基础上，根据材料体系的组成和特点，给出了功能化石墨烯材料的分类及应用（图 2-1）。

图 2-1 功能化石墨烯材料的分类及应用

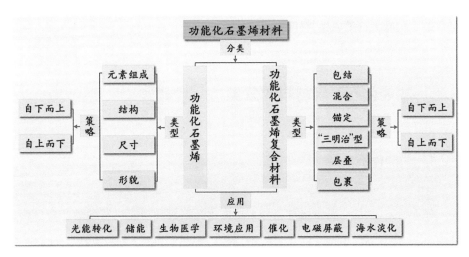

2.1 功能化石墨烯材料的定义

功能化石墨烯（functionalized graphene，FG）：通过物理、化学或两者结合的方法对石墨烯的元素组成、结构、尺寸及形貌进行调控得到的石墨烯材料，称为功能化石墨烯。功能化石墨烯不仅含有石墨烯的特征结构，即 sp^2 杂化碳原子形成的六方晶格二维晶体，保留一部分石墨烯的固有性质，还具有新结构组成及新的物理化学性质。功能化的目的是实现石墨烯材料在特定领域的应用以及开发石墨烯新材料,进一步揭示石墨烯的性质。

功能化石墨烯复合材料(functionalized graphene composite,FGC):为了满足某一应用需求,将石墨烯或功能化石墨烯和其他一种或多种功能材料复合制成的复合材料,称为功能化石墨烯复合材料。在功能化石墨烯复合材料中,(功能化)石墨烯通常保留原有的组成结构(有些复合材料中,石墨烯可能被掺杂改性或形貌发生改变)和物理化学性质,只是作为复合材料某一组分与其他功能材料共同发挥作用。功能化石墨烯复合材料同时利用了石墨烯的性质和其他功能材料的性质以满足应用的需求。

功能化石墨烯材料:功能化石墨烯和功能化石墨烯复合材料统称为功能化石墨烯材料。实际上,从材料体系组成来看,目前几乎所有应用的石墨烯材料都可归结为功能化石墨烯材料(图2-1)。

2.2 功能化石墨烯材料的分类

2.2.1 功能化石墨烯

如上所述,功能化石墨烯材料分为功能化石墨烯和功能化石墨烯复合材料。其中,功能化石墨烯根据功能化过程中调控内容不同,可分为四类:元素组成调控功能化、结构调控功能化、尺寸调控功能化和形貌调控功能化。

1. 元素组成调控功能化

通过掺杂的方法向石墨烯中引入 O、N、S、P 或 B 等杂原子,得到含有杂原子的功能化石墨烯(图2-2)。由于杂原子的外层电子数和电负性与碳原子间存在差异,这些杂原子的引入会改变石墨烯固有的离域共轭大 π 键体系,影响石墨烯 π 电子的能级分布,使得石墨烯具有本征带

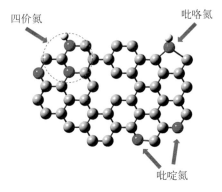

四价氮

吡咯氮

吡啶氮

图2-2 元素组成调控功能化的石墨烯示例——用于生物检查的氮掺杂石墨烯

隙。特别是杂原子附近的碳原子受影响较大。杂原子和其周围的碳原子可作为石墨烯催化剂中的催化活性位点和石墨烯电极中的氧化还原活性位点。因此，此类功能化石墨烯常用于半导体、催化以及储能等领域。

2. 结构调控功能化

石墨烯是由 sp^2 杂化碳原子形成的二维晶体。此二维晶体可通过物理或化学方法修饰调控，以赋予石墨烯某种性质和功能，包括向碳二维骨架上引入结构缺陷[图 2-3(a)，通常也将引入的杂原子称为石墨烯的缺陷，这里只涉及结构上的缺陷，即碳空位]，调控边缘结构以及通过共价的方法向石墨烯上引入其他基团或分子[图 2-3(b)(c)]。

图 2-3 结构调控功能化石墨烯示例

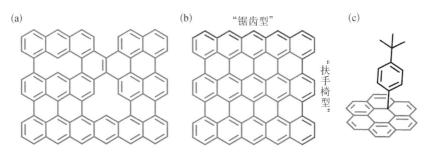

（a）含缺陷的功能化石墨烯；（b）石墨烯不同的边缘结构："锯齿型"和"扶手椅型"；（c）共价功能化石墨烯

这些结构缺陷为碳空位，分为规则和不规则的两种。它们可通过可控的化学合成或物理或化学刻蚀得到。这些结构缺陷破坏了石墨烯 π 电子的离域体系，也会影响石墨烯的能级分布。此外，结构缺陷也如同杂原子一样，会改变其周围碳原子的电子结构，形成具有催化活性的位点。因此，含结构缺陷的功能化石墨烯常作为无金属催化剂用于催化各种反应。在单原子催化剂中，含结构缺陷的功能化石墨烯也被用作支撑材料，通过缺陷位点来锚定金属原子，实现金属的原子级分散。

研究发现，石墨烯的边缘结构也影响石墨烯的性质。石墨烯的边缘分为"锯齿型"（zigzag）和"扶手椅型"（armchair）两类。边缘类型不同的石墨烯具有不同的电子结构和反应活性。例如,"扶手椅型"边缘的石墨烯分子轨道定域在"扶手椅型"边缘处,使得此边缘具有远高于"锯齿型"边缘的化学反应活性。因此,调节石墨烯的边缘结构,也能用于调控石墨烯的性质,也就能实现石墨烯的功能化。

除向石墨烯上引入碳空位打破其固有的二维结构外,向石墨烯上引入其他基团或分子也是其结构功能化的主要形式之一。石墨烯可类比为准无限尺寸的多环芳烃,因此,一些适用于多环芳烃的有机反应也适用于石墨烯。如图 2-3(b)所示,石墨烯可根据需要通过有机反应以共价键方式连接其他基团实现功能化。

3. 尺寸调控功能化

除元素组成和结构外,石墨烯的尺寸也与其性质密切相关。因制备方法不同,石墨烯的尺寸也不尽相同。当石墨烯片的尺寸减小到纳米级别时,由于量子限域效应和边缘效应,其磁学、光学和电学等性质会发生变化,成为具有某种功能的石墨烯(图 2-4)。如石墨烯片的尺寸小于 100 nm 时,就生成石墨烯量子点(graphene quantum dots, GQDs),如图 2-4(a)所示,并且其带隙还可通过调控尺寸大小来调节。此外,只将石墨烯一个维度上的尺寸减小到纳米尺度,同样由于量子限域效应,石墨烯纳米带[图 2-4(b)]就会具有分立的能级,从而具有不为零的带隙。

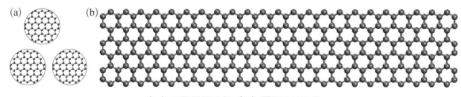

图 2-4　尺寸调控功能化石墨烯示例

(a)石墨烯量子点;(b)石墨烯纳米带

4. 形貌调控功能化

石墨烯是二维晶体,调控其微观和宏观形貌也能实现石墨烯的功能化。石墨烯微观组织形式也影响其物理性质。研究表明,不同层数的石墨烯,如双层、三层或多层,具有不同的物理性质。石墨烯的层数影响其厚度、比表面积及电子结构等。研究发现双层或多层石墨烯的堆叠形式（AA 和 AB）及两层的偏转角极大地影响其电子学性质。当 AA 或 AB 堆叠的双层或多层石墨烯具有一定的层间偏转时，其就转变成超晶格结构，从而具有不同于单层石墨烯的性质，如可调节的带隙。最具代表性的例子是双层石墨烯。2018 年，研究发现双层石墨烯偏转约 1.1°，就能在 1.7 K 的温度下转变成超导体。由此可以看出，改变石墨烯微观的组织形式也能调节其物理性质，实现石墨烯的功能化。此外，调节石墨烯的宏观形貌，如将其制成宏观一维、二维或三维结构，也能得到具有特定功能的石墨烯。如石墨烯具有抗拉强度极高（约 130 GPa）、杨氏模量高达 1 TPa 及导电导热性好等优点，因此可将二维结构的石墨烯片卷曲缠绕成一维结构的石墨烯纤维[图 2-5(a)]。此外，二维结构的石墨烯片也可制成三维结构，如石墨烯海绵[图 2-5(b)]。在这些一维和三维结构的材料中，石墨烯结构通常没有被破坏，只是改变了石墨烯的组织形式，石墨烯的形貌由二维转变为了一维或三维。

图 2-5 形貌调控功能化示例

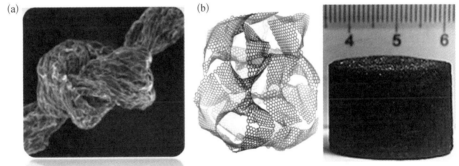

（a）石墨烯纤维；（b）石墨烯海绵（左—微观结构，右—宏观形态）

2.2.2 功能化石墨烯复合材料

如第 1 章所述，石墨烯或功能化石墨烯可与其他材料一起形成功能化石墨烯复合材料。在复合材料中石墨烯既可作为基底材料，也可作为功能材料。通过复合能得到具有特定结构及功能的石墨烯基材料，并且复合还可调节（功能化)石墨烯自身的物理化学性质。因此,与其他材料复合也是对石墨烯进行功能化的有效手段。

目前,根据(功能化)石墨烯与其他材料的复合形式,功能化石墨烯复合材料的分类推荐参照在锂离子电池电极中石墨烯与其他材料复合的形式,主要有六种类型(图 2-6),即包裹型、混合型、内嵌型、"三明治"型、层状以及包覆型。

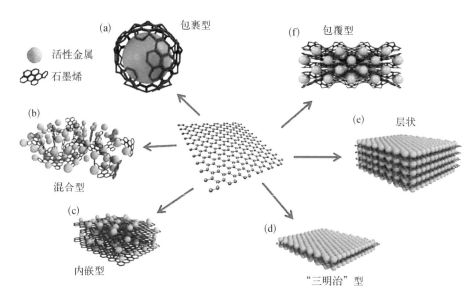

图 2-6 功能化石墨烯复合材料的组成示意图

(a) 包裹型,即其他组分被(功能化)石墨烯片层包裹在内部。这种结构通常能够实现其他组分颗粒的纳米级分散,增强其组分本身的化学活性。

(b) 混合型,即(功能化)石墨烯和其他组分机械混合。这种简单的机械混合通常能有效增强(功能化)石墨烯的力学、电学和热学等方面的性能。

(c) 内嵌型,即其他组分镶嵌在(功能化)石墨烯片层上。这样的结构不仅能够改善其他组分的导电性,而且还可通过(功能化)石墨烯片层和其他组分间的相互作用进一步增强单一组分的性能。

(d) "三明治"型,即其他材料被(功能化)石墨烯片层夹在中间,形成"三明治"结构。这类材料通常以石墨烯作为模板制得。这种结构不仅能保护被包裹的材料,并且还能有效增强材料的电化学性能,常用于能源领域。

(e) 层状,即(功能化)石墨烯片层和其他组分片层交替堆叠而成。

（f）包覆型，即多个（功能化）石墨烯片层包覆在其他组分表面。这种包覆型结构常用来增强其他材料组分的导电性和结构强度。此外，结构、组成、性能和应用之间的相互关系表明，通过改变材料的结构能够调节其性能，以满足多种应用要求。

需要注意的是，以上功能化石墨烯和功能化石墨烯复合材料的定义是判定石墨烯功能化后分类的依据，如二维骨架含有空位的石墨烯、氧化石墨烯、还原的氧化石墨烯、石墨烯纳米带、石墨烯量子点和共价功能化石墨烯等属于功能化石墨烯；而石墨烯或功能化石墨烯与小分子、聚合物、无机物和金属等其他材料复合得到的复合物属于功能化石墨烯复合材料。功能化石墨烯和功能化石墨烯复合材料的本质区别为：功能化石墨烯是调节石墨烯本身或通过共价键将其他基团连接到石墨烯上，是一个共价相连的整体；而功能化石墨烯复合材料是石墨烯或功能化石墨烯通过非共价的方式与其他材料复合得到的复合物。若一个石墨烯材料结构复杂，不能单纯归于功能化石墨烯或功能化石墨烯复合材料，则将其归为功能化石墨烯材料。

在实际应用中，石墨烯功能化后的产物是非常复杂的，如先将石墨烯氧化制得氧化石墨烯，再通过共价的方式在氧化石墨烯上修饰其他基团（如高分子），最后再与其他材料（如碳纳米管）混合。此时，可将此材料称为功能化石墨烯材料。

2.3　功能化石墨烯材料的制备策略

对石墨烯进行功能化，即制备功能化石墨烯材料，主要通过"自下而上"（bottom-up）和"自上而下"（top-down）两种策略来完成（图2-7）。两种策略各有优点，各有特定的适用领域，也可用来制备同一种功能化石墨烯。

2.3.1　"自下而上"策略

"自下而上"策略是通过物理或化学的方法，将小分子、高分子，其至石墨烯

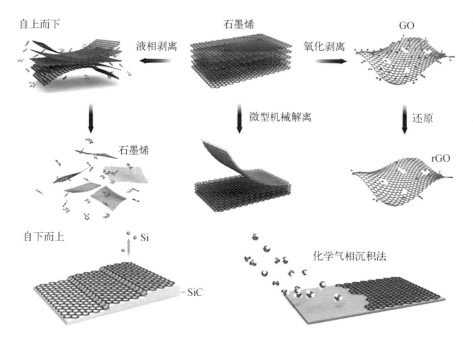

图2-7 "自下而上"和"自上而下"策略制备功能化石墨烯材料示意图

或功能化石墨烯等起始化合物"聚合"转化生成一个整体,即功能化石墨烯材料。这一策略的特征是起始化合物与产物(功能化石墨烯材料)的基本构筑基元具有类似或相同的结构——起始化合物可看作产物(功能化石墨烯材料)的基本构筑基元。"自下而上"策略能够较为精确地控制功能化石墨烯材料的结构,常用于制备高质量的功能化石墨烯或者具有确定结构的功能化石墨烯复合材料。例如,以含氮共轭小分子为原料,以"自下而上"策略在金属表面合成氮掺杂石墨烯纳米带[图2-8(a)];以多环芳烃聚合物为原料,以"自下而上"策略在溶液中制成波浪形石墨烯纳米带[图2-8(b)];以功能化石墨烯、氧化石墨烯(graphene oxide,GO),和氢氧化铜纳米线(copper hydroxide nanowires,CHNs)为原料,以"自下而上"策略,构建出含纳米孔道的氧化石墨烯膜[图2-8(c)]。

2.3.2 "自上而下"策略

"自上而下"策略是以石墨、碳纳米、炭黑及其他碳源为起始原料,通过物理

图 2-8 "自下而上"策略制备功能化石墨烯材料示例

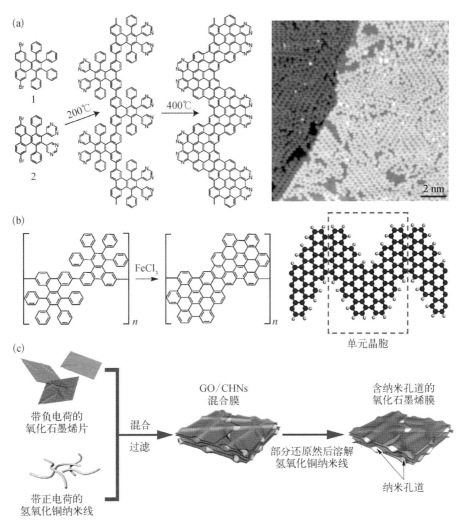

（a）以含氮共轭小分子为原料，在金属表面合成氮掺杂石墨烯纳米带；（b）以多环芳烃聚合物为原料，在溶液中制成波浪形石墨烯纳米带；（c）以功能化石墨烯、氧化石墨烯、氢氧化铜纳米线为原料，合成含纳米孔道的氧化石墨烯膜

或化学的方法，"分切"出功能化石墨烯材料。这一策略的特征是产物（功能化石墨烯材料）与起始化合物的基本构筑基元具有类似或相同的结构——产物可看作起始化合物的基本构筑基元。"自上而下"的功能化策略具有工艺较为简单及易于大规模生产等优点。典型的例子就是以石墨为原料制备氧化石墨烯。石墨是石墨烯片层以非共价作用力堆叠成的多层结构。通过在水溶液中氧化的方法，就可将堆叠的石墨烯片层氧化，并剥离开来，形成分散的氧化石墨烯片层。

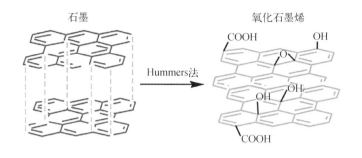

图 2-9 "自上而下"策略制备功能化石墨烯材料示例：以石墨为原料制备氧化石墨烯

如图 2-9 所示,这一过程是将石墨烯的聚集体(石墨)"分切"开来,并功能化(氧化),制成分离的功能化石墨烯片层。

当然这两种策略也可用于制备同一种功能化石墨烯,例如确定尺寸的石墨烯纳米带——"自下而上"策略可通过偶联小分子单体得到,而"自上而上"策略可通过刻蚀石墨烯片得到。再比如石墨烯聚合物(含有石墨烯单元的聚合物)的制备,如图 2-10 所示,石墨烯聚合物(图中的功能化石墨烯)可由小分子经偶联碳化,以"自下而上"策略制得,也可由石墨经剥离刻蚀等方法,以"自上而下"策略制得。石墨烯聚合物(图中的功能化石墨烯)可看作是由一个个石墨烯片段通过聚合物链相互连接而成。这些石墨烯片段构成了材料的基本结构单元,引入的官能团和缺陷实现了材料的功能化,而起桥梁作用的聚合物链使得其构象变得更加丰富,属于功能化石墨烯。将石墨剥离、刻蚀,可由"自上而下"策略得到功能化石墨烯材料。此外,由小分子通过"自下而上"策略合成的多孔聚合物网络,通过特定的化学交联,如高温热处理等,会发生分解和化学键重排等反应,使得这些聚合物内部形成许多类似石墨烯片段的结构,同样得到石墨烯聚合物。

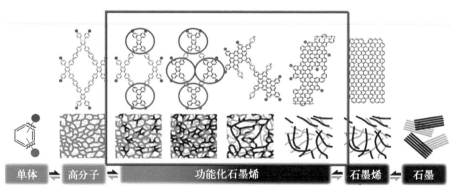

图 2-10 "自下而上"和"自上而下"策略制备功能化石墨烯(石墨烯聚合物)示意图

总之,功能化不仅使得石墨烯能更便利地应用,还可赋予其新的性质、拓展其应用范围。在实际应用中,常根据应用需求、技术条件以及效益成本等因素选择功能化石墨烯材料的制备策略。

2.4　小结

本章给出了功能化石墨烯材料的定义,对其进行了分类,并总结了其功能化策略。第3~5章将按照石墨烯功能化的策略,对各类功能化石墨烯材料的制备做详细总结和讨论。因功能化石墨烯复合材料的制备通常与应用环境密切相关,所以其制备过程将与应用一起讨论(见第8章)。当前,各种功能化石墨烯材料在光能转化、储能、生物医学、环境、催化、电磁干扰屏蔽及海水淡化等领域展现出极大的应用潜力,是极具发展前景的新材料。第6、7章将详细论述功能化石墨烯在多个领域的应用。第8章将论述功能化石墨烯材料在以上领域的应用。

第 3 章

"自下而上"策略
功能化石墨烯

"自下而上"（bottom-up）策略常用于构筑功能化石墨烯材料。其思想是将大量子结构如同搭积木般按照预定的路线"拼接"，形成一个整体，得到功能化石墨烯材料。所用的原料通常带有与功能化石墨烯材料重复单元（即"子结构"）相同的结构。

　　这一方法可以有目的地设计制备含有"子结构"的原料，再按照设定的路线构建功能化石墨烯材料，由此可得到结构明确的功能化石墨烯材料。因此，此法常用于功能化石墨烯材料的可控合成。

　　除以上描述的经典"自下而上"策略制备外，其他前驱体（如共价有机框架材料、金属有机框架材料、生物质及有机小分子等）经碳化生成功能化石墨烯材料的制备策略也可归于"自下而上"策略。同样，由石墨烯或功能化石墨烯与其他材料复合制成功能化石墨烯复合材料的策略也可归于"自下而上"策略。这是由于这两种制备过程的核心思想与经典"自下而上"策略是相同的，都是由"部分"组合成"整体"。

　　本章主要讨论"自下而上"策略制备功能化石墨烯。根据制备原料的不同，"自下而上"策略制备的功能化石墨烯可分为以下几类：多环芳烃分子构筑的功能化石墨烯、共价有机框架（covalent organic fromworks，COFs）衍生的功能化石墨烯、金属有机框架（metal organic frameworks，MOFs）衍生的功能化石墨烯、生物质衍生的功能化石墨烯、小分子衍生的功能化石墨烯以及其他材料衍生的功能化石墨烯等。

3.1　多环芳烃分子构筑功能化石墨烯

　　多环芳烃（polycyclic aromatic hydrocarbons，PAHs）是以"自下而上"策略制备功能化石墨烯时最常用的原料。由两个或两个以上苯环构成的芳烃称为多环芳烃。按照苯环的连接方式不同,多环芳烃可分为稠环型和非稠环型两大类。稠环型,即共轭的苯环共用两个碳原子,如萘、蒽、芘等;非稠环型,即共轭的苯环共用一个碳原子,如联苯等。

由于具有独特的优势,"自下而上"的有机合成方法已经成为制备结构明确的功能化石墨烯不可或缺的手段。如图 3-1 所示,选取特定结构的多环芳烃,能可控地构建不同结构的功能化石墨烯,包括石墨烯纳米片、石墨烯纳米带、网状石墨烯以及掺杂的石墨烯。图 3-1(a)为石墨烯纳米片,芳环在平面上沿各方向延伸生成;图 3-1(b)为石墨烯纳米带,芳环在平面上沿单一方向延伸生成;图 3-1(c)为石墨烯网,芳环在平面上扩展生成具有规则孔结构的石墨烯;图 3-1(d)为氮掺杂的石墨烯纳米片,多环芳烃与吡啶、吡咯或噻吩等杂环聚合生成含有杂原子(N、S 及 O 等)的石墨烯。

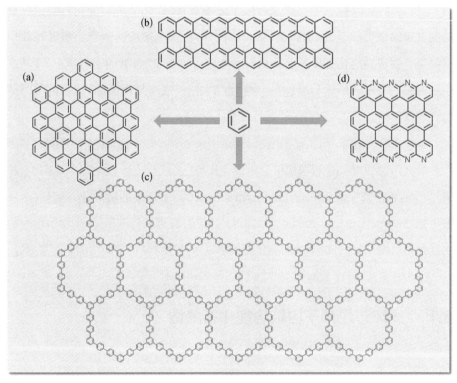

图 3-1 不同结构的功能化石墨烯

(a) 石墨烯纳米片(二维方向拓展);(b) 石墨烯纳米带(一维方向拓展);(c) 石墨烯网(共轭骨架修饰);(d) 氮掺杂的石墨烯纳米片(元素组成控制)

图 3-2　石墨烯的边缘结构

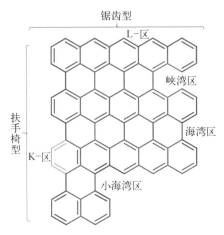

最重要的是,"自下而上"的合成策略能可控制备功能化石墨烯。这也使得精确控制石墨烯边缘结构成为可能。不同的边缘拓扑结构使得石墨烯表现出不同的物理化学性质。如图 3-2 所示,石墨烯主要有两类边缘结构,即扶手椅型(armchair)和锯齿型(zigzag)。根据基团的化学组成不同,石墨烯边缘结构还包括以下几种。K-区(K-region):扶手椅型边缘的凸起部,即不属于克莱尔芳香性六隅体的独立碳碳双键;海湾区(Bay-region):扶手椅型边缘的内凹部;L-区(L-region):锯齿型的边缘;小海湾区(Cove region);峡湾区(Fjord region)。

　　石墨烯边缘的 K-区和海湾区具有较高反应活性,可进一步衍生和功能化,特别是可与其他分子或基团分别发生 C—H 活化和狄尔斯-阿尔德(Diels-Alder)反应,生成共轭基团,进一步拓展分子的 π 共轭骨架(详见 3.1.1 节)。此外,K-区、小海湾区和峡湾区具有显著的空间位阻效应,因此这些区域的基团通常与石墨烯共轭骨架非共面。

　　可控地合成具有精确结构的功能化石墨烯为进一步揭示石墨烯材料性质、开发其应用潜力以及拓展其应用范围提供了可能。例如,石墨烯虽然具有极高的电子迁移率,在半导体领域具有较好前景,但是其零带隙使其不能直接应用于半导体,需要通过各种方法打开带隙。然而,研究发现石墨烯纳米带可具有本征带隙。因此,通过"自下而上"策略可构筑具有确定结构的石墨烯纳米带,以赋予其本征带隙。此外,可通过"自下而上"策略精确地调节功能化石墨烯的结构,从而实现对其性质和性能的精准调控。

3.1.1　多环芳烃构筑功能化石墨烯的策略

　　由多环芳烃构筑功能化石墨烯通常起始于具有特定结构和功能基团的共轭

小分子。以此类小分子为起始化合物,根据特定策略,以液相法或表面辅助合成法(surface-assisted synthesis)制备功能化石墨烯。通过控制起始物小分子的结构,辅以合成策略,来调控产物功能化石墨烯的结构。常采用的合成策略有两类:"两步法"策略和"环化 π-拓展"策略(annulative π-extension)。

1. "两步法"策略合成功能化石墨烯

"两步法"策略是以多环芳烃为原料制备石墨烯纳米片和石墨烯纳米带最主要的策略之一。顾名思义,此策略主要包括两步:(1) 前驱体分子的合成;(2) 分子内关环[常称缝合(stitching)和石墨化(graphitization)]生成功能化石墨烯(图 3-3)。

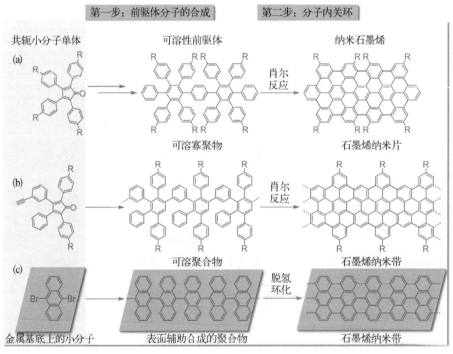

图 3-3 "两步法"策略制备功能化石墨烯示意图

(a)(b)液相中"两步法"策略制备石墨烯纳米片(a)和石墨烯纳米带(b);(c)"两步法"策略表面辅助合成石墨烯纳米带

制备前驱体分子的原料为带有功能基团和交联基团的共轭小分子单体。前驱体分子主要分为寡聚物和聚合物两大类,这是由逆合成的目标产物所决定的。根据采用的合成方法(液相法和表面辅助合成法),前驱体分子也可分为可溶的以及在金属载体表面生成的两类。液相法合成时，反应物须溶于溶剂，这就需要制成可溶的前驱体分子。

共轭小分子单体生成前驱体分子的反应有多种类型。如图 3-4 所示，液相法中常用的合成前驱体分子的反应为交叉偶联反应、乙炔环化三聚反应和 Diels-Alder 反应。交叉偶联反应包括 Suzuki-Miyaura 偶联反应、Sonogashira 反应和 Yamamoto 反应。表面辅助合成法中，常采用表面辅助的双自由基偶联反应制备前驱体。

图 3-4 由共轭小分子单体合成前驱体常用的反应（主要用于液相法）

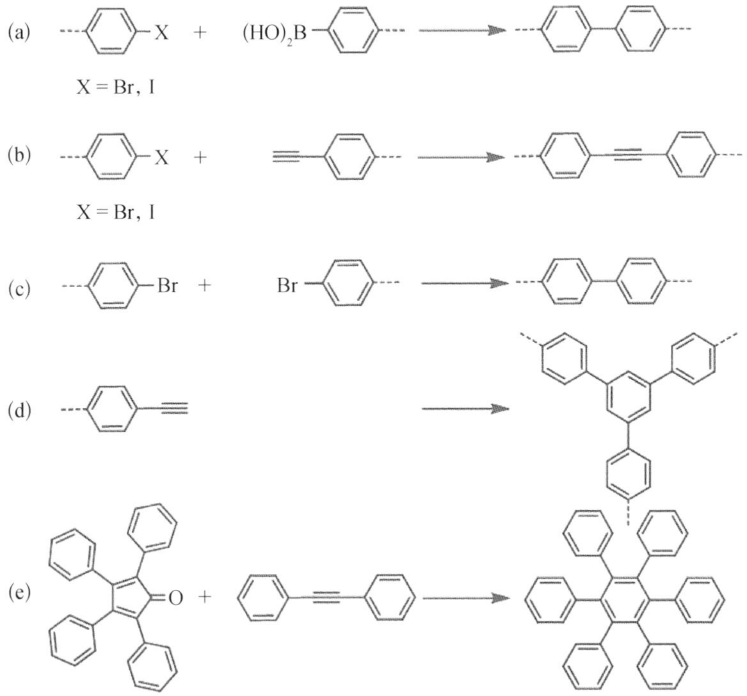

（a）Suzuki-Miyaura 偶联反应；（b）Sonogashira 反应；（c）Yamamoto 反应；（d）乙炔环化三聚反应；（e）Diels-Alder 反应

前驱体经过分子内关环就可制得功能化石墨烯(图 3-3)。液相法中，常采用分子内肖尔反应(Scholl reaction)关环。肖尔反应是一个高效的芳烃偶联反应——在较高温度下，芳烃在强路易斯酸或质子酸的作用下发生偶联反应。虽然分子间肖尔反应收率较低，但是分子内肖尔反应效果较好，操作简便，因而应用较为广泛。表面辅助合成法中，常采用分子内脱氢环化反应，即高温下前驱体分子内相邻的芳烃脱氢偶联成环。

2. "环化 π-拓展"策略合成功能化石墨烯

"环化 π-拓展"策略也是一种功能化石墨烯的方法。此法利用石墨烯边缘的高活性位点,与其他功能分子反应,构筑新的芳环,进一步拓展其 π 共轭结构。如前所述,石墨烯海湾区和 K-区具有较高的反应活性,可与其他分子发生特定的反应,生成新的芳环。

如图 3-5 所示,石墨烯海湾区四个双烯碳原子能够与其他分子的三键或双键发生 "4 + 2" 的 Diels-Alder 反应,构筑新的芳环。如图 3-6(a)所示,苝

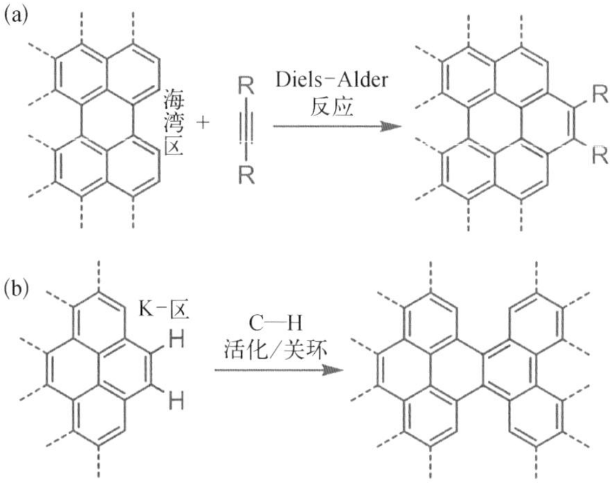

图 3-5 "环化 π-拓展"制备功能化石墨烯反应区域及反应类型

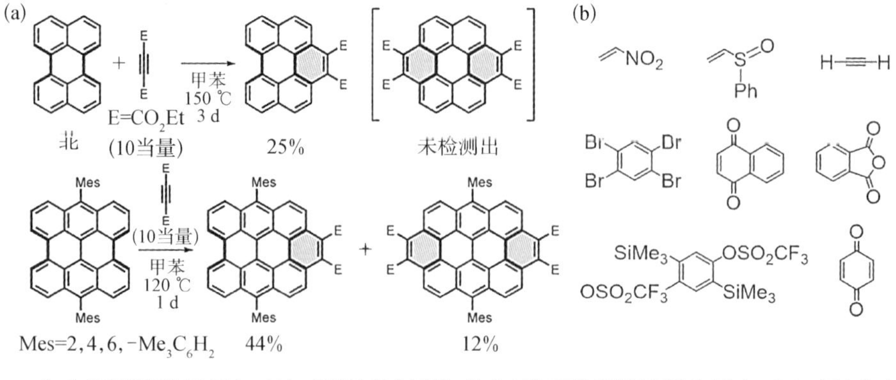

图 3-6 石墨烯海湾区功能化

（a）石墨烯海湾区 Diels-Alder 反应功能化示例;（b）可与石墨烯海湾区发生 Diels-Alder 反应的功能分子示例

(perylene)和蒽二聚体(属于石墨烯纳米片)的海湾区可分别与乙炔衍生物发生Diels-Alder反应,生成新的芳环,进一步拓展了苝和蒽二聚体的π共轭结构。能够与石墨烯海湾区四个双烯碳原子发生Diels-Alder反应的分子有多种,如硝基乙烯(nitroethylene)、乙烯基苯亚砜(vinyl phenyl sulfoxide)、乙炔、2,3,5,6-四溴苯以及对苯醌等[图3-6(b)]。

如图3-7所示,石墨烯K-区的两个C—H键可被活化或卤代,进而与其他共轭分子熔合,拓展共轭结构。K-区的环化π-拓展反应主要有以下几类:① 直接C—H键活化芳构化,如图3-7(b)所示,K-区两个碳原子与硼酯联苯(可视为硼酯化的海湾区)在钯催化下偶联,再通过肖尔反应分子内关环生成尺寸更大的石墨烯纳米片;② 一步环化π-拓展,K-区两个碳原子与二苯并噻咯通过一步反应直接生成更大的石墨烯纳米片[图3-7(c)];③ 单卤代的K-区二聚偶联,K-区的双键碳上两个氢原子被单个卤素取代,生成单卤代的功能化石墨烯,然后两个这样的分子再发生二聚反应生成更大的共轭结构[图3-7(a)];④ 与二卤代芳香分子反应,K-区的双键碳与二卤代芳香分子在钯催化下发生偶联反应,生成更大的石墨烯纳米片[图3-7(d)]。

图3-7 石墨烯K-区功能化

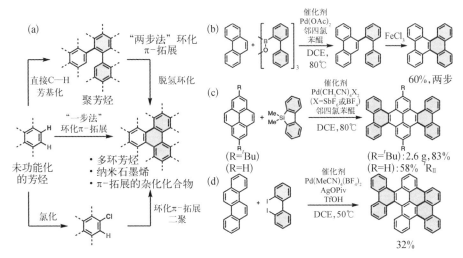

(a)石墨烯K-区C—H活化及一步法环化π-拓展反应示意图;(b)K-区直接芳烃偶联反应示例;(c)K-区一步法环化π-拓展制备石墨烯纳米片;(d)K-区与双碘代联芳烃环化π-拓展反应

3.1.2 多环芳烃构筑功能化石墨烯的方法

按照合成方法,多环芳烃以"自下而上"策略构筑的功能化石墨烯可分为两大类,即液相合成法和表面辅助合成法。

1. 液相合成法

液相合成法,顾名思义是制备功能化石墨烯的反应在溶液中进行。以此法制备功能化石墨烯,用常规有机合成装置和技术就可完成,实验条件要求不高。此外,由此法制备的功能化石墨烯通常在有机溶剂中具有较好的溶解性,且能用旋涂等方法用于器件制备,便于加工使用。因此,液相合成法常用于制备可溶的石墨烯纳米片和石墨烯纳米带。如3.1.1节所述,液相合成功能化石墨烯常采用"两步法"策略。如图3-8所示,带有长烷基链的溴代共轭小分子 M2a 和含有频哪醇硼酯的共轭小分子 M2b 经 Suzuki 交叉偶联聚合生聚合物 P2,最后在氯化铁催化下经肖尔反应生成石墨烯纳米带 G2。由于边缘含有长烷基链,终产物石墨烯纳米带 G2 在有机溶剂(如二氯甲烷、氯仿以及四氢呋喃等)中具有较好的溶解性。然而,应注意的是,此类功能化石墨烯具有较大的共轭结构,易在溶液中堆积聚集,特别是共轭结构较大、助溶基团较少或浓度较高时,聚集更为严重,这会对后续加工应用造成不便。

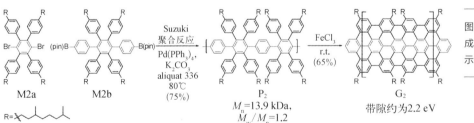

图 3-8 液相法合成石墨烯纳米带示例

2. 表面辅助合成法

表面辅助合成法是另一种高效制备功能化石墨烯的方法。其主要制备过

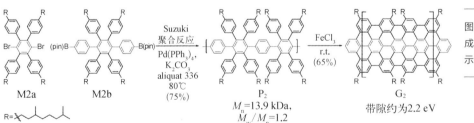

功能化石墨烯材料及应用

程如图 3-9(a)所示。① 双卤代(溴代或氯代)共轭小分子通过克努森容器(Knudsen cell)真空升华沉积到金属(金或铜等)基底表面;② 高温(通常不低于 180℃)下,共轭小分子碳卤键断裂生成双自由基,生成的双自由基中间体在金属表面作用下稳定存在(两者之间可能成键,如 C—Ag 键),并且可在金属基底表面自由移动而不会发生猝灭;③ 双自由基在金属表面聚合生成聚合物中间体;④ 聚合物中间体在高温下热处理环化脱氢生成石墨烯纳米片或纳米带。

图 3-9 表面辅助合成法制备石墨烯纳米带

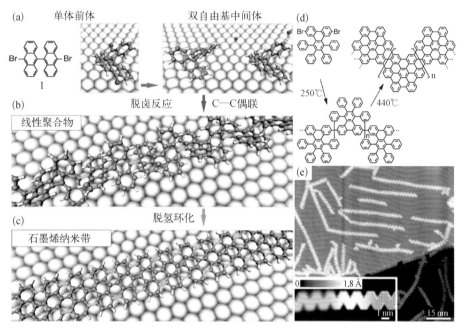

(a)高温下,双溴代共轭小分子在金属表面脱溴生成双自由基中间体;(b)双自由基中间体在金属表面发生碳碳偶联生成聚合物;(c)高温下,聚合物发生分子内脱氢环化生成石墨烯纳米带;(d)表面辅助合成石墨烯纳米带的合成反应式;(e)在表面生成的∨形边缘石墨烯纳米带

应注意的是,脱氢环化步骤会释放出氢原子。氢原子会与生成的自由基结合,猝灭自由基,从而终止后续的自由基聚合反应。此外,双卤代共轭小分子的两个碳卤键可能只裂解一个,生成卤代单自由基,也会终止后续的自由基反应。在这两个因素的影响下,表面辅助合成法得到的石墨烯纳米带通常较短(<50 nm)。

表面辅助合成制备功能化石墨烯的产率较低,通常只能得到面积小于 1 cm² 的单层纳米石墨烯。合成所需的设备较为昂贵,并且合成需要超高真空以去除环境中的氧气、水或其他污染物,防止自由基、高分子中间体和纳米石墨烯与之发生副反应。同时,超高真空环境也是扫描隧道显微镜和原子力显微镜高分辨地观测表征纳米石墨烯所必需的。然而,共轭分子在表面反应本身并不需要超高真空环境。因此,为了节约成本,可采用经典的化学气相沉积(chemical vapor deposition,CVD)方法,以多环芳烃为原料在金属表面制备功能化石墨烯。相较于表面辅助合成法,此法无须昂贵的设备和超高真空系统。如图 3-10(a)所示,此法制备过程与表面辅助合成法类似:① 双卤代共轭小分子单体升华,沉积到管式炉中的金属基底表面;② 高温下,小分子偶联聚合生成高分子中间体;③ 高温下,高分子发生分子内脱氢环化生成石墨烯纳米带。

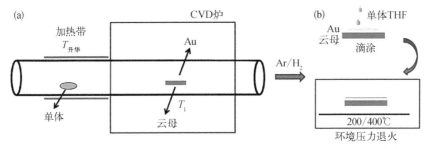

图 3-10 CVD 法制备功能化石墨烯

(a)以共轭小分子单体为原料,CVD 法在金属表面合成功能化石墨烯示意图;(b)滴涂法在金属基底表面沉积小分子示意图

然而,CVD 法制备功能化石墨烯仍需热处理和真空升华步骤,能耗较高,并且不能用于热稳定性差的共轭小分子单体或分子量较高的共轭单体。为了解决这一问题,Klaus Müllen 教授团队提出采用溶液滴涂法代替真空升华步骤将共轭小分子单体沉积到金属基底表面。如图 3-10(b)所示,小分子单体溶于四氢呋喃(tetra hydro furan,THF)中,滴涂到置于云母上的金基底上,再经低压退火,得到沉积小分子单体的金基底,用于下一步表面合成。

虽然表面辅助合成法有一些不足,但是相较于液相合成法,其具有一定的优势。液相法制得的功能化石墨烯之间由于较强的 π-π 相互作用,极易在溶液中聚集,特别是尺寸较大的石墨烯纳米带或纳米片更易聚集。虽然在石墨烯边缘引入大量烷基链能有效提高石墨烯在有机溶剂中的溶解性,但是这些不导电的烷基链会影响石墨烯的电子学性质,降低其在器件中的性能。相反,表面辅助合成法能直接制备不含烷基链的石墨烯纳米带或纳米片,从而能最大限度地发挥功能化石墨烯在器件中的性能。

此外,在液相中由于空间位阻,由共轭小分子制得的聚合物不能进行分子内关环。如图 3-11(a)(b)所示,在蒽聚合物中,有较大的空间位阻,相邻两蒽基团并不在同一平面上,因此不能在溶液中进行分子内关环制得石墨烯纳米带。相反,采用表面辅助合成法时,蒽聚合物在金属基底表面生成[图 3-11(c)]。在聚合物中,各个蒽基团平铺于金属基底表面,它们之间的夹角为 0°,同处于一个平面。因此,这些金属基底表面生成的蒽聚合物中间体,能有效地进行分子内脱氢环化进而生成石墨烯纳米带。

图 3-11　表面辅助合成法相较于液相法的优势

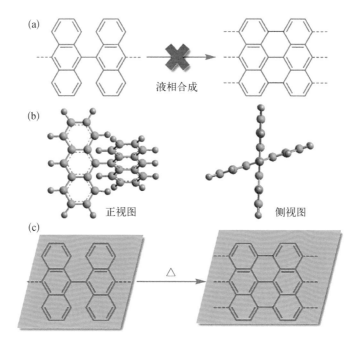

（a）由于空间位阻,液相中蒽聚合物不能实现分子内关环;（b）相邻两蒽基团间的空间结构;（c）蒽聚合物在金属表面热处理,发生分子内关环

3.1.3　多环芳烃构筑功能化石墨烯的控制策略

1. 功能化石墨烯的尺寸控制

通过控制共轭前驱体小分子的构型,再经适宜的聚合反应,可实现功能化石墨烯的尺寸控制。如本章开始所述,芳香结构沿一维方向拓展可制得石墨烯纳米带;芳香结构沿二维方向同时拓展制成石墨烯纳米片。相较于石墨烯纳米片,石墨烯纳米带结构较为复杂,受到的关注更多,因此本节主要讨论石墨烯纳米带的尺寸。

"自下而上"策略制备的石墨烯纳米带宽度是可精确控制的,而长度通常不能精确控制,并且不同宽度使得石墨烯纳米带具有不同的物理性质,因此石墨烯纳米带的尺寸主要由其宽度衡量。如图 3-12 所示,用石墨烯纳米带宽度方向所含的碳原子数定义其宽度,以原子数 N 来表示。控制单体分子结构,再采用特定的聚合方法,可制得不同宽度的石墨烯纳米带(图 3-13)。若石墨烯纳米带各处边缘一致,则它们各处的宽度也是一样的。若石墨烯纳米带边缘不一致,各处宽度不同,建议采用最宽处作为其宽度。

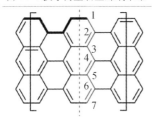
(a) N=7 扶手椅型石墨烯纳米带

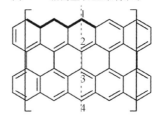
(b) N=4 锯齿型石墨烯纳米带

图 3-12　扶手椅型及锯齿型石墨烯纳米带宽度定义示意图

2. 功能化石墨烯的边缘控制

石墨烯纳米带的电子学性质除受其宽度影响外,还与其边缘拓扑结构密切相关。因此,为了调节石墨烯纳米带的电子学特征,大量具有不同边缘拓扑类型的石墨烯纳米带被制备出来,如图 3-14 所示。目前已经制备出的石墨烯纳米带主要有以下几种边缘结构:直线形(straight)(扶手椅型或锯齿型边缘)、V 形边

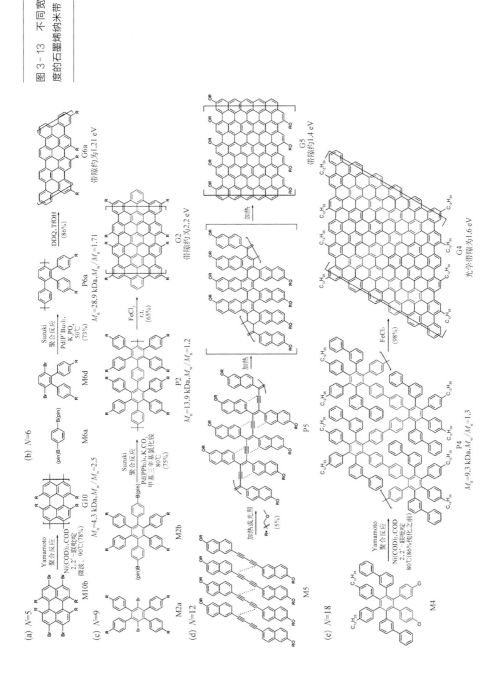

图 3-13 不同宽度的石墨烯纳米带

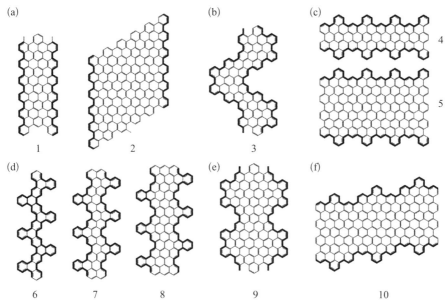

图 3-14 石墨烯纳米带的边缘拓扑类型

（a）直线形；（b）Ⅴ形边缘；（c）内凹形；（d）扭结形；（e）项链形；（f）手性边缘

缘（chevron-type）、内凹形（cove-type）、扭结形（kinked）、项链形（necklace-like）以及手性边缘（chiral）——为清晰显示石墨烯纳米带的拓扑结构，去掉了一些石墨烯纳带边缘上的烷基链。此外，为了调节石墨烯纳米片或纳米带的溶解性、亲疏水性以及与其他材料的作用力等，还在其边缘修饰不同的取代基，如烷基链、甘醇链、氯原子、三氟甲基以及发光基团等。

3. 功能化石墨烯的缺陷控制

无缺陷的石墨烯是由六方晶格构成的二维材料。通过"自下而上"策略可有目的地向石墨烯中引入缺陷，比较典型的缺陷是非六元环结构，如五元环、七元环或八元环等，即不同大小形状的纳米孔结构（图 3-15）。比较有代表性的是纳米多孔石墨烯（nanoporous graphene，NPG）。由于具有独特的结构，纳米多孔石墨烯在场效应晶体管、原子厚度的分子筛、离子传输、气体分离以及水净化等领域具有极大的应用潜力。其在这些应用中的性能与其孔的大小、形状以及周期性分布等因素密切相关，这些孔结构的精确控制可由"自下而上"策略实现。目前已有多种不同结构的纳米多孔石墨烯通过"自下而上"策略合成出来。

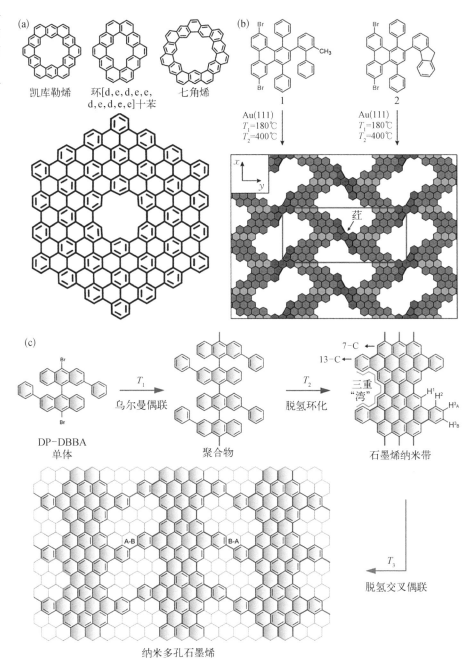

图 3-15 "自下而上"策略制备具有确定微孔的石墨烯

(a)

凯库勒烯　　环[d,e,d,e,e, d,e,d,e,e]十苯　　七角烯

(b)

1

Au(111)
$T_1=180℃$
$T_2=400℃$

2

Au(111)
$T_1=180℃$
$T_2=400℃$

蒗

(c)

DP-DBBA
单体

T_1
乌尔曼偶联

聚合物

T_2
脱氢环化

7-C
13-C
三重"湾"

石墨烯纳米带

A-B　　B-A

T_3
脱氢交叉偶联

纳米多孔石墨烯

（a）具有微孔的石墨烯纳米环及石墨烯纳米片；（b）（c）表面辅助合成法制备的纳米多孔石墨烯

这些不同孔结构的调节,也是通过设计不同的单体分子,再加上适宜的聚合方法以及分子关环控制来实现的。

4. 功能化石墨烯的杂原子掺杂

杂原子掺杂石墨烯是对其元素组成的调节。杂原子掺杂能够调节其电子学、磁学和催化性质,因此掺杂使得石墨烯能够应用于半导体、电子器件、储能和催化领域。常用于石墨烯掺杂的杂原子,包括 N、B、P 和 S 等。掺杂石墨烯在这些领域中的性能与杂原子的类型、掺杂密度、分布以及掺杂出的化学结构密切相关。例如,应用于超级电容领域时,氮原子掺杂石墨烯能够提高对电解液的浸润性,从而提供赝电容等。此外,研究发现吡啶氮类型的石墨烯具有很高的氧化还原反应催化活性等。掺杂原子类型、传质位点以及杂原子所处的化学环境都可通过"自下而上"策略精确控制。同样,只需控制作为起始化合物的共轭小分子的结构和元素组成,再控制聚合反应和关环步骤,就能实现石墨烯的精确掺杂(图 3-16)。

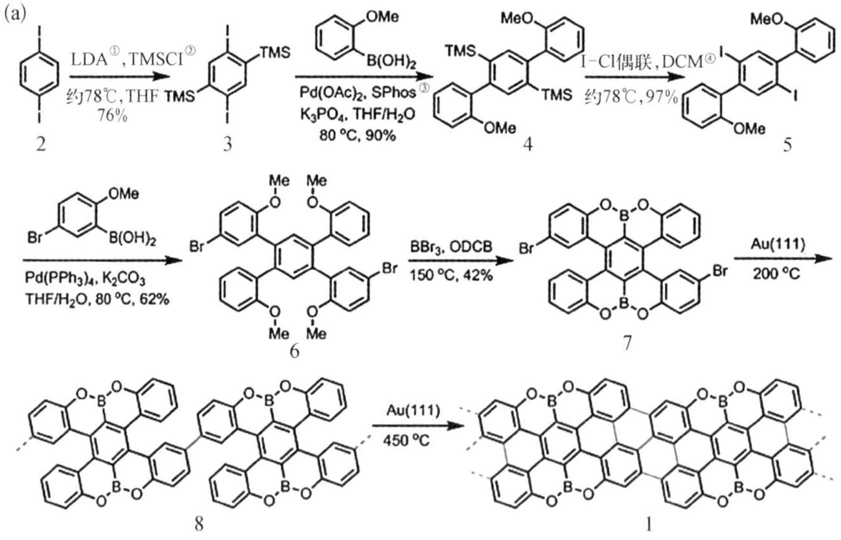

图 3-16 杂原子掺杂石墨烯纳米带的制备

① LDA:二异丙基氨基锂;② TMSCl:三甲基氯硅烷;③ SPhos:2-双环己基膦-2′,6′-二甲氧基联苯;④ DCM:二氯甲烷。

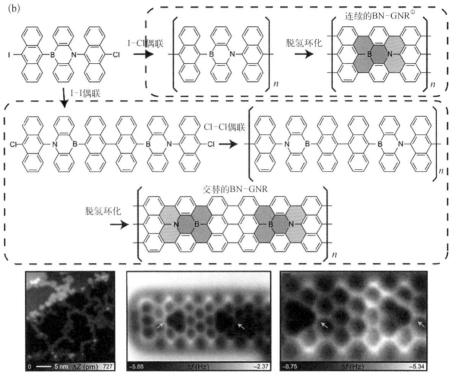

（a）硼氧掺杂的石墨烯纳米带合成；（b）硼氮掺杂的石墨烯纳米带合成

3.2 化学气相沉积法制备功能化石墨烯

化学气相沉积(CVD)法是目前被广泛应用的一种制备大面积、高质量石墨烯的方法。在功能化石墨烯制备过程中,CVD 法常用于制备不同类型的石墨烯透明导电薄膜(详见第 7 章)以及具有不同宏观三维形貌的功能化石墨烯。

3.2.1 CVD 法概述

CVD 法制备石墨烯的主要过程如下：① 碳源(如甲烷)被载气输送到高温

---

① BN-GNR：硼氮掺杂石墨烯纳米带。

区域,被高温分解成碎片或碳自由基,并被吸附到位于高温区域的金属基底表面;② 分解的碳碎片或碳自由基脱氢,生成碳原子,并在金属基底表面迁移生成石墨烯。采用的金属基底不同,石墨烯的生长过程也不尽相同。可作为 CVD 法制备石墨烯基底的金属有很多,如 Ni、Cu、Ru、Ir、Pt、Co、Pb 和 Re 等。常用的基底有镍基底、铜基底以及绝缘基底等。

1. 镍基底

2008—2009 年,先后有文献报道利用 CVD 法在多晶镍基底表面生长石墨烯。镍基底表面生长石墨烯被认为是一种碳的析出过程。在 1000℃ 左右的高温下,含碳前驱体分解产生的碳渗入金属镍基底内部,形成一种固溶体。碳在镍基底中的溶解度随温度降低而减小,因而在冷却过程中,过饱和的碳会在镍基底表面析出,形成石墨烯。多晶镍膜在高温退火时会形成较大的单晶畴。单晶镍 Ni(111) 与石墨烯的晶格匹配度较好,是性能优良的石墨烯外延生长衬底。镍基底表面生长石墨烯是一种碳的溶解和析出过程,因而渗碳浓度和冷却速度对石墨烯的厚度和质量影响很大。因此,镍基底表面生长的石墨烯通常厚度不均一。多层石墨的成核点经常出现在缺陷较多的镍晶粒边界上。

2. 铜基底

石墨烯在铜基底表面的生长过程不同于在镍基底表面的生长过程。碳在铜中的溶解度极小,即使烃类浓度很高、生长时间很长,也只有极少量的碳溶解在铜中。因此,生成石墨烯的碳源主要来自铜表面催化分解的烃类。当铜表面生长了一层石墨烯之后,会隔绝催化剂铜和烃类,导致生长不再继续进行。因此,铜基底表面生长石墨烯是一种自限制的表面反应过程,常用于制备高质量的单层石墨烯。Ruoff 小组通过使用同位素标记的烃类为碳源和拉曼光谱分析验证了这一机制。然而,Kong 小组细致地比较了常压 CVD 法、低压 CVD 法和超高真空下石墨烯在铜基底表面的生长动力学过程,发现在常压 CVD 法和较高的碳源浓度条件下,石墨烯的生长并不遵循自限制的生长机制,而是会形成大量的多层石墨烯。因而,铜基底表面 CVD 法生长石墨烯的机制仍需要进一步深入研究。

3. 绝缘基底

在常规 CVD 法中,聚合物辅助转移石墨烯有时会引入有机和金属杂质,使得转移后的石墨烯电学性能较差,无法与机械剥离得到的石墨烯样品相媲美。为此,人们又致力于发展在绝缘衬底表面直接生长(无须转移)石墨烯的技术。

绝缘衬底表面石墨烯的 CVD 法制备分为有和无金属催化辅助两种情况。镍和铜等金属能够催化生长出高质量的石墨烯,因而可以设法让这些金属膜或金属蒸气参与到绝缘衬底表面石墨烯的生长过程中去。美国莱斯大学 Tour 小组在 SiO_2 等绝缘衬底表面溅射 Ni 膜,利用高温在 Ni 膜与 SiO_2 间得到了较高质量的双层石墨烯,最后腐蚀 Ni 膜直接在 SiO_2 衬底表面得到石墨烯。他们认为石墨烯的形成是碳经过 Ni 膜扩散至 SiO_2 衬底表面所导致的。此外,Cu 膜/SiO_2 结构也能用于制备较高质量的多层石墨烯。研究发现,在此结构中,碳原子可以经过铜的晶粒边界扩散至 Cu 膜-SiO_2 界面处。

以上都是以金属膜和绝缘衬底接触的方式得到石墨烯,还有另外一类非接触生长的方式。此法 Cu 箔和绝缘基底依次排列,Cu 箔位于绝缘基底的上游。甲烷气流上游的 Cu 箔能够起到辅助催化作用,从而在下游的绝缘衬底表面生长出低缺陷的多层石墨烯。然而,研究者发现 Cu 箔下游不同区域的绝缘衬底表面生长的石墨烯的晶体质量明显不同。他们认为除了 Cu 箔位置处催化分解甲烷得到的 CH_x 基团会输运到 SiO_2 衬底表面之外,蒸发的铜颗粒也可能输运至 SiO_2 衬底表面以辅助石墨烯的催化生长。最近,韩国研究小组通过在 SiO_2 衬底表面悬置 Cu 箔(距离约为 $50~\mu m$),在 SiO_2 衬底表面生长出能与 Cu 箔上直接生长的石墨烯质量相媲美的大面积单层石墨烯。他们认为铜蒸气起到了类似 Cu 辅助生长的作用。XPS 分析表明,得到的单层石墨烯上没有残留的 Cu。即便如此,此法制得的石墨烯的载流子迁移率仍然只有 $800~cm^2/(V \cdot s)$。这也从侧面说明此法得到的石墨烯仍然存在大量的结构缺陷。

另一类在绝缘衬底表面生长石墨烯的方法则是通过无金属催化实现的。在适宜的 CVD 生长条件下,直接在与石墨烯晶格结构匹配的绝缘衬底表面生长石墨烯。如在 300 nm SiO_2/Si 衬底表面可生长出缺陷较小的石墨烯。

4. 液态基底

除以上固态基底外,液态基底也可用于 CVD 法制备石墨烯。如在液态金属镓(Ga)基底表面可生长高质量均匀单层石墨烯。Ga 基底表面的低蒸气压使液态 Ga 基底表面光滑平整,有利于石墨烯成核密度的降低和高质量石墨烯的生长。石墨烯在液态 Ga 基底表面的成核密度可以低至 $1/1000\ \mu m^{-2}$,为固态 Ga 的 1/10,表明石墨烯在液态 Ga 基底表面的生长非常均匀。所生成的石墨烯迁移率可达 $7400\ cm^2/(V \cdot s)$。除了金属 Ga,其他熔融金属(如液态铜或液态铟等)基底表面也可用于 CVD 法制备石墨烯。研究表明,相较于固态基底,当液态基底用于生长石墨烯时,它对生长参数的变化具有更强的容错性。

3.2.2　CVD 法用于石墨烯宏观形貌控制

由以上论述可知,CVD 法常用于制备高质量的石墨烯。在此过程中,石墨烯是在各种基底表面生成的,最后去除基底得到石墨烯。由此可以看出,基底还可以作为控制石墨烯形状的模板——采用不同形状的基底,在其表面生长出不同形状的石墨烯。生长出的石墨烯几乎完全复制基底的形貌和尺寸。因此,CVD 法常用于制备不同形状的连续的高质量石墨烯,即宏观形貌控制的功能化石墨烯。最为典型的例子是石墨烯海绵(graphene foam,GF)。其基本制备过程包含以下几个主要步骤:① 制备三维基底;② CVD 法在三维基底表面生长石墨烯;③ 去除基底,得到石墨烯海绵。如要制备石墨烯海绵和其他材料的复合物,可在以上基本步骤中引入其他材料。由此法制备的石墨烯海绵是一个块体,呈三维网络结构,其上密布孔洞。这种结构特点使其具有高导电性、大比表面积以及互相连通的内部孔道等特点,在储能、催化以及污染物吸附等领域具有很大的应用优势。

CVD 法制备石墨烯海绵较为常用的基底是金属镍。这是因为相较于其他基底,镍基底上 CVD 法生长石墨烯的过程易控制,得到的石墨烯质量较高,并且镍基底容易去除。如图 3-17(a)所示,将镍纳米线通过真空抽滤和挤压,制成三维镍纳米线海绵,再以甲烷为碳源,在 670℃下用 CVD 法在三维镍纳米线海绵基底表面生长石墨烯。最后,采用 1 mol/L FeCl$_3$ 和 3 mol/L 盐酸腐蚀掉镍基底,得

图 3-17　石墨烯海绵的制备

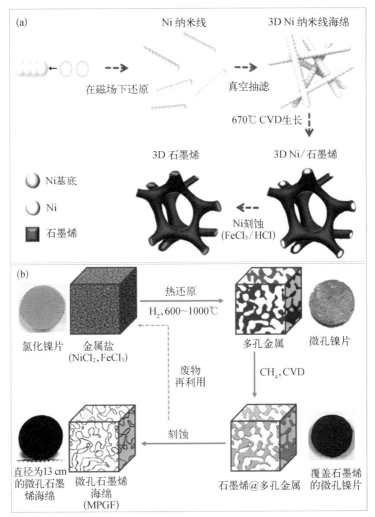

（a）3D镍纳米线海绵作为模板制备石墨烯海绵的示意图；（b）以金属盐为前驱体制备三维金属基底及在此基底上生长石墨烯海绵

到三维石墨烯海绵。

三维镍基底也可采用镍盐制得。如图3-17(b)所示，将氯化镍粉末压制成片状。在管式炉中，于600～1000℃下通过氢气还原得到微孔镍片。此时，镍片只有轻微的收缩，整体形状保持不变。接着直接升温到1000℃，以甲烷作为碳源，用CVD法生长石墨烯。最后，采用盐酸刻蚀掉镍基底，得到石墨烯海绵。制得一提的是，被盐酸刻蚀的镍基底生成氯化镍溶液，经浓缩干燥后，还可回收循环使用。

如图 3-18 所示,也可以内部密布连通孔道的镍海绵作为基底,以甲烷作为碳源,于 1000℃ 下 CVD 法生长石墨烯海绵。由于镍与石墨烯的膨胀系数不同,此时生长在镍表面的石墨烯会产生褶皱和波纹,这些波纹和褶皱的存在能提高与高分子材料间的黏附力,有利于石墨烯海绵与高分子材料后续的复合。为了防止刻蚀步骤中石墨烯海绵被损坏,先覆盖一层聚甲基丙烯酸甲酯(poly methyl methacrylate,PMMA)。接着用 $FeCl_3$ 和盐酸腐蚀镍基底。用热丙酮腐蚀掉 PMMA,得到自支撑的石墨烯海绵。为了提高石墨烯海绵的导电性,将制成的石墨烯海绵浸入聚二甲基硅氧烷(polydimethylsiloxane,PDMS)中,干燥后得到石墨烯海绵/PDMS 复合物。此复合物的电导率约为 10 S/cm,比化学法制得的石墨烯复合物的电导率高约 6 个数量级。

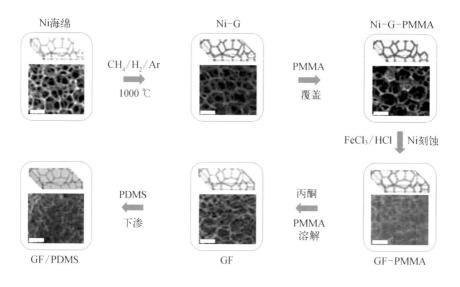

图 3-18 CVD 法制备石墨烯海绵和聚二甲基硅氧烷复合物示意图

CVD 法还可以制备多层结构的石墨烯海绵复合物,同时实现石墨烯的掺杂。如图 3-19 所示,以镍海绵为模板可制备"蛋黄"结构的氮掺杂石墨烯海绵与锗量子点及聚二甲基硅氧烷复合物 Ge-QD@NG/NGF/PDMS。以三维内部联通的多孔镍海绵为金属基底、吡啶为碳源和氮源,在 900℃ 下 CVD 法生长石墨烯,得到附着在镍基底表面的氮掺杂石墨烯海绵。以 $GeCl_4$ 为原料,用水热(hydrothermal)法在氮掺杂石墨烯上生长出均匀分散的 GeO_2 纳米颗粒,得到 GeO_2/氮掺杂石墨烯海绵-镍海绵复合物。在此复合物上电镀沉积一层镍金属薄

图 3-19 CVD 法制备"蛋黄"结构的氮掺杂石墨烯海绵与锗量子点及聚二甲基硅氧烷复合物 Ge-QD@NG/NGF/PDMS

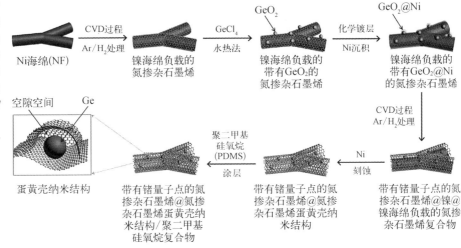

层。650℃下,以吡啶为碳源和氮源,再生长一层氮掺杂石墨烯。650℃下,氢气还原 GeO₂ 成 Ge 量子点。最后,用盐酸刻蚀掉镍海绵和镍薄层,得到"蛋黄"结构的锗量子/氮掺杂石墨烯/氮掺杂石墨烯海绵复合物 Ge-QD@NG/NGF。为了提高此复合材料的柔韧性,再在其上覆盖一层聚二甲基硅氧烷复合物,得到 Ge-QD@NG/NGF/PDMS 复合物。

3.3 其他材料构筑功能化石墨烯

除以上材料外,其他材料也可基于"自下而上"策略制备功能化石墨烯。这些材料主要包括共价有机框架材料、金属有机框架材料、生物质以及有机分子等。基于这些材料制备功能化石墨烯的基本思路是以这些材料为起始物,经不同温度和条件的热处理碳化,最终得到各种功能化石墨烯。

3.3.1 共价有机框架衍生的石墨烯

共价有机框架(covalent organic fromworks,COFs)通常是由特定有机小分子经可逆反应聚合生成的具有周期性的有序二维或三维结构(图 3-20)。COFs

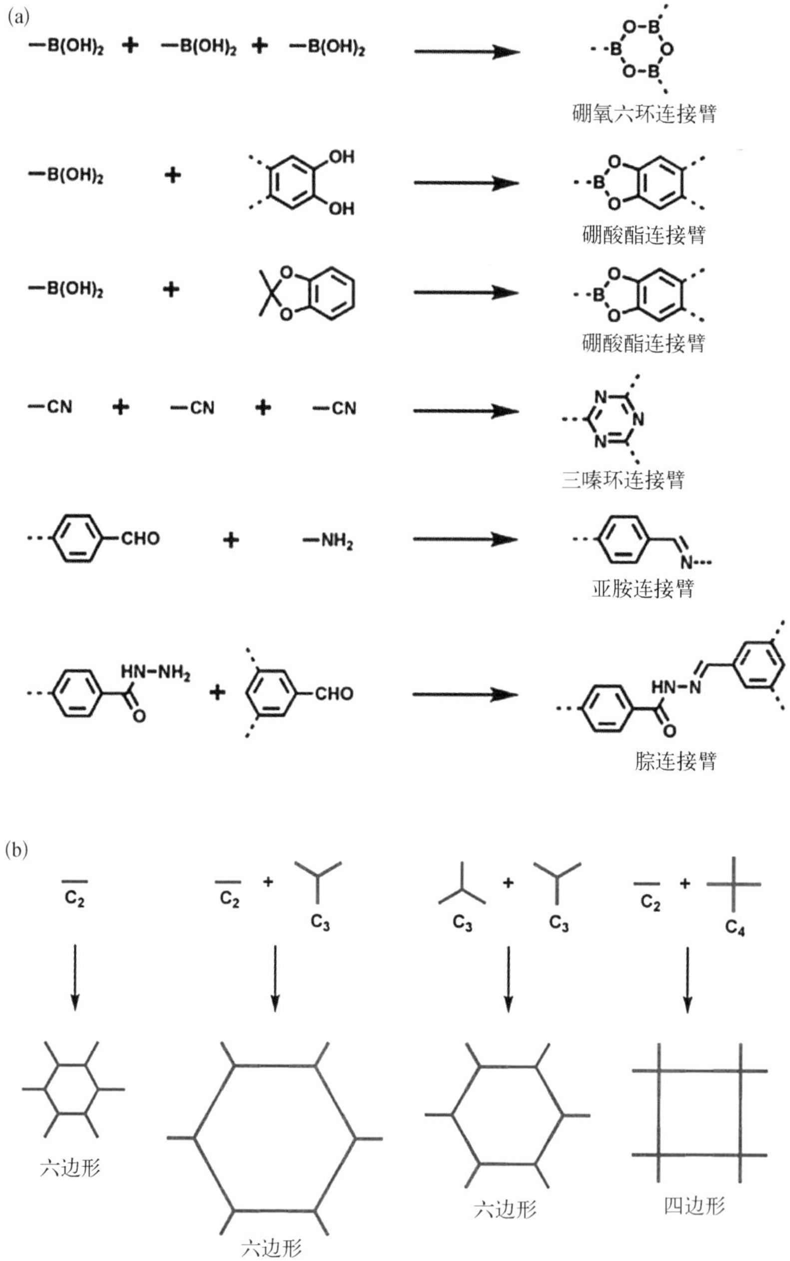
(a)
—B(OH)₂ + —B(OH)₂ + —B(OH)₂
硼氧六环连接臂
—B(OH)₂ + OH OH
硼酸酯连接臂
—B(OH)₂
硼酸酯连接臂
—CN + —CN + —CN
三嗪环连接臂
CHO + —NH₂
亚胺连接臂
HN-NH₂ + CHO
腙连接臂
(b)
C₂
C₂ + C₃
C₃ + C₃
C₂ + C₄
六边形
六边形
六边形
四边形

图 3-20 COFs 的制备方法和构型

（a）用于制备 COFs 的有机反应；（b）不同几何结构的有机单体及由它们组成 COFs 的几何构型

的合成也是基于“自下而上”策略的。它们的元素组成和分子结构由所用小分子前体所决定。因此，COFs 的结构、性质以及它们应用中的性能等也都可通过控制小分子前体来调控。COFs 具有丰富的元素组成、多样的几何构型和有序的多孔结构,是制备功能化石墨烯的优良材料。COFs 经高温碳化后,可得到功能化石墨烯。由于 COFs 是由"自下而上"策略制备的,所得的功能化石墨烯的组成和结构也同样可通过控制小分子前驱体来调控。

　　如图 3-21 所示,二维共价三氰基框架(CTF)在高温下可转化成三维氮掺杂石墨烯。对苯二甲氰在高温(约为 400℃)下经氰基三聚成环的反应聚合成二维 CTF。二维 CTF 在更高的温度(500～700℃)下碳化融合,转化成三维氮掺杂石墨烯。二维 CTF 的交联结构以及碳化程度可由碳化温度控制。三维氮掺杂石墨烯具有丰富的孔道结构、大比表面积(可达 2237 m^2/g)、较好的导电性以及高氮含量(可达 12.44%)。三维结构中掺杂的氮呈现多种化学结构,包括吡啶氮、石墨氮和吡咯氮。以二维 CTF 和氧化硼混合物为原料,高温(600℃)处理后,可得到氮和硼共掺杂的三维石墨烯(TTF-B)。同样,若以二维 CTF 和氟化铵混合物为原料,经高温处理,可得到氮原子和氟原子共掺杂的三维石墨烯(TTF-F)。

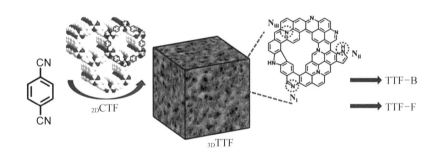

图 3-21 对苯二甲氰三聚生成二维 CTF 以及高温下转化为三维氮掺杂石墨烯

　　COFs 材料通常具有类型丰富的孔道结构,这些孔可容纳负载金属离子生成复合物。将此复合物在高温下处理,可得到含有金属离子的功能化石墨烯,应用于催化和储能领域。金属掺杂的石墨烯位点通常是具有高活性的催化位点或具有氧化还原性质的储能位点。如图 3-22 所示,负载 Fe^{III}、Co^{II} 和 Ni^{II} 的二维聚酰胺(席夫碱)COF 在高温下可转化成含金属离子的氮掺杂多孔石墨烯。含有氨基和醛基的小分子单体在醋酸催化下生成席夫碱基团连接的二维 COF。此二维 COF 含有规则的微孔,可通过所含的酰胺基团将金属离子 Fe^{III}、Co^{II} 和 Ni^{II} 容纳于空腔内。因此,将此二维 COF 分别浸入乙酰丙酮铁、乙酰丙酮钴或乙酰丙酮

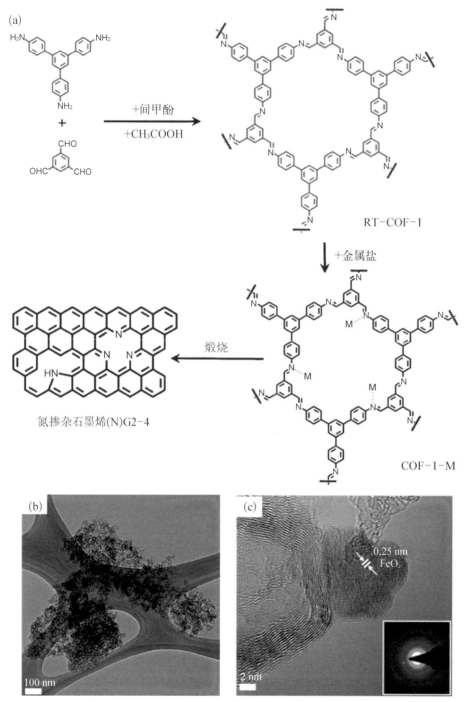

图 3-22

（a）负载金属离子的二维 COF 高温下转化成二维氮掺杂石墨烯；（b）（c）二维氮掺杂石墨烯的高分辨透射电镜图（HRTEM）

镍的甲醇溶液中,冲洗干燥后,得到负载金属离子的二维 COF。将此二维 COF
和金属的复合物在 900℃下氮气氛围中碳化 4 h,得到含有金属离子的多级次氮
掺杂多孔石墨烯。

3.3.2 金属有机框架衍生的功能化石墨烯

与共价有机框架结构类似,金属有机框架(metal organic frameworks,
MOFs)也具有"自下而上"策略制备的有序周期性二维或三维结构。不同的是,
MOFs 是由有机小分子配体和金属离子生成配位结构(图 3-23)。同样,MOFs
的元素组成、结构、性质及应用中的性能也可通过控制小分子配体和金属离子来
有效调控。MOFs 也具有丰富的元素组成和多样的形貌结构,因此也是制备功能
化石墨烯的理想材料。调节 MOFs 的组成和结构,经高温碳化后能可控地生成
功能化石墨烯。

图 3-23 MOFs
的合成路线及结构
示例

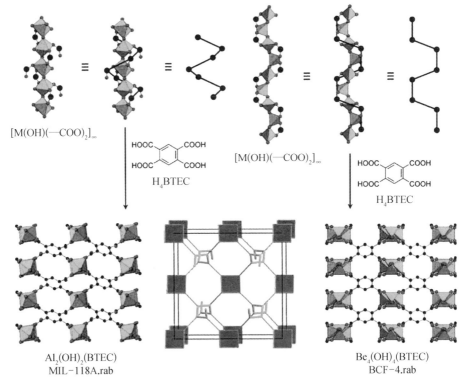

MOFs 衍生的功能化石墨烯具有如下优势：① 结构、成分和功能具有可调控性，这是因为在制备 MOFs 的过程中，根据性能需求可以选择性地调控金属离子/团簇与有机配体；② 易在碳骨架中填充金属或非金属元素，这主要得益于 MOFs 超大的比表面积、多样的孔径分布以及有序的孔道结构；③ 碳化后保持其高度有序的结构，易直接生成石墨烯结构，这是因为 MOFs 具有有序的结构。由此可见，MOFs 衍生功能化石墨烯的合成策略，能够实现材料结构和成分上的可控性，能够满足应用中的多种需求。

通过精心设计合成 MOFs 材料以及调控高温碳化步骤，可由 MOFs 直接碳化制备功能化石墨烯。如图 3-24 所示，棒状的 MOF-74 经碳化及剥离后，可直接制成 2～6 层厚的石墨烯纳米带。由 2,5-二羟基对苯二甲酸（2,5-dihydroxyterephthalic acid）和无水醋酸锌制成的棒状 MOF-74，在氩气保护下 1000℃ 热处理，碳化生成碳纳米棒。将此碳纳米棒在 KOH 溶液中 40℃ 下超声后，除去过量的 KOH，并干燥后得到碳纳米棒/KOH 复合物。此复合物在氩气

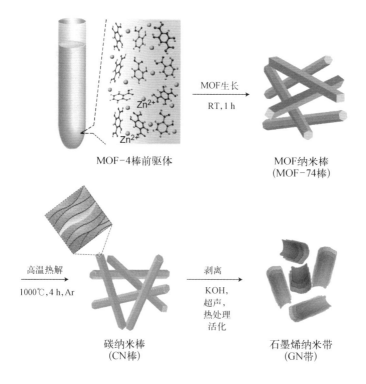

MOF-4棒前驱体

MOF生长
RT,1 h

MOF纳米棒
（MOF-74棒）

高温热解
1000℃,4 h,Ar

碳纳米棒
（CN棒）

剥离
KOH,
超声,
热处理
活化

石墨烯纳米带
（GN带）

图 3-24 棒状 MOF-74 的合成以及高温热处理制备石墨烯纳米带示意图

保护下 800℃ 热处理后，用盐酸中和掉 KOH，并用水清洗，150℃ 干燥后，得到石墨烯纳米带。制得的石墨烯纳米带有 2～6 层厚（1.5～4.5 nm），宽度为 50～70 nm，长度为 100～150 nm。

此外，碳化具有二维片状微结构的 MOF 也可制得石墨烯纳米片。如图 3-25 所示，具有纳米树叶状层状二维结构的沸石咪唑酯骨架结构材料 Zn-ZIF-L（zeolite imidazolate framework，ZIF，一种 MOF 材料），经碳化、剥离，可制得氮掺杂石墨烯纳米网。由硝酸锌和 2-甲基咪唑制成的 Zn-ZIF-L 呈树叶状结构，尺寸约为 5 nm。将 Zn-ZIF-L 在 800℃ 下直接碳化得到树叶状氮掺杂多孔碳。若将 Zn-ZIF-L 与 LiCl/KCl 混合，加热到 900℃ 热处理，并经酸洗干燥后，可得到石墨烯纳米网。一般使用 LiCl/KCl 作为剥离和刻蚀试剂。其可能的剥离过程如下：当温度大于 369℃ 时，LiCl/KCl 熔化并插入多孔碳层间；当温度大于 700℃ 时，Zn-ZIF-L 碳环生成树叶状多孔碳，同时 LiCl/KCl 蒸发剥离层状结构的碳化 Zn-ZIF-L。此石墨烯纳米网具有二维形貌结构、较大的比表面积（可达 1329.5 m^2/g）和丰富的氮掺杂位点。这些结构特点有利于其催化活性的发挥。

图 3-25 Zn-ZIF-L 结构及高温碳化剥离生成石墨烯纳米网示意图

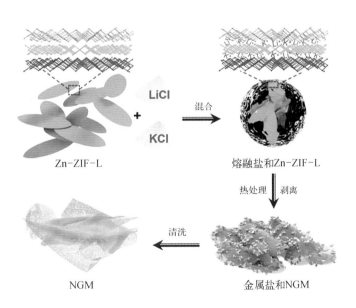

3.3.3　生物质衍生的功能化石墨烯

低成本生物质不仅微结构多样,还含有多种元素,是制备功能化碳材料的理想原料。选择具有特定结构和组成的生物质碳化制成的功能化碳材料,不仅具有可调控的活性中心,而且还具有优越的导电性、大比表面积和/或丰富的孔隙率。可用于制备功能化碳材料的生物质,包括蛋壳膜、海藻、生血蛋白、苋菜渣、蚕丝等。生物质前驱体的固有结构在控制碳化产物微观结构和孔结构形成中起着重要作用,因此通过选择特定结构的前驱体可调控其衍生的碳纳米材料形态和孔隙结构。通过选择具有合适微观结构的生物质材料,经过碳化处理可得到功能化石墨烯。

麦秸是丰富的生物质,每年全球的产量大于 350 万吨,却得不到有效利用,但是其作为原料经煅烧和热处理可制成高质量的石墨烯纳米片。如图 3-26 所示,麦秸切成小段(长约 3 cm),清洗干燥后在 3 mol/L KOH 溶液中于 150℃下加热处理 6 h。经水洗、干燥后,在氮气保护下 800℃热解 3 h。碳化后的产物,用盐酸洗涤除去 KOH。最后,在 2600℃下,热处理 5 min 得到石墨烯纳米片。此法制得的石墨烯纳米片质量较高,含介孔结构,2~10 个原子厚,呈石墨层状结构,层间距约为 0.3362 nm。

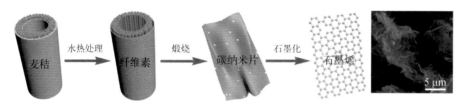

图 3-26　麦秸碳化制备功能化石墨烯示意图

茄子皮具有片状微观结构,因此利用一步碳化方法可得到具有高比表面积的片状多孔碳材料(图 3-27)。研究发现,碳化温度对于碳材料的微观结构和孔隙结构有决定性影响。当碳化温度高于 700℃时,茄子皮褶皱的厚片层逐渐碳化,得到厚度为 100~200 nm 的松散多孔碳片层。当碳化温度为 900℃时,片状多孔碳材料的比表面积达到 950 m²/g。但进一步提高碳化温度时,材料的比表面积反而降至 133 m²/g,这可能是由于过高温度使得材料内部微孔结构扩大乃至坍塌造成的。这种片状多孔碳材料应用于超级电容器的电极材料时,表现出良好的电化学性能。

图 3-27　茄子皮衍生功能化石墨烯

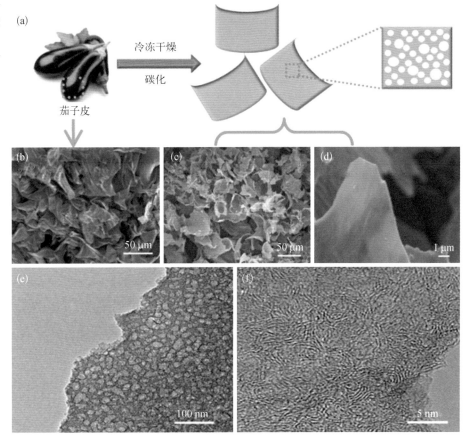

3.3.4　有机分子碳化衍生的功能化石墨烯

以有机小分子和高分子为原料,经不同温度处理也可得到功能化石墨烯。通过调节有机小分子的元素组成和结构,可由它们实现对功能化石墨烯结构和组成的调控。如图 3-28 所示,在 Na_2CO_3 的辅助下,固相热解羧酸盐小分子(如葡萄糖酸钠或柠檬酸钠)可制成高质量的单层石墨烯。

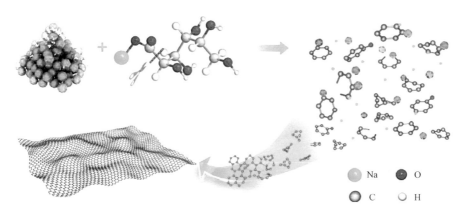

图 3-28 固相热解羧酸盐有机物制备单层石墨烯示意图（蓝色球表示 Na_2CO_3）

Na   O

C   H

将葡萄糖酸钠和碳酸钠粉末以 1∶20 的比例混合，并在玛瑙研钵中研磨成粉末以均匀混合。混合物粉末在氩气保护、950℃下加热。冷却到室温后，用盐酸清洗掉 Na_2CO_3。热解产物再用水和乙醇清洗至中性，干燥后得到单层石墨烯。此法生成单层石墨烯的过程包括两个步骤：高温下环化脱水以及面内碳重组。加热时，羧酸钠单体共价连接到 Na_2CO_3 上，并经过环化脱水反应脱掉水分子和钠离子。在这一过程中，羧基碳和其邻近碳原子间高极性 C—C 键断裂，生成碳自由基，并重组成碳环。在接下来的升温过程中，在二维平面内重组生成单层石墨烯。通常情况下，热解转化 sp^3 碳到 sp^2 碳常生成无定形碳，但是在此过程中 Na_2CO_3 与含有 π 电子的碳中间体发生较强的相互作用，促使环化的碳自由基在面内重组。此外，原位产生的 Na_2CO_3 簇均匀地分散于碳环境中，并与之充分接触，从而得到极高的单层石墨烯转化率。此法制得石墨烯平均厚度约为 0.5 μm，说明单层石墨烯的比例极高。

除小分子外，聚合物也可用于热解制备功能化石墨烯。如图 3-29 所示，在镍催化下，聚丙烯腈（polyacrylonitrile，PAN）可热解生成形状不规则的片状石墨烯。聚丙烯腈（$M_w = 150000$）溶于 N,N-二甲基甲酰胺（DMF）中制成溶液，聚丙烯腈溶液旋涂到 SiO_2/Si 基底上。再用磁控管溅射系统，将镍层沉积到 PAN 上。镍层覆盖的 PAN 在真空下高温（700～1500℃）热解。最后刻蚀掉镍层，得到片状少层石墨烯片。不规则片状石墨烯的生成是由高温下镍的反浸润性造成的。反浸润性使得镍形成"孤岛"，从而割裂开石墨烯，生成片状石墨烯。通过降低温度，优化条件可在一定程度上克服此现象，提高石墨烯的规整度。

图 3-29 聚丙烯腈热解制备片状石墨烯示意图

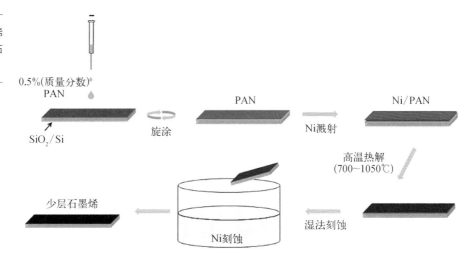

3.4 小结

综上所述,通过设计筛选构筑单元的化学结构,能以"自下而上"策略实现功能化石墨烯的可控构建。此策略的核心思想是根据需要有目的地设计选择构筑单体,并配以适当的合成方法,实现功能化石墨烯的制备。明确的结构和组成使得功能化石墨烯在应用过程中建立"结构-性能"关系成为可能,有利于进一步优化功能化石墨烯的结构,充分挖掘其应用潜力。然而,以上讨论的大部分功能化石墨烯的制备方法都不太适合规模化生产。较长的制备步骤、放大效应以及较高的制备成本等都阻碍了以"自下而上"策略规模化制备功能化石墨烯。这是此领域需要重点关注的方向。

除本章所讨论的"自下而上"策略外,从制备原理上看,石墨烯或功能化石墨烯与其他材料复合制备功能化石墨烯复合材料的策略绝大多数也属于"自下而上"策略。不过,功能化石墨烯复合材料的制备通常与它们的使用场景密切相关,因此它们的制备将与其应用一起讨论(详见第8章)。

第 4 章

"自上而下"策略
功能化石墨烯

4.1　概述

　　"自上而下"（top-down）策略是以不同的碳源（石墨、碳纳米、炭黑及其他碳源）为起始原料，通过化学氧化法、电化学剥离法以及物理剥离法等方法将石墨烯片"分切"出来，同时将石墨烯功能化，如引入功能基团或控制石墨烯片的形貌和尺寸。相较于"自下而上"策略，"自上而下"策略具有以下几个优点：① 原材料丰富，比如石墨、碳纳米管以及其他碳源；② 制备工艺丰富多样；③ 容易实现功能化石墨烯材料的规模化制备。此策略最大的优点是易于规模化制备功能化石墨烯材料。

　　如前所述（第 2、3 章），因功能化石墨烯复合材料的制备通常与应用环境密切相关，所以其制备过程将与应用一起讨论（见第 8 章）。本章主要讨论"自上而下"策略制备功能化石墨烯以及具有代表性的非共价功能化石墨烯复合材料。根据目前"自上而下"策略所用的碳源，此法所制备的功能化石墨烯可为石墨类功能化石墨烯、石墨类非共价功能化石墨烯复合材料和非石墨类功能化石墨烯。石墨类功能化石墨烯是指以石墨类材料为原料，采用各种物理或化学方法制得的功能化石墨烯；石墨类非共价功能化石墨烯复合材料是以石墨为原料，制得的以非共价作用力结合在一起的石墨烯和其他材料的复合物；非石墨类功能化石墨烯是指以非石墨类材料（如碳纳米管、炭黑及有机碳源等）为原料，采用各种物理或化学的方法制得的功能化石墨烯。

4.2　石墨类功能化石墨烯

4.2.1　石墨简介

　　石墨是由石墨烯通过范德瓦耳斯力和 π-π 作用力形成的层状材料，具有耐高温、耐氧化、抗腐蚀、抗热震、强度大、韧性好、自润滑、导热和导电性能强等物理和化学性质，并且全球储量丰富。我国不仅是石墨第一生产和出口大国，也是世界上天然石墨储量最丰富的国家。丰富的石墨原材料为以"自上而下"策略规模化制备功能化石墨烯提供了便利，促进了功能化石墨烯在众多领域的应用。根据形态和制备方法不同，石墨类材料主要分为以下三种：纯石墨类、膨胀石墨类和插层石墨类。

（1）纯石墨类　主要指天然石墨和人造石墨。根据石墨结晶状态的不同，天然石墨主要分为致密晶态状石墨、鳞片石墨和隐晶质石墨三类。人造石墨是将碳质原料石墨化高温处理得到的石墨材料。用于制备功能化石墨烯的纯石墨类材料通常需具有良好的石墨结晶结构，有利于剥离与功能化。

（2）膨胀石墨　通过化学或物理方法使鳞片石墨的层间距显著扩张的石墨。它不仅保持石墨原先的耐高温、耐氧化、抗腐蚀、自润滑和抗辐射等性质，同时还具有良好的吸附性和催化性能。因此膨胀石墨目前广泛用作电极材料、密封材料、吸油材料、防火阻燃剂和防静电材料等。采用膨胀石墨制备的柔性石墨纸已经广泛应用于众多的密封领域，被称为"密封之王"。

（3）插层石墨　插层石墨又称石墨层间化合物（graphite intercalation compounds，GICs），是一种利用物理或化学方法使非碳质反应物插入石墨层间，形成的一种保持石墨层状结构的晶体化合物。石墨片碳层中碳原子的键合能为 345 kJ/mol，原子间距为 0.142 nm。而相邻的两石墨层间则以比较微弱的范德瓦耳斯力结合，键能为 16.7 kJ/mol，层间距离为 0.3354 nm。石墨层与层之间结合力弱，间距较大，使得多种化学物质（如原子、分子、离子或离子团）均可插入到石墨层间空隙，最终形成石墨层间化合物。

4.2.2　石墨类功能化石墨烯

以石墨为原料，"自上而下"策略可通过不同的方法向石墨烯中引入共价键连接的官能团，向石墨烯中引入缺陷以及控制石墨烯片尺寸和形貌，实现石墨烯元素组成、结构、尺寸和形貌的控制。功能化方法不同，所得的功能化石墨烯的

　　　　　　　　　　　　　　　　　　　　　功能化石墨烯材料及应用

性质也有差异。

1. 化学氧化法

"自上而下"策略制备的最为典型的石墨类功能化石墨烯是氧化石墨烯（GO）。氧化石墨烯来源于氧化石墨。氧化石墨最初发现于19世纪，是用强酸和强氧化剂化学氧化（chemical oxidization）石墨类材料得到的一种材料。

氧化石墨具有与石墨相似的层状基本结构，但是因被不同程度地氧化，氧化石墨片层上会通过共价键连接多种含氧官能团，如羟基、羧基、环氧基等。这些含氧官能团具有良好的亲水性。因此，氧化石墨能够很好地分散于水或者其他极性溶剂中。氧化石墨在水或其他极性溶剂的辅助作用下，发生解离，生成多层、少层以及单层的氧化石墨烯（图4-1）。

图4-1 氧化石墨烯分子结构及表征

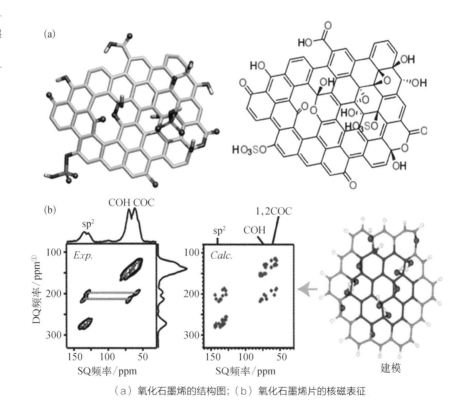

（a）氧化石墨烯的结构图；（b）氧化石墨烯片的核磁表征

① 1 ppm = 10^{-6}。

发展到现在,化学氧化方法制备氧化石墨烯主要包括 Brodie 法、Staudenmaier 法和 Hummers 法等。其中,Hummers 法因具有安全性较高、工艺流程短以及方法简便等优点被广泛应用于氧化石墨烯的制备。如图 4-2 所示,Hummers 法普遍先采用浓硫酸、高锰酸钾和硝酸钠体系制备氧化石墨,再剥离,得到氧化石墨烯。氧化后的石墨为含浓硫酸和氧化物的黏稠浆料,需进行清洗才能进行剥离。清洗后的氧化石墨在溶剂中经过超声或搅拌等被剥离成氧化石墨烯。所用溶剂一般为水,也可采用 N-甲基吡咯烷酮(NMP)、N,N-二甲基甲酰胺(DMF)或四氢呋喃(THF)等。

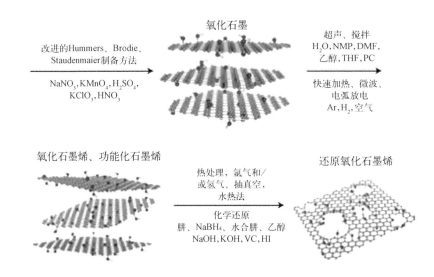

图 4-2　"自上而下"策略制备氧化石墨烯和还原氧化石墨烯示意图

氧化石墨烯继承了氧化石墨层上众多含氧官能团,能够很好地分散于不同的溶剂中,形成稳定的分散溶液。应注意的是,氧化过程引入了含氧官能团,但也破坏了石墨烯 sp^2 共轭结构,在石墨烯共轭碳骨架上引入了缺陷以及 sp^3 杂环的碳(氧化石墨烯的结构分析详见第 6 章)。这会造成功能化后的石墨烯导电性下降。然而,氧化石墨烯可通过热处理、化学法或水热法等还原成还原的氧化石墨烯(rGO),从而部分恢复石墨烯固有的共轭结构和导电性等。通过控制还原条件,还可在 rGO 中有目的地保留部分缺陷和含氧官能团,得到功能化的 rGO,如图 4-2 所示。这些残留的缺陷和含氧官能团可在催化及超级电容器和电池电极制备等应用中发挥作用。

　　　　　　　　　　　　　　　　　　　功能化石墨烯材料及应用

此外,氧化石墨烯中羟基、羧基和环氧基含氧官能团还可与其他基团反应,进一步功能化氧化石墨烯。因此,直接由石墨氧化制备的氧化石墨烯定义为第一代功能化石墨烯。将从氧化石墨烯进一步衍生出的其他石墨烯材料定义为第二代功能化石墨烯(材料)。以此类推,将由第二代制备的功能化石墨烯定义为第三代功能化石墨烯(材料)。相关内容将在第5章详细论述。

近年来为了提高氧化石墨烯的制备效率,降低制备难度以及减小环境污染,出现了多种新方法来改善现有的氧化石墨烯制备工艺。2010年Marcano等在Hummers法基础上将溶剂体系改为9:1的H_2SO_4/H_3PO_4体系(图4-3),同时去掉硝酸钠并增加反应所需的高锰酸钾的量。该改进方法能够提高氧化石墨烯的产率,避免有毒氮氧化物的产生,同时使得反应过程中的温度更容易控制,有利于大批量制备氧化石墨烯。

图 4 - 3 改进 Hummers 法制备氧化石墨烯示意图

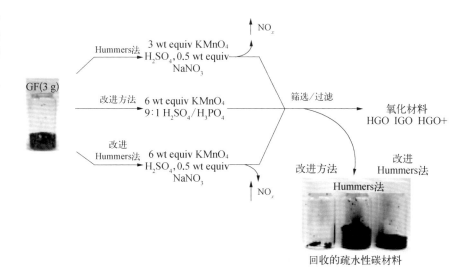

氧化石墨烯的结构和性质通常受石墨种类和氧化剂体系的影响,但也与制备过程中的淬灭和纯化工艺密切相关。2012年Dimiev等通过采用非水系的溶剂来淬灭和纯化氧化石墨烯(图4-4)。所制备的氧化石墨烯包含了大量由含酮官能团引起的缺陷,并且芳香结构单元的尺寸不超过5~6个苯环结构。该氧化石墨烯的sp^3成分主要为环氧基团,同时共价结合的硫和羟基含量比较少。新制备的氧化石墨烯粉体颜色为浅黄色或者无色。经过多次水洗后,随体系内化学

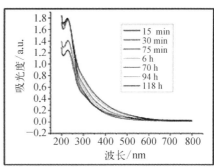

图 4-4 浅颜色 GO 的光学照片以及其溶液的 UV-Vis 曲线

相互作用的增加,颜色会变为正常氧化石墨烯的深棕色。

为进一步增加氧化石墨烯的氧化程度,人们研究了单层氧化石墨烯和少层氧化石墨烯的合成(图 4-5),并比较了两者的差异。研究发现随着氧化剂用量与反应时间的增加,所得单层氧化石墨烯的平均层面积变小(从 59000 nm^2 变为 550 nm^2),并且粒径呈高斯分布。通过控制氧化剥离过程得到的 3~4 层寡层氧化石墨烯,在水中的分散性与单层氧化石墨烯相似,但是相同条件下还原后所得的寡层石墨烯的电导率远高于单层氧化石墨烯还原后的产物。这说明,相较于寡层氧化石墨烯,单层氧化石墨烯中 sp^2 碳共轭结构被破坏的程度要大,缺陷更多。还原后,单层氧化石墨烯 sp^2 碳骨架恢复程度较低,因而表现出较低的电导率。

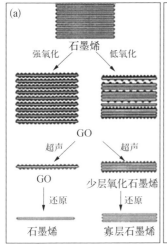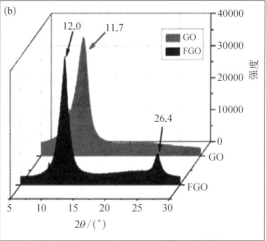

图 4-5 化学氧化法制备单层/寡层氧化石墨烯

(a) 单层氧化石墨烯和寡层氧化石墨烯制备示意图及 (b) X 射线衍射(XRD)图

2. 电化学法

虽然化学氧化法长久以来是主流的氧化石墨烯制备方法,但是此法用到强氧化剂危险性大,会造成环境污染,并且制备时间较长。为了绿色高效地制备氧化石墨烯,多种其他制备方法被研发出来,如电化学法(electrochemical method)。此法是利用电化学作用来实现石墨的插层、剥离和氧化或其他功能化(图4-6)。

图4-6 电化学法插层剥离制备(功能化)石墨烯示意图

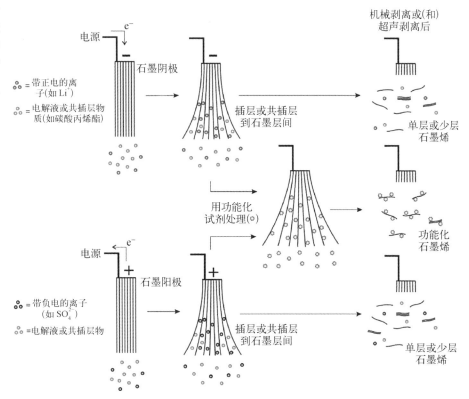

电化学法的关键步骤之一是石墨的电化学剥离。石墨的电化学剥离常用于制备石墨烯。该方法的核心是石墨电极的电化学插层。在此法中,石墨作为阴极或者阳极,以硫酸盐或锂盐等水溶液或有机溶液作为电解液。在电场力的作用下使石墨彻底剥离,可以直接制备出少层石墨烯,也可以制备得到单层石墨烯。电化学法制备石墨烯具有以下优势和特点:① 制备条件温和(常温常压),无极端条件;② 设备投入低,电解液循环使用,制备成本低;③ 不使用有毒的化

学试剂,无污染,不使用浓硫酸,工艺绿色环保;④ 石墨原料使用范围广,可以适用于土状石墨和高品位鳞片原矿;⑤ 石墨烯质量高,缺陷少,不需要再还原或热处理;⑥ 石墨烯层数可控,石墨烯二维片层大小可控;⑦ 石墨烯分散性好,可加工性良好,易于制备导热、导电、防腐、电磁屏蔽等功能涂层;⑧ 可以原位功能化,制备石墨烯功能化材料。

电化学法制备的石墨烯具有原材料丰富、成本低廉等优势,广泛应用于电子、照明、能源、环境、水处理、生物、化工和军事等众多领域。

这种独具优势的方法除可制备石墨烯外,也可用于功能化石墨烯的制备。如图 4-6 所示,这种方法制备功能化石墨烯的过程包括两个主要步骤:① 石墨的电化学插层剥离;② 石墨烯的功能化,包括氧化和其他共价功能化。

电化学插层剥离法是在电场作用下在石墨层间插入各种离子,如 Li^+、SO_4^{2-}、OH^- 和 HSO_4^-。这些离子的直径都略大于石墨层间距(0.3354 nm)。在电场力的作用下,它们插入石墨层间,撑开石墨的层状结构,从而达到剥离石墨烯的目的。

电化学插层剥离法包括阳极插层和阴极插层两种方法。阳极插层是指在电场力的作用下,阳极(石墨)吸引电解质中的负离子,如 SO_4^{2-},并使其插入石墨层间。同时,溶剂或其他化合物也会同负离子一起共插层到石墨层间。阴极插层是指在电场力的作用下,阳离子(Li^+ 和 Et_4N^+ 等)被阴极(石墨)吸附并嵌入石墨层间。同样,此时也会有溶剂等共插层物随阳离子一起嵌入石墨层间。

石墨被插层后,其在一些作用下发生解离。这主要包括两种形式:共插层物(如水)在插入石墨层后在适宜的电位(共插层物为水时,阴极电位小于 0 V,阳极电位大于 1.23 V)下会反应转化成其他物质(水转化为氢气或氧气),使得插层的石墨层进一步膨胀,进而解离;也可使用超声等机械作用使得插层石墨解离。

在电化学插层剥离石墨过程中,可同时实现石墨烯的功能化,进而直接得到功能化石墨烯。如图 4-7 所示,在强酸性电解液中,OH^-、O^- 和 SO_4^{2-} 可以迅速插入阳极石墨层间,并在剥离石墨烯的同时使它们发生氧化,从而产生带有少量含氧官能团的氧化石墨烯。除强酸环境外,强电压条件不仅加快离子的插层,也会使得剥离的石墨烯被氧化,制得氧化石墨烯。然而以上这些电化学插层剥离

      功能化石墨烯材料及应用

图 4-7 电化学插层剥离法制备低氧化石墨烯示意图

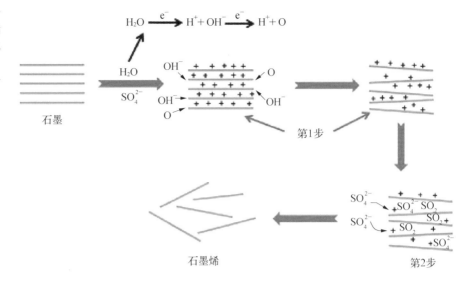

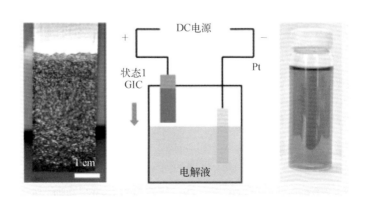

的反应条件主要用于制备膨胀石墨。在这些过程中,氧化石墨烯只是副产物,产量较小。若要采用电化学法大批量地制备氧化石墨烯,则需对原材料和反应条件进行优化。

2017 年,一种电化学插层和氧化两步法制备氧化石墨烯的方法被报道出来。如图 4-8 所示,第一步以石墨为阳极、浓硫酸为电解液、铂电极为阴极,组成电化学系统实现石墨浓硫酸插层;第二步以浓硫酸插层的石墨作为阳极,在 0.1 mol/L 硫酸铵中实现氧化与剥离。该两步法能够实现 70% 的氧化石墨烯产率。所制备的氧化石墨烯单层比例大于 90%,氧含量低于 17.7%。通过进一步还原制得的还原的氧化石墨烯(rGO)具有高的碳氧比(C/O = 30.2)以及优异的电导率(大于

图 4-8 以硫酸铵为电解液电解浓硫酸预插层的石墨制备氧化石墨烯示意图

54600 S/m)。这说明此法制备的氧化石墨烯缺陷较少。

2018 年,中国科学院金属研究所提出了一种类似的电化学法。此法能更高效地制备氧化石墨烯。这种方法不仅产率高、绿色、安全,还适于规模化生产,并且制得的氧化石墨烯与传统方法所制备的氧化石墨烯具有类似的结构和性质。此法也分为两步:如图 4-9 所示,作为原料的商业柔性石墨纸[flexible graphite paper,FGP,图 4-9(b)]先在浓硫酸中插层,得到第一阶段产物,蓝色石墨插层化合物纸[graphite intercalation compound paper,GICP,图 4-9(c)];接着,以石墨插层化合物纸为阳极、以稀硫酸为电解液组成电化学系统,进行电解。电解开始后,蓝色石墨插层化合物纸在几秒钟内就转变为黄色的氧化石墨烯[GO,图 4-9(d)],并被剥离出来。剥离后的氧化石墨烯经真空抽滤、水洗,最后在水中超声分散,得到电化学合成的氧化石墨烯[electrochemically synthesized GO,EGO,图 4-9(e)]。

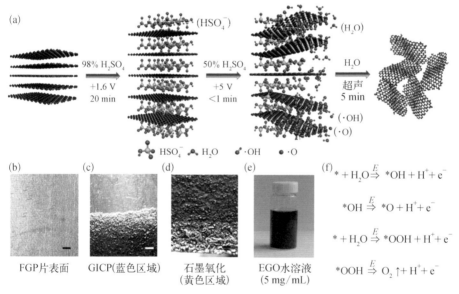

图 4-9 电化学法制备氧化石墨烯示例

(a)水电解氧化石墨法制备氧化石墨烯示意图;(b)原料柔性石墨纸表面形貌;(c)预插层的石墨纸;(d)被部分氧化的预插层石墨纸;(e)电化学法制备的氧化石墨烯水悬浮液;(f)阳极电解水产生含氧自由基反应方程(*为阳极上活性位点)

此石墨阳极电解水氧化石墨的机理如图 4-9(f)所示。石墨阳极上的活性位点(*)电解水依次产生含氧自由基 *OH、*O 和 *OOH,并把它们吸附住。这些被吸附在活性位点的含氧自由基与带有正电荷的阳极石墨发生反应产生含氧官能团,得到 EGO。产物 EGO 的氧化程度可由控制电解液稀硫酸的浓度来调控,而其层数和尺寸可通过控制超声时间来调控。

相较于传统的 Hummers 法和 K_2FeO_4 氧化法,这一方法氧化速率快 100 倍以上,并且此法中氧化石墨烯的洗涤纯化也更容易,且此阶段用水量也少得多。此外,反应中硫酸几乎没有损耗,也不生成其他物质,可被重复用于电化学反应。该方法有效解决了制备氧化石墨烯时长期面临的工艺安全、环境污染及反应周期长等问题,有望大幅降低制备成本,有利于氧化石墨烯的工业化应用。

为了实现石墨高效地氧化,通常需要采用浓硫酸或其他强氧化剂。这是因为虽然普通电解水过程也会氧化石墨(图 4-7),制得氧化石墨烯,但在这一过程中产生的氢气等气泡会使得石墨层快速剥离掉,进而使得剥离掉的石墨片层不能充分氧化,也不能在接下来的过程中被进一步氧化。加入浓硫酸等强氧化剂能极大地促进石墨在这一过程中氧化。然而,浓硫酸或其他强氧化剂的使用使得氧化石墨烯的生产存在安全隐患,也会对环境造成危害。因此,绿色高效地制备氧化石墨烯的方法也就应运而生。其主要策略是通过其他手段来增强石墨的氧化而非采用强氧化剂。

如图 4-10(a)所示,以商业长方形石墨片为阳极、铂片为阴极、对苯二甲酸(p-phthalic acid,PTA)和 NaOH 水溶液作为电解液,在 10 V 直流电下电解 6~8 h,直到石墨阳极消耗殆尽。在这一过程中,随着反应的进行,电解液由透明变成黄色,再到棕色,最后变成黑色。反应完之后,电解液混合液直接超声 1 h,以增加氧化石墨烯片的产率并降低其厚度。最后,经离心洗涤得到氧化石墨烯。其产率可达 87.3%,水分散液中固体含量可达 8.2 g/L,并可稳定保存 6 个月。

其机理如下:PTA 能溶于 NaOH 水溶液中,但随着反应进行,石墨阳极处因电解水 pH 会不断降低,使得 PTA 在石墨阳极上不断沉淀,覆盖到石墨阳极表面。石墨阳极被 PTA 部分覆盖会抑制阳极反应进行,进而减少气泡的产生,并延长氧自由基(HO· 和 O·)氧化暴露石墨的反应,从而增强石墨的氧化程度。氧化后的超声处理可进一步剥离氧化石墨烯片层,得到少层及单层的氧化石墨烯。这一氧化石墨烯制备方法能逐层剥离和深入氧化石墨烯。这一新机制不仅

图 4-10　绿色高效地制备氧化石墨烯示例

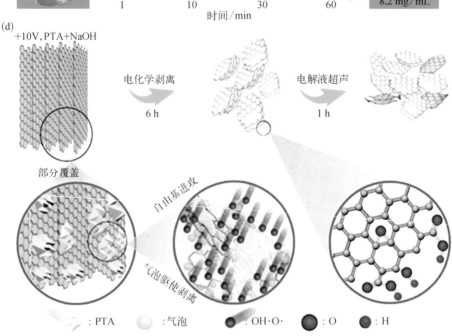

: PTA　　:气泡　　:OH·O·　　: O　　: H

（a）绿色高效地制备水溶性石墨烯材料装置图；（b）电化学过程；（c）8.2 mg/mL 的石墨烯水溶性；（d）对苯二甲酸保护石墨阳极增强氧化程度示意图

避免了强氧化剂的使用，还在一定程度上克服了传统电化学方法氧化不完全导致的产物层数多、质量低及分散性差等问题。

如前文所述（图 4-6），除制备氧化石墨烯外，在电解阶段加入其他反应物，也可同时实现石墨烯的剥离和功能化。如图 4-11 所示，英国曼彻斯特大学的 Dryfe 小组提出了"一步法"电化学剥离并功能化石墨烯，即在电化学剥离石墨制备石墨烯的过程中，同时利用重氮盐完成石墨烯的功能化。在此方法中，石墨作为阴极，加入 4-硝基苯重氮四氟硼酸盐（4-nitrobenzenediazonium tetrafluoroborate，NBD）的 1 mol/L CsClO₄ 二甲基亚砜（DMSO）溶液作为电解

图 4-11　电化学法制备功能化石墨烯示例

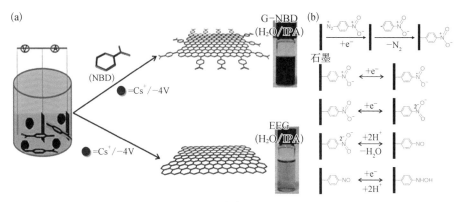

（a）"一步法"电化学剥离与功能化石墨烯；（b）在电化学过程中重氮盐与石墨反应以及硝基还原反应式

液,银电极作为阳极[图 4-11(a)]。在电解过程中,Cs^+因半径为 0.338 nm 与石墨层间距接近,会嵌入石墨阴极层间。同时,重氮盐 NBD 从石墨阴极得到电子,脱去—N_2产生氮气,变成自由基,接着迅速与石墨层边缘的 sp^2 杂化碳反应,并且 NBD 上的硝基被还原成—NHOH 基团[图 4-11(b)],最终得到共价功能化石墨烯。石墨烯功能化的程度可通过电解液中重氮盐浓度来控制。相较于传统的共价功能化方法,此法具有以下优势:① 石墨烯功能化在剥离石墨过程中同步实现,能有效防止传统功能化过程中石墨烯的重新聚集;② 功能化过程中产生的氮气有助于石墨高效剥离;③ 边缘的功能基团使得产物功能化石墨烯能在边缘进一步功能化;④ 边缘的功能化增加了产物石墨烯的溶解性,使其更易于加工应用。

　　研究发现,采用其他电解液,如离子液体,也可同步实现插层剥离制备石墨烯及石墨烯功能化。如图 4-12 所示,将两石墨电解电极浸入 1-甲基 3-辛基咪唑六氟磷酸盐和水的混合液(体积比 1∶1)中,在 15 V 电压下室温电解 6 h,在阴极石墨上生成离子液体功能化的石墨烯 GNS^{C80}（ionic liquid functionalized graphene nanosheets,GNSs^{IL}）,并将其剥离出来。此功能化可能以如下机理进行:离子液体阳离子咪唑盐在石墨阴极上得到电子,被还原成自由基。此高活性自由基与石墨烯上的 sp^2 杂化碳迅速发生反应,生成功能化石墨烯 GNS^{C80}。这种功能化石墨烯在水中不能分散,但超声后能够很好地分散于 DMF、DMSO 和

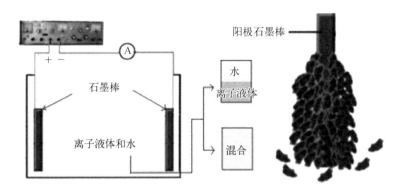

图 4-12　离子液体体系中制备功能化石墨烯

NMP 等极性非质子溶剂中。因此,其可进一步功能化或与其他材料复合生成功能化石墨烯复合材料。

3. 电弧放电法

电弧放电(arc discharge process)法是合成富勒烯、碳纳米管和石墨烯等碳纳米材料的主要方法之一,也可用于制备功能化石墨烯。电弧法的原理为在充有一定压力(正压或负压)缓冲气体(惰性气体或氢气)的电弧室中,在两个石墨电极上施加一定大小的电压,并逐渐接近产生电弧放电,使得电极间产生高温。此过程中,阳极温度比阴极高,阳极石墨被持续消耗,生成石墨烯等碳纳米材料,并沉积在阴极和炉壁上。放电时,阳极石墨蒸发成碳原子或小的碳簇,公式为 $N_C = nC + nC^+ + nC^{2+} + nC^- + nC_2 + nC_3 + nC_4 + nC_5$。其中,$N_C$ 为蒸发出的碳源总数;C 为碳原子;C^+ 和 C^{2+} 为碳正离子;C^- 为碳负离子;C_2、C_3、C_4 和 C_5 为小碳簇。

由于电弧中心温度高,因而该方法合成的石墨烯具有结晶程度高、缺陷少、导电性好以及热稳定性高等优点。电弧法既可采用直流电,也可采用交流电,多为低电压大电流。直流电会使得生成的产物在阴极石墨上沉积,而交流电可使得两电极交替作为阴极和阳极,因而可在两电极间产生更高的温度,使得石墨和气体分子更易解离,同时可避免产物在电极上沉积,且增强了碳原子和碳簇的扩散。图 4-13 所示装置为交流电电弧放电装置结构示意图及不同缓冲气对石墨烯产物的影响。氢气导热系数较大,使得电弧室内冷却速率较高,导致蒸发出的碳原子在形成晶体结构前易形成碳簇。这些碳簇没有足够的时间和能量进一步形成长程有序的晶体,最终形成无序的碳结构或者厚石墨烯堆积层。相反,氮气的导热系数较小,作为缓冲气时常生成氮掺杂碳单元使得蒸发的碳原子生成弯曲的结构,而氢气会抑制弯曲键和封闭结构的生成。因此,将氢气和氮气按照适宜的比例混合作为缓冲气,可得到质量较高的氮掺杂石墨烯。

图 4-13 交流电电弧放电装置结构示意图及不同缓冲气对石墨烯产物的影响

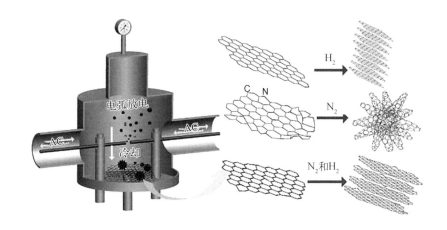

选择不同的氮源不仅可以调控石墨烯的氮掺杂程度,还可控制氮掺杂的类型。如图 4-14 所示,当使用氮气作为氮源(氮气随缓冲气导入:He/N$_2$/H$_2$)时,电弧法制得氮掺杂石墨烯主要含有石墨氮(graphitic-N,NQ),而当使用三聚氰胺作为氮源(三聚氰胺与石墨混合作为阳极;缓冲气为 He/N$_2$)时。电弧法制得的氮掺杂石墨烯既含有石墨氮(NQ),又含有吡啶氮(pyridinic-N,N6),这是由不同氮源的热解温度差异造成的。当氮气作为氮源时,氮气分子在区域Ⅰ(电弧放电高温区,3000~5000 K)被分解为氮原子,而在区域Ⅱ温度较低(1000~3000 K)不足以分解氮气分子。因此,氮原子只存在于区域Ⅰ,而在区域Ⅱ为单分子。在区域Ⅰ,氮原子与碳原子或微小碳簇结合形成 N—C 结构单元。这些N—C 单元以及不含氮的碳簇在区域Ⅱ进一步形成氮掺杂石墨烯。由此可知,这些氮掺杂石墨烯中氮掺杂位点主要位于碳骨架内部,为石墨氮 NQ。而当三聚氰胺作为氮源时,由于三聚氰胺分解温度较低(低于 773 K),氮原子存在于区域Ⅰ和区域Ⅱ。因此,在区域Ⅱ处,氮原子会继续掺杂生成的氮掺杂石墨烯,生成吡啶氮 N6。三聚氰胺作为氮源时,氮掺杂石墨烯中氮含量可达 2.88%。

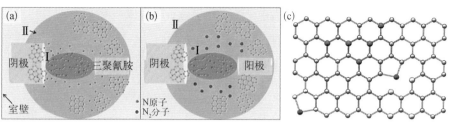

图 4-14　电弧法制备氮掺杂石墨烯的机理

（a）三聚氰胺作为氮源；（b）氮气作为氮源；（c）氮掺杂石墨烯结构［蓝色：石墨氮（NQ）；红色：吡咯氮（pyrrolic-N, N5）；黄色：吡啶氮（N6）］

通过调整阳极碳源和氮源，还可进一步提高氮掺杂石墨烯中的氮含量。如图 4-15 所示，采用石墨、氧化石墨烯和聚苯胺（polyaniline，PANi）混合物作为阳极、纯石墨作为阴极，电弧放电制备出的氮掺杂石墨烯中氮含量可达 3.5%。这是因为在此装置中放电时阳极中的石墨、氧化石墨烯和聚苯胺分解物会直接被输送到等离子体高温区域，研究表明电弧放电制备石墨烯时，碳结构的成核和生长可能发生在等离子放电核心区域。

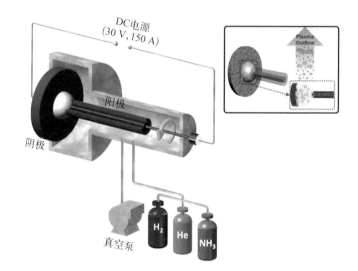

图 4-15　采用 GO 和聚苯胺作为阳极的电弧放电装置示意图（插图是放电过程说明，放电过程中正极石墨蒸发）

此外，采用水下电弧放电法也可以制备功能化石墨烯材料（图 4-16）。此法与常规电弧放电所用装置大体相同，只是阴阳两电极浸入水中进行电弧放电，并且所用电流电压远低于常规放电法。装置及工作环境的不同，也造成此法生成（功能化）石墨烯的机理有别于传统电弧放电法。此法包括两种机理：一是传统

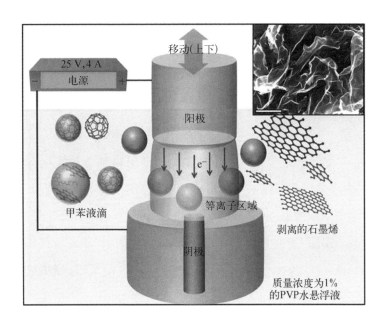

图 4-16 水下电弧放电法制备氧化石墨烯膜和氧化石墨烯球示意图

的电弧放电法机理,即石墨在电弧放电产生的高温下挥发生成碳原子和小的碳单元,然后再生长成(功能化)石墨烯;另一种是石墨剥离机理,当在较小电流(<10 A)下电弧放电时,电弧放电产生的温度较低(<4000 K),不足以使得石墨升华生成碳原子和其他小的碳单元。然而,电弧放电等离子区域会快速升温,从而加热附近的石墨电极,使得电极发生热膨胀,并且快速升温从而引发此区域水的空化效应(此过程常辅以超声)。空化效应产生非常大的压力(80℃时17 MPa),使得热膨胀的石墨剥离成石墨烯。此外,等离子区域的高温使得水分解成高活性的离子 O^+、O^{++} 和 H^+。这些离子通常会氧化部分石墨烯生成氧化石墨烯,并放出 CO/CO_2 气体。低电流下,剥离产生的氧化石墨烯的层数和氧化程度可由调节电弧放电功率来调控。此外,控制水下电弧放电条件还可以调控氧化石墨烯的形貌。

如图 4-16 所示,水下电弧放电装置在水/油乳剂的辅助下可制备三维褶皱的氧化石墨烯球。两石墨电极在去离子水(电阻为 18.2 MΩ)中电弧放电(电压为25 V,电流约为 4 A),剥离并部分氧化石墨生成氧化石墨烯片。氧化石墨烯片漂浮到水面并自组装成氧化石墨烯膜。当过程中加入甲苯[质量浓度为 1% 的聚甲基吡咯烷酮(PVP)水悬浮液]时,因氧化石墨烯的溶剂化和疏水性作用,电弧放电生成的氧化石墨烯会被包裹在水/油乳液的甲苯中或者水/油界面处。这使得二维氧化石墨烯片弯曲转变成三维褶皱的氧化石墨烯球。此外,甲苯在放电产生的高温下挥发,会加速氧化石墨烯由二维片结构向三维球结构转变。

4. 球磨法

球磨(ball-milling)法也是一种以"自上而下"策略制备功能化石墨烯的方法。球磨法制备功能化石墨烯通常利用球磨机实施[图 4-17(a)]。在球磨机中,高速旋转的钢球撞击挤压石墨片,将强大的动能作用于石墨片上,剥离石墨的同时,使得石墨层 C—C 键断裂,产生高反应活性的碳(通常为碳自由基),进而与反应物[图 4-17(b)(c)中的反应物],如 H_2O 或者 HCl 反应生成功能化石墨烯[图 4-17(d) 所示,边缘功能化石墨烯,edge-functionalized graphene nanoplatelets,EFGnPs]。

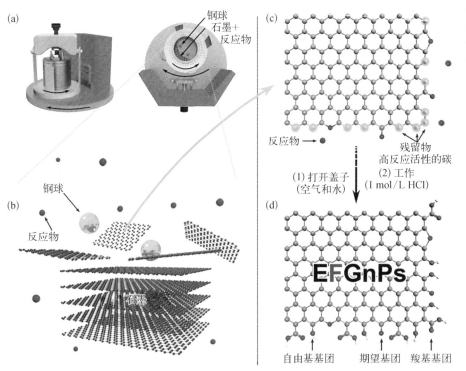

图 4-17 球磨法示例

(a) 行星式球磨机械装置;(b)~(d)以石墨为原料,以"自上而下"策略球磨法制备边缘功能化的石墨烯

　　　　　　　　　　　　　　　　　　　功能化石墨烯材料及应用

通常球磨法使得石墨片层边缘功能化,但几乎保留 sp² 碳骨架。这是因为边缘的碳原子常为悬挂键或者 C—H 键等,相较于二维骨架中的碳原子活性较高。球磨法制备功能化石墨烯过程中无须危险的试剂(如强酸或有毒的还原剂等),并且极适于大规模生产。通过控制球磨过程中反应物(如水或盐酸等),可以实现边缘功能基团的类型调控。如图 4-17(c)(d)所示,当反应物为空气和水时,球磨处理石墨可得到边缘含羟基和羧基的功能化石墨烯。将石墨和干冰一起球磨处理,可活化石墨片层边缘碳,进而与二氧化碳反应生成羧基化的石墨烯片,接着将其置于潮湿空气中可使其质子化(图 4-18)。

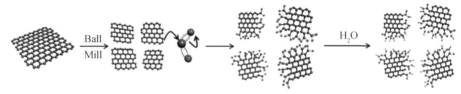

图 4-18 球磨法制备边缘羧基化的石墨烯以及暴露于潮湿空气中质子化示意图

5. 微流化法

微流化(microfluidization)法是一种高压均匀化方法,常用于食品、制药及日化等领域。它以高压作用于流体,使得流体在压力驱动下通过微孔道(直径小于 $100\,\mu m$),从而在流体各个区域产生剪切(剪切率大于 $10^6\,s^{-1}$)、撞击和空化作用。在这些作用下,流体中的物质可被乳化、均质及裂解等。这一技术也可用于以石墨为原料制备功能化石墨烯:剪切作用可剥离石墨生成单层或少层石墨烯,同时空化作用可切割或破碎石墨烯片,制得尺寸或结构修饰的功能化石墨烯。

如图 4-19 所示,微流化法能以石墨为原料制备石墨烯量子点(graphene quantum dots,GQDs)。石墨烯量子点是横向尺寸小于 100 nm 的少层(层数小于 10)石墨烯片,并且通常含有边缘缺陷,具有很强的量子限域效应。石墨烯量子点不仅可通过“自下而上”策略制备,还可通过“自上而下”策略制备。微流化法就是一种高效的“自上而下”制备策略。置于微流化器储料罐中的石墨水悬浮液[图 4-19(a)],在高压(30 kpsi①)作用下通过 Z 型微孔道[图 4-19(b)]。在流

① 1 psi=6.895 kPa。

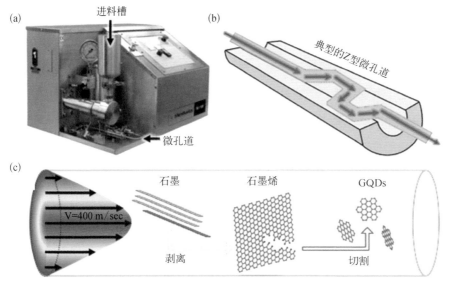

图 4-19　微流化法制备功能化石墨烯：剪切作用

（a）微流化器示意图；（b）Z型微孔道示意图（孔径为 87~400 μm）；（c）流体剖面（流速大于 400 m/s）和流体中石墨被剥离及切割成石墨烯量子点

体的剪切作用下，这些悬浮于水中的毫米尺寸的石墨片被剥离成石墨烯，并被进一步切割成石墨烯量子点[图 4-19（c）]。这些石墨烯量子点的直径为（2.7 ± 0.7）nm，厚度为 2~4 nm。它们是 2~4 层厚的石墨烯纳米片。

　　在微流化过程中，除剪切作用外，空化作用也能用于制备功能化石墨烯。如图 4-20（a）所示，采用微流化法，石墨颗粒在被剥离成单层及少层石墨烯片的同时，在空化作用下被穿孔，最终形成石墨烯纳米网（graphene nanomeshs，GNMs）。此装置的关键部件是具有可调界面微孔道的喷嘴，用以产生涡流和空化作用[图 4-20（b）]。

　　石墨悬浮液在高压（30 MPa）作用下通过喷嘴，使得流体形成涡流。涡流作用下，在流体和其中的石墨间形成速度梯度，进而产生平行于石墨层平面的剪切力。这一剪切力将石墨烯片层从石墨颗粒中剥离出来。

　　同时，石墨悬浮液通过喷嘴也在流体中引发空化作用[图 4-20（b）]。高压流体通过喷嘴产生空化气泡。空化气泡内爆产生的压强高达几兆帕，会使流体中产生微射流。冲击力强大的微射流击穿石墨烯片层，在石墨烯上生成孔洞。此外，空化气泡内爆还会产生垂直于石墨表面的应力。这一垂直方向的应力会将

图 4-20 微流化法制备功能化石墨烯：空化作用

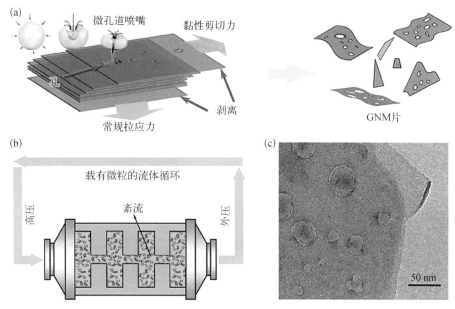

（a）以石墨为原料，微流化法制备石墨烯网；（b）微流化器示意图；（c）石墨烯网透射电子显微镜照片

石墨烯片从石墨上"揭"下来，与剪切力一起完成石墨的剥离。最终生成的石墨烯纳米网厚度为 1～1.5 nm，为单层或双层。其上密布直径为 10～55 nm 的微孔。各个孔与相邻孔间距最短约为 50 nm。通过统计计算，1 μm^2 的石墨烯纳米网上约有 22 个微孔，孔的总面积约为 0.15 μm^2。

4.3 石墨类非共价功能化石墨烯复合材料

在"自上而下"策略功能化石墨烯的过程中，除通过共价键连接官能团修饰石墨烯制得共价功能化石墨烯外，还可通过非共价键作用络合官能团制备功能化石墨烯复合材料。如前所述，石墨烯是 sp^2 碳组成的共轭结构，具有大 π 离域体系。因此，其共轭骨架可与其他分子发生多种非共价作用，如：π-π 相互作用、范德瓦耳斯力和 C—H···π 作用等。在"自上而下"策略剥离石墨的过程中，加入适宜的功能分子，可在剥离石墨的同时对石墨层进行非共价衍生化，从而制得非共价功能化石墨烯复合材料。此类方法有多种，包括液相剥离法、超临界流体法。

1. 液相剥离法

液相剥离(liquid-phase exfoliation)法常用于大量制备高质量的单层或少层石墨烯片[图 4-21(a)]。此法基本步骤是石墨浸入适宜的液体(单纯溶剂或含有

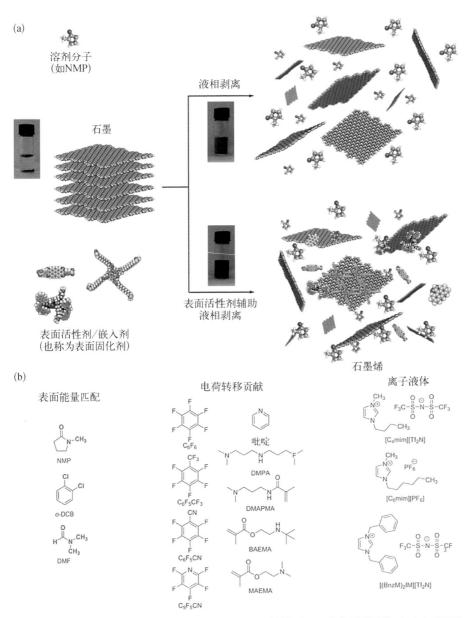

图 4-21 液相剥离法制备石墨烯纳米片和非共价功能化石墨烯复合材料

(a)溶液法剥离石墨制备石墨烯示意图(右上:无表面活性剂,右下:有表面活性剂);(b)用于剥离石墨的溶剂分子结构:与石墨烯表面能适配的溶剂分子、与石墨烯间存在电子转移作用的分子以及离子液体

表面活性剂的溶液)中,在搅拌、超声、微波或加热等作用下,溶剂或溶剂及其中的表面活性剂与石墨片层作用,克服石墨层间范德瓦耳斯力,使得各石墨层分离开来,最后离心分离出未剥离的石墨,得到单层或少层石墨烯。

研究表明,表面能与石墨烯接近的溶剂分子更适于剥离石墨。表面张力(surface tension)γ 为 $40\sim50$ mJ/m^2 的溶剂分子具有较好的剥离性能,如 N-甲基吡咯烷酮(NMP,$\gamma = 40$ mJ/m^2)、邻二氯苯(o-DCB,$\gamma = 37$ mJ/m^2)和 N,N-二甲基甲酰胺(DMF,$\gamma = 37.1$ mJ/m^2)。除表面张力与石墨烯相近的溶剂分子外,能与石墨烯发生电荷转移的溶剂分子也适于剥离石墨。如图 4-21(b)所示,六氟苯(C_6F_6)、八氟甲苯($C_6F_5CF_3$)及五氟吡啶(C_5F_5CN)这些强吸电子的溶剂分子能从富电子的石墨烯得到电子。两者之间不仅发生 π-π 作用,还发生电子交换,从而在此吸电子溶剂中稳定石墨烯,使其能有效地分散。此外,富电子溶剂分子与石墨烯间也存在 π-π 作用以及电子转移现象,如图 4-21(b)所示的吡啶(pyridine)、DMPA[3,3'-iminobis(N,N-dimethyl-propylamine)]及 DMAPMA{N-[3-(dimethylamino)propyl]methacrylamide}等。另外,离子液体也能与石墨烯发生相互作用用于石墨烯的剥离。

除了这些能直接剥离石墨的溶剂外,含有表面活性剂(图 4-22)的溶液(溶剂为水或有机溶剂)也可用于剥离石墨制备石墨烯[图 4-21(a)]。这些表面活性剂分子通常能通过与石墨烯发生 π-π 相互作用和电子转移作用吸附到石墨烯表面,能够调节表面能,使其在水溶液中剥离。值得注意的是,如果这些分子或基团与石墨烯间作用较强(图 4-22),它们剥离石墨产生石墨烯后,不会从剥离得到的石墨烯上脱附下来,而是与石墨烯生成非共价复合物,即非共价功能化石墨烯复合材料。

如图 4-23 所示,具有大 π 共轭结构的阳离子 MP^{2+} 能与石墨烯发生 π-π 相互作用,从而吸附到石墨烯片表面。因此,当石墨加入 MP·2Cl 的水溶液中并超声时,阳离子 MP^{2+} 因与石墨片层间发生 π-π 相互作用进而吸附到片层表面,剥离石墨层,并与剥离的石墨烯生成复合物,并稳定存在于水中。由于 MP^{2+} 的存在,使得此功能化石墨烯复合材料能在水中分散,并且使得石墨烯表面带有正电荷。由于彼此间表面正电荷的斥力,这些分散在水中的功能化石墨烯复合

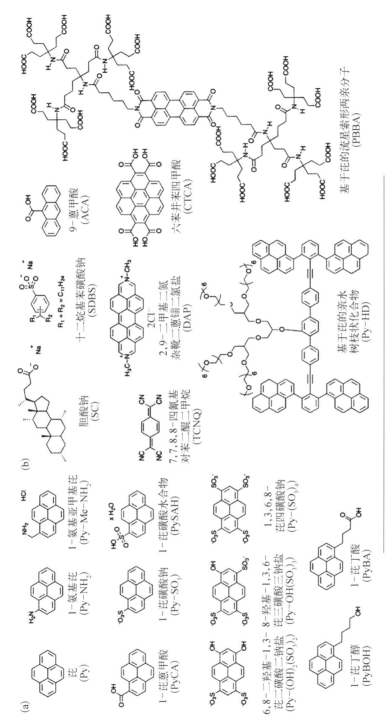

图 4-22 可用于剥离石墨的水溶性表面活性剂分子结构

(a) 芘及其水溶性衍生物; (b) 其他水溶性表面活性剂分子

材料不再大量聚集,因而能在水中稳定存在三周以上。同时,由于 MP^{2+} 与石墨烯间存在电子传递,此功能化石墨烯复合材料的生成会猝灭 MP^{2+} 的荧光。此外,MP 的六氟磷酸盐能够溶于 DMF,从而得到 MP^{2+} 的有机溶液。将石墨加入 MP^{2+} 的有机溶液中并超声,也能制得 MP^{2+} 非共价功能化石墨烯复合材料。此时,此功能化石墨烯复合材料同样由于彼此间表面正电荷斥力稳定分散于有机溶剂中。

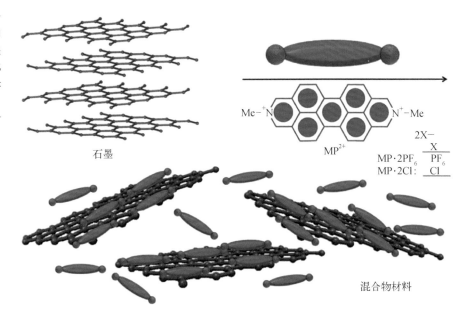

图 4-23　在溶剂中 MP^{2+} 剥离石墨制备非共价功能化石墨烯复合物示意图

石墨

MP^{2+}

	X
MP·2PF$_6$	PF$_6$
MP·2Cl:	Cl

混合物材料

图 4-22 所示的表面活性剂分子大都含有共轭结构,都能与石墨烯发生 π-π 作用,生成复合物。因此,这些分子在有机或水溶液中能剥离石墨,制得在相应溶液中高度分散且稳定的非共价功能化石墨烯复合材料。

除了以表面活性剂分子非共价功能化石墨烯复合材料外,还可通过金属插层剥离石墨制得负电荷功能化的石墨烯复合材料。碳原子具有中等的电负性(2.55),因而其既可得到电子被还原,也可失去电子被氧化。因此,完全由碳原子构成的石墨可从电负性低于它的还原剂如锂、钠及钾等碱金属得到电子,带有负电荷,而失去电子带有正电荷的还原剂阳离子可插入石墨层间,生成石墨插层化合物(graphite intercalation compounds,GICs)。

常用的电负性低于碳原子的还原插层物质为碱金属、碱土金属以及镧系金属。研究表明锂和钙金属插层石墨后，可形成 LiC_6 和 CaC_6 化合物，即六个碳原子结合一个锂离子或钙离子，而钾金属插层石墨可形成 KC_8 化合物。这类石墨插层化合物 GICs 可溶解于极性溶剂中，如四氢呋喃 THF、NMP 和水中。

插层可增大石墨层间距，并且由于不同层间阳离子存在库仑排斥力，使得石墨易于剥离。因此，石墨插层化合物在适宜的溶剂中可被剥离成带有负电荷的石墨烯，即负电电荷功能化的石墨烯。如图 4-24 所示，将石墨加入钾和萘（作为电荷转移助剂，增强钾还原插层石墨的能力）的四氢呋喃溶液中可制得钾插层石墨。将此石墨插层化合物与 NMP 在惰性环境中混合，并在室温下搅拌 24 h，可剥离此插层化合物，得到阴离子化的石墨烯。

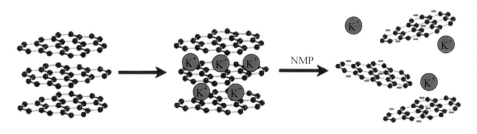

图 4-24　钾插层石墨制备阴离子化石墨烯示意图

此阴离子化石墨烯对空气敏感，在空气中可被氧化变成中性的石墨烯，因此可直接将其沉积到不同基底上制成石墨烯功能器件。此外，此阴离子化石墨烯还具有很高的反应活性，可进一步与亲电试剂（如重氮盐、卤代烷、卤代芳香烃以及烯烃等）反应，生成共价功能化石墨烯（图 4-24）。

2. 超临界流体法

超临界流体（supercritical fluid）法是基于超临界流体的技术。超临界流体是温度和压力分别高于其临界温度和临界压力的流体，对温度和压力非常敏感，具有特殊性质，如气体般的扩散能力、液体般的密度、低黏度、零表面能和高溶解化能力等。超临界法已经被应用于剥离石墨制备石墨烯。当石墨与超临界流体混合时，超临界流体能够渗入石墨层间。当环境压力突然下降时，渗入石墨层间的超临界流体会猛烈膨胀,在石墨层间产生巨大的压力,使得石墨剥离成石墨烯。

　　超临界法不仅能剥离石墨制备石墨烯,还能在剥离过程中对石墨烯进行衍生化,制成非共价功能化石墨烯复合材料。如图 4-25 所示,石墨与芘衍生物[1-氨基芘(1-aminopyrene)、1-芘甲酸(1-pyrenecarboxylic acid)和 1-芘丁酸(1-pyrenebutyric acid)]DMF 悬浮液与二氧化碳在不锈钢反应器中混合。对混合物升温加压,使得不锈钢反应器内压力达到二氧化碳的临界温度和临界压力,并搅拌 6 h。在这一过程中,二氧化碳渗入石墨层间,同时可溶解的芘衍生物也会插入石墨层间。突然降低反应器内压力,石墨层二氧化碳猛烈膨胀,剥离石墨,生成石墨烯。而此时,芘衍生物能通过 π-π 相互作用力牢固地吸附在生成的石墨烯上,形成单层或少层的非共价功能化石墨烯复合材料。

图 4-25　超临界法制备芘衍生物非共价功能化石墨烯复合材料示意图

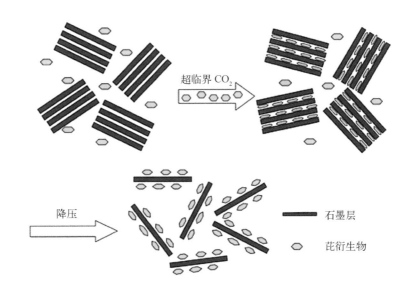

4.4　非石墨类功能化石墨烯

　　除用石墨以"自上而下"策略制备功能化石墨烯的碳源外,还可用碳纳米管、富勒烯、炭黑、碳纤维,甚至石墨烯作为碳源。

4.4.1 碳纳米管作为碳源

碳纳米管(carbon nanotubes)是一维管状碳纳米材料,是由六边形排列的碳原子构成一层到数层的同轴圆管。碳纳米管层与层之间保持固定的距离,约为 0.34 nm,直径一般为 2~20 nm。由此可见碳纳米管相当于由石墨烯纳米带卷曲形成的无缝管。正因为这种结构,碳纳米管可通过各种物理或化学方法"切割",制成各种石墨烯纳米带或纳米片等具有特定功用的功能化石墨烯。

1. 化学氧化法

通过 H_2SO_4 和 $KMnO_4$ 等强氧化物,可将碳纳米管上的碳原子氧化生成含氧基团,打开 C—C 键,制成石墨烯纳米带和纳米片。如图 4-26 所示,悬浮于浓硫酸的多壁碳纳米管(multi-walled carbon nanotubes,MWCNTs,外径为 40~80 nm,内径为 15~20 nm)用 500%(质量分数)高锰酸钾在室温下氧化 1 h,接着此混合物在 55~70℃下继续搅拌 1 h。在过滤洗涤后,得到边缘氧化的石墨烯纳米带。这些石墨烯纳米带宽度大于 100 nm,边缘平直[图 4-26(c)]。由于边缘带有羧基和羟基等含氧基团,这些石墨烯纳米带能够溶解于水、乙醇及其他极性溶剂中。值得注意的是,作为原料的多壁碳纳米管是由化学气相沉积法制得的,而采用其他方法制得的多壁碳纳米管作为碳源,用同样的氧化过程处理,并没有发现类似的石墨烯纳米带。这说明石墨烯纳米带的生成与否与所用原料密切相关。

此法的机理是基于酸中高锰酸钾氧化烯烃[图 4-26(b)]。此过程的第一步可能是在脱水环境中(浓硫酸)生成锰酸酯[图 4-26(b),2],接着其被氧化成二酮[图 4-26(b),3]。悬挂于空隙间的酮基团使得 β、γ-烯烃扭曲,更易被高锰酸钾进攻。随着反应的进行,多壁碳纳米管被切开的空隙越来越大,能够容纳生成的酮基团,有效地缓解了酮基团扭曲 β、γ-烯烃产生的应力。然而,逐渐增大的孔

图 4 - 26　碳纳米
管为碳源制备石墨
烯纳米带

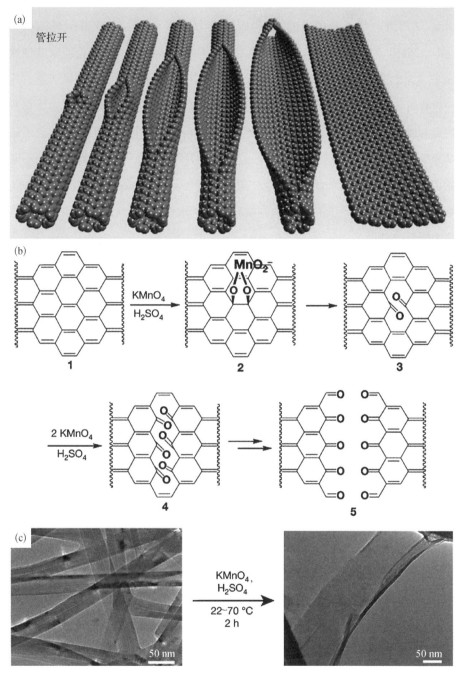

（a）逐步"拉开"一层碳纳米管制得石墨烯纳米带示意图；（b）氧化剂"拉开"碳纳米管可能的反应机理；（c）多壁碳纳米管（左）和边缘氧化的石墨烯纳米带（右）透射电镜图

洞产生较大的键角应力,继续使得β、γ-烯烃保持高活性。因此,一旦切割过程启动,切割活动是不断增强的,直到碳纳米管被完全切开生成石墨烯纳米带[图4-26(b),5]。由此可见,高锰酸钾集中进攻邻近碳原子,而不是进攻其他碳原子。这也说明为什么此过程倾向于顺序切割 C—C 键,而不是随机切割。这一过程可能是线性切割碳纳米管的过程或者螺旋切割。这可能依赖起始切割位点和碳纳米管的手性。应注意的是,虽然图4-26(a)中起始切割位点位于碳纳米管的中间部位,但实验中实际的起始位点并不明确。理论计算研究表明起始切割位点位于碳纳米管中部。单壁碳纳米管(single-walled carbon nanotubes,SWCNTs)同样能作为原料以此法制备石墨烯纳米带,但切割过程相较于多壁碳纳米管要困难得多。

石墨烯纳米带边缘的酮基团活性较高可被进一步氧化成羧基,因而能很好地溶于极性溶剂。此边缘氧化的石墨烯纳米可在氨水中用水合肼还原脱去含氧基团,但还原后的石墨烯纳米带边缘常存在缺陷,并不规整。

2. 气相氧化-液相超声法

不同于溶液中强氧化剂氧化,采用气体氧化再辅以超声步骤也能高效地切割碳纳米管,并且因避免了深度氧化步骤,制得的石墨烯纳米带质量较高(图4-27)。如图4-27(a)所示,电弧法制得的多壁碳纳米管[图4-27(b)]首先在空气中高温(500℃)焙烧,以去除碳管中杂质,并在碳管尾端及其表面缺陷处刻蚀或氧化。相较于溶液中强氧化环境,这一高温空气氧化过程较为温和,不会深度氧化碳管外壁。焙烧后的碳管在间苯乙炔和2,5-二辛氧基对苯乙炔共聚高分子[poly(m-phenylenevi-nylene-co-2,5-dioctoxy-p-phenylenevinylene,PmPV)]的1,2-二氯乙烷溶液中超声1 h。在超声产生的剪切力及空化等作用下,被烧过的碳纳米管被逐步切割成石墨烯纳米带[图4-27(c)(d)]。此法切割直径约为8 nm的多壁碳纳米管得到宽度为10~30 nm的石墨烯纳米带,并且石墨烯纳米带边缘较为光滑、质量较高。以多壁碳纳米管为原料计算所得的总收率约为2%,位于所有切割碳纳米管制备高质量石墨烯纳米带的方法中的前列。

图 4-27 气相氧化-超声切割多壁碳纳米管制备石墨烯纳米带

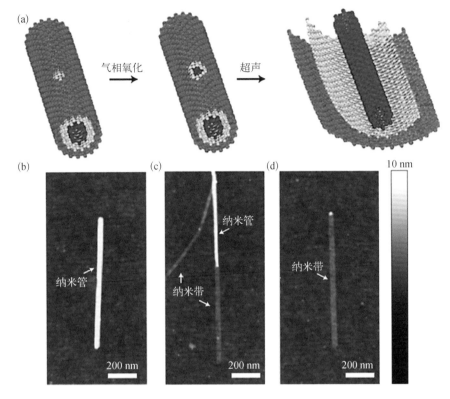

（a）气相氧化-超声切割多壁碳纳米管制备石墨烯纳米带示意图；原子力显微镜（AFM）照片：（b）多壁碳纳米管；（c）部分切割的多壁碳纳米管；（d）完全切开的多壁碳纳米管

图 4-28　金属簇催化加氢切割多壁碳纳米管制备石墨烯纳米带示意图

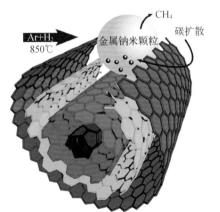

3. 金属簇催化加氢法

除采用强氧化剂化学切割多壁碳纳米管外，还有其他化学切割的方法，如金属簇催化加氢法。如图 4-28 所示，过渡金属纳米颗粒(Ni 或 Co)可催化多壁碳纳米管以及氮掺杂的多壁碳纳米管，发生催化加氢反应，从而被切割，制得石墨烯纳米带。

首先将过渡金属纳米颗粒沉积到碳纳米管上，这一步骤可由两种方法来实现：① 多壁碳纳米管加入 $CoCl_2$（或 NiCl）的甲醇溶液中，超声后，沉积到硅基底上。在 500℃下煅烧，钴纳米颗粒在碳纳管表面成核。② 多壁碳纳米管沉积到硅基底上,采用磁控管溅射,在其上在沉积一层金属钴,表面沉积金属纳米颗粒的多壁碳纳米管在850℃下加氢反应30 min后,被切开生成石墨烯纳米带。在加氢反应过程中,与金属纳米颗粒接触的碳原子被解离,并与氢气反应生成甲烷。随着此反应不断进行,多壁碳纳米管不断地被切割开。切割方向和深度依赖金属纳米颗粒的大小和纳米颗粒成核处阶跃型边缘数量。应注意的是,由于并不能很好地控制金属纳米颗粒大小和在碳纳米管上的分布,此法切割出的石墨烯纳米带并不规整,切割一致性不佳。

4. 金属插层剥离法

如前所述,多壁碳纳米管的层间距约为 0.34 nm。因此,如同碱金属离子插层石墨一样,钠和钾等碱金属也能插层多壁碳纳米管,但是金属离子插层产生的应力不足以切割碳纳米管。若辅以共插层剂以及适宜的后处理措施,多壁碳纳米管也能被切割制成石墨烯纳米带。如图 4-29 所示,通过化学气相沉积法制备的未封端的多壁碳纳米管先用 HNO_3:H_2SO_4(3:1)处理,预切割。在此预切割的多壁碳纳米管的四氢呋喃悬浮液中,依次加入液氨和金属锂处理。室温缓慢挥发掉液氨后,混合物在 10%(质量分数)HCl 中超声 2 h,并过滤干燥。最后在 1000℃煅烧,得到石墨烯纳米带。

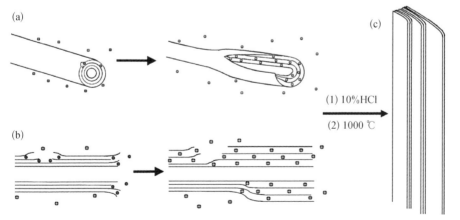

图 4-29 金属插层剥离多壁碳纳米管制备石墨烯纳米带示意图

(a) Li 插层及部分切割多壁碳纳米管;(b) 切割过程中的多壁碳纳米管剖面图;(c) 制得的石墨烯纳米带

　　　　　　　　　　　　　　　　　　功能化石墨烯材料及应用

在强氧化酸中处理此未封端多壁碳纳米管，会在碳纳米管上产生缺陷。这些缺陷既有利于后续 Li-NH₃ 的插层，又可作为后续切割碳管的起始位点。同时，多壁碳纳米管未封闭的两端上的缺陷也有利于 Li-NH₃ 的插层。Li-NH₃ 的插层使得碳管部分切割[图 4-29(a)(b)]。在后续盐酸中超声，盐酸和锂反应并中和残留的 NH₃，放热使得部分被切割的碳纳米管继续被切分。最后，高温热处理时，残留插层物 Li-NH₃ 和 Li 被去除，进一步切割碳纳米管，使其完全被切开，生成石墨烯纳米带[图 4-29(c)]。由于存在热处理步骤，最后生成的石墨烯纳米带边缘会被氧化，而带有含氧基团。

另一种采用钾金属插层剥离多壁碳纳米管的方法，可制得不被氧化的石墨烯纳米带。如图 4-30(b)所示，金属钾于多壁碳纳米管(外径为 40～80 nm，内径为 15～20 nm)中封管 250℃ 加热 14 h，再用乙醇猝灭，最后在氯磺酸中超声，得

图 4-30 钾插层切开多壁碳纳米管生成石墨烯纳米带

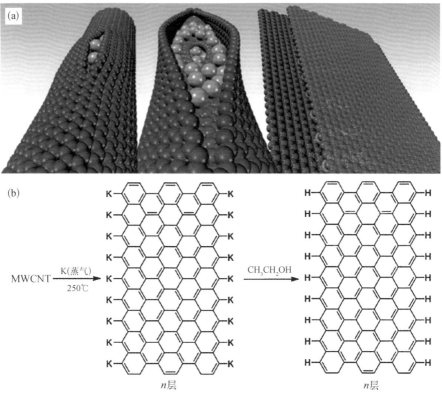

（a）示意图；（b）流程图

到石墨烯纳米带。钾与多壁碳纳米管共热,以使钾插层碳纳米管,并使碳纳米管部分破裂;乙醇猝灭时,乙醇与钾反应生成氢气,进一步切割碳纳米管[图 4-30(a)],并中和钾边缘[图 4-30(b)]。最后,在氯磺酸中超声,完全切开碳纳米管,得到石墨烯纳米带。此法不需要强氧化剂,因此制得的石墨烯纳米带质量较高,边缘不含含氧基团,且导电能力可比拟机械剥离制备的石墨烯纳米带。

5. 电流烧结法

除以上化学和机械方法切割碳纳米管制备石墨烯纳米带外,采用电流烧结(current sintering)的方法也可切割碳纳米管,如脉冲电流烧结(pulse current sintering, PCS)法。脉冲电流烧结法是一种基于电火花放电的场致烧结技术。低电压大电流脉冲放电产生电火花等离子体,在局部产生高温。碳纳米管是由碳原子构成的圆柱形二维结构,因此电流能够延其表面传导。

在高温高压下制得的多壁碳纳米管,施加直流脉冲电流(1500~2500 A,<5 V)。此时,电流在碳纳米管表面沿其径向传导[图 4-31(a)]。放电开始时,多壁碳纳米管尾部活性较高的 sp^2 杂化碳首先在高温下断裂[图 4-31(b)],并且断裂沿电流传导方向不断延伸,最终将碳纳米管完全切开[图 4-31(c)],生成石墨

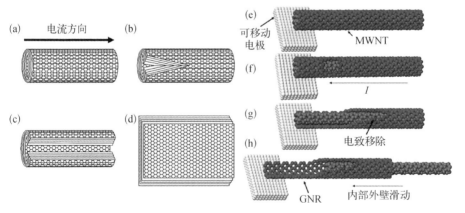

图 4-31 多壁碳纳米管在直流电脉冲下生成石墨烯纳米带示意图

(a)施加电流前的碳纳米管;(b)从边缘开始撕裂的碳纳米管;(c)沿电流方向切割开的碳纳米管;(d)生成的石墨烯纳米带;电击穿多壁碳纳米管制备石墨烯纳米带示意图;(e)完好的碳纳米管;(f)电击穿生成的局部破裂的碳纳米管;(g)碳纳米管部分外层破裂生成的石墨烯纳米带;(h)在石墨烯纳米带和碳纳米管内层滑动生成的悬浮的石墨烯纳米带

烯纳米带[图 4-31(d)]。此法具有制备时间短、效率高及适于大量生产等优点,但是由此法制得的石墨烯纳米带边缘不规整。

此外,将电流烧结和纳米操控技术结合起来,也能切割多壁碳纳米管制备石墨烯纳米带。如图 4-31(e)所示,将电弧法制备的多壁碳纳米管用导电环氧树脂黏结到支架固定端的铝导线上。表面沉积多壁碳纳米管或无定形碳和多壁碳纳米管复合物的钨电极固定到支架的活动电极(movable electrode)上,多壁碳纳米管和无定形碳有利于活动电极和被切割的多壁碳纳米管间的碳-碳接触。活动电极和多壁碳纳米管接触,形成碳-MWNT 界面。在大电流作用下,此界面可形成牢固的接触。在活动电极和铝导线间施加电流时,活动电极和多壁碳纳米管接触点因接触电阻产生高温,使得接触点附近的碳纳米管外壁碳碳键断裂[4-31(f)]。随着活动电极的移动(1~10 nm/s),多壁碳纳米管外壁被不断切开生成石墨烯纳米带[图 4-31(g)],当得到预期长度的石墨烯纳米带后[图 4-31(h)],可将其从未完全被切割的多壁碳纳米管上移除。由此法切割外径为30 nm 的多壁碳纳米管制得的石墨烯纳米带宽度为 45 nm,可知约有一半的碳纳米管外层被切除。此法虽然能精确控制碳纳米管的切除过程以及产物石墨烯纳米带的尺寸,但效率较低,不适合大规模生产,可适用于少量精细器件的制备。

6. 等离子体刻蚀法

以上由碳纳米管制备石墨烯纳米带的方法,大都易在纳米带边缘引入缺陷,使得边缘并不光滑规整,这受所用切割碳纳米管方法所限,而采用等离子体刻蚀(plasma etching)法则完全可避免这种问题。如图 4-32 所示,采用聚甲基丙烯酸甲酯(PMMA)作为掩膜,等离子体刻蚀多壁碳纳米管可得到边缘光滑及宽度分布窄(10~20 nm)的石墨烯纳米带。首先将多壁碳纳米管[图 4-32(a)]分散液沉积到硅基底上,再在其上旋涂 300 nm 厚的 PMMA。烘干后,PMMA-MWCNT膜从硅基底上揭下来[图 4-32(b)]。在 PMMA-MWCNT 膜中,MWCNT 大部分被埋入 PMMA 膜中,只有非常窄的狭长形表面裸露出来。接着用 10 W Ar 等离子体刻蚀 PMMA-MWCNT 膜[图 4-32(c)]。由于 PMMA 的保护,MWCNT 只有裸露的狭长表面会被快速刻蚀[图 4-32(d)~(g)]。最后,洗去 PMMA,得到

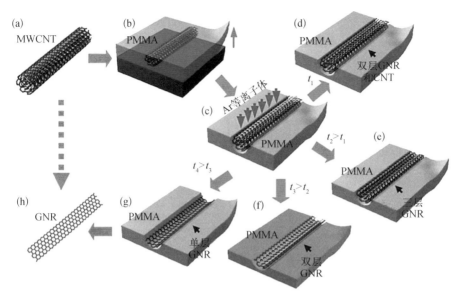

图 4-32　等离子体刻蚀多壁碳纳米管制备石墨烯纳米带示意图

石墨烯纳米带[图 4-32(h)]。选用不同的层碳纳米管刻蚀，可分别得到单层、双层和三层的石墨烯纳米带[图 4-32(e)～(g)]。通过控制刻蚀时间，还可保留内层碳纳米管，得到碳纳米管和双层石墨烯纳米带的混合物[图 4-32(d)]。

4.4.2　富勒烯作为碳源

与石墨和碳纳米管一样，富勒烯也是一类碳同素异形体。富勒烯是由 sp^2 杂化碳构成的单层中空笼状分子，呈球状、椭球状、管状或柱状，可见其基本构筑单元就是石墨烯。与石墨层只含有六元碳环不同，富勒烯分子不仅含有六元碳环，还含有五元及七元碳环。最常见的富勒烯是由 60 个碳原子构成的 C_{60}。

C_{60} 分子具有确定的大小和形状，若将 C_{60} 分子切割成片，同时精确控制切割条件，可得到可控尺寸的石墨烯片。C_{60} 分子尺寸在纳米尺度（其直径约为 7.1 Å[①]），因此由其切割出的石墨烯片也在纳米尺度，也就是石墨烯量子点。

与碳纳米管一样，C_{60} 也是由 sp^2 杂化碳构成的，因此如同强氧化剂切割碳纳米管生成石墨烯纳米带一样，C_{60} 也能在强氧化环境下被切割成石墨烯纳米片，

---

① 1 Å = 10^{-10} m。

即石墨烯量子点（图 4-33）。采用氧化石墨制备氧化石墨烯的 Hummers 法，将 C_{60} 用浓硫酸、硝酸钠和高锰酸钾处理。在强氧化剂条件下，C_{60} 分子的碳碳键断裂，sp^2 杂化碳原子被氧化生成羟基、羰基和羧基等含氧官能团，从而使得 C_{60} 分裂成边缘被氧化的石墨烯量子点。这些石墨烯量子点的尺寸为 2~3 nm，且因边缘带有含氧基团能被分散于水中，在 340 nm 紫外光激发下发出波长为 460 nm 的荧光。

图 4-33　化学氧化法切割 C_{60} 制备石墨烯量子点示意图及制得的石墨烯量子点水中分散液的丁达尔效应

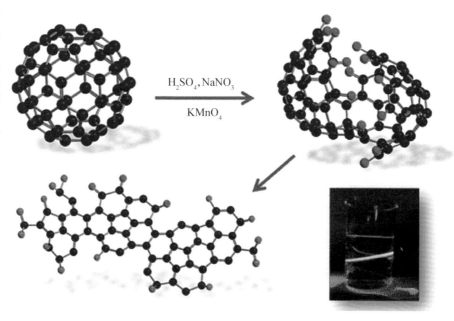

金属表面催化热解也能切割 C_{60} 生成石墨烯量子点。如图 4-34 所示，在钌单晶表面高温分解 C_{60} 分子可得到具有精确尺寸的石墨烯量子点。C_{60} 分子与钌之间存在较强的相互作用，因而 C_{60} 分子可被吸附在钌表面。研究发现 C_{60} 以其一个六边形碳环平面与钌单晶平面相对的方式固定在钌表面［图 4-34(c) 左］。理论计算研究表明 C_{60} 底面上的碳原子与钌有较强的相互作用，减弱了这些碳原子间的 C—C 键，使得 C—C 键伸长［图 4-34(c) 右图中红色键］。高温热处理时，足够强的热能使得这些伸长的 C—C 断裂，从而使得 C_{60} 分子分裂成不对称的两个半球。上半球在高温下被吸附到热处理环境中的气相，而下半球由于钌的吸附作用留在钌单晶表面，形成微小碳簇。这些碳簇在高温下迁移聚集重组生成

石墨烯量子点。研究发现不同温度下这些碳簇的迁移速率不同，不同的迁移速率可生成不同形状的石墨烯量子点［图 4-34(b)］。因此，通过温度控制可实现石墨烯量子点的形状调控，使得 C_{60} 分解成三角形（尺寸为 2.7 nm）和六边形（尺寸为 5 nm）的石墨烯量子点［图 4-34(d)］。

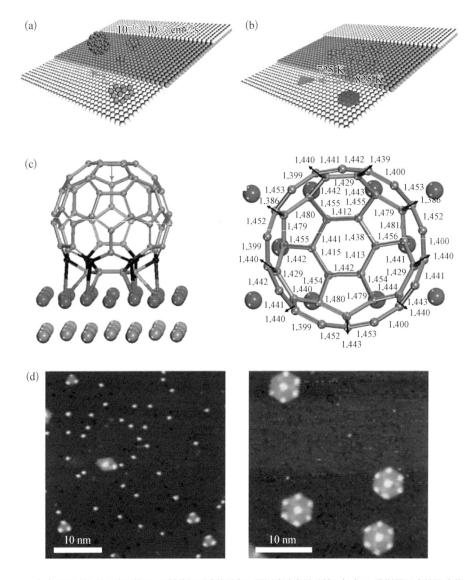

图 4-34　金属表面催化热解制备石墨烯量子点

（a）吸附在钌单晶表面的 C_{60} 及其分解形成的具有不同迁移速率的碳簇；（b）石墨烯量子点的温度依赖生长过程——碳簇在钌表面迁移聚集形成不同形状的石墨烯量子点；（c）吸附在钌表面的 C_{60} 分子及它们之间的键合（左）；与钌接触的 C_{60} 分子底面 C—C 键长；（d）不同温度下生成的不同形状的石墨烯量子点

4.4.3 其他碳源

除碳纳米管和富勒烯这些碳同素异形体之外，其他碳源（煤、炭黑和碳纤维等）也可用作为原料以"自上而下"策略制备功能化石墨烯。

1. 煤作为碳源

相较于石墨、碳纳米管和富勒烯等单纯由 sp^2 杂化碳构成的碳同素异形体，煤作为原料以"自上而下"策略制备石墨烯量子点可能更具有优势。煤的成分是非常复杂的，很难分析清楚，但是煤的基础成分是埃级及纳米级大小的碳晶体[图4-35(b)为烟煤扫描电镜图]。这些小尺度的碳晶体含有缺陷且相互之间由无定形脂肪碳相连[图4-35(a)]。以强氧化剂处理煤可得到石墨烯量子点。如图4-35(c)所示，将烟煤(bituminous coal)悬浮于浓硫酸和浓硝酸中，超声2 h，并

图4-35 煤作为碳源制备功能化石墨烯示例

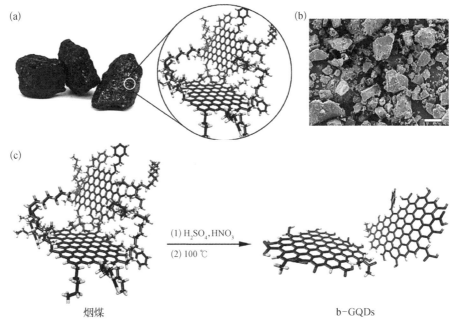

（a）宏观尺度的煤及煤基础成分的纳米结构；（b）烟煤扫描电镜图；（c）以烟煤为原料化学氧化法制备石墨烯量子点示意图

在 100℃ 或 120℃ 下加热搅拌 24 h,分离纯化可得到石墨烯量子点。这些由烟煤得到的石墨烯量子为六边形结构,半径为 (2.96 ± 0.96) nm,厚度为 1.5～3 nm,是 2～4 层石墨烯。此外,还在产物中发现一些尺寸大于 20 nm 的石墨烯量子点。这些大尺寸的石墨烯量子点没有被完全切割,它们由无定形碳相连。所有这些石墨烯量子点边缘带有 C—O、C = O 和 O—H 这些亲水键,因此能在水中溶解。

研究发现烟煤中这些碳晶体相较于石墨(其单纯由 sp^2 杂化碳构成)更易被化学切割,更易被剥离及功能化。这是由于将石墨在同样条件下氧化制备石墨烯量子点时,会在溶液中生成非常多的沉淀,而烟煤则几乎不会生成沉淀,即烟煤反应完后,得到的是一澄清的溶液。

将其他煤如无烟煤(anthracite)和焦炭(coke)在同样条件下氧化也能制备出石墨烯量子点。只不过由于无烟煤和焦炭与烟煤结构不同,生成的石墨烯量子点在尺寸和厚度上是不同的。扫描电镜分析表明烟煤和无烟煤颗粒大小形状不规则,而焦炭具有规则的球形结构。相较于无烟煤和焦炭,烟煤含有较多的氧化碳,且含有 C—O、C = O 和 O—H 键,而无烟煤只含有 C—O 键。焦炭由于是通过碳化焦油和沥青制得,因此不含氧化碳。

原料煤的成分和结构的不同,制得的石墨烯量子点也有所不同。与烟煤相同,无烟煤和焦炭制得的石墨烯量子点也是六边形结构,也都能溶于水,但是无烟煤制得的石墨烯量子点的半径为 (29 ± 11) nm,且是堆叠的结构。由焦炭制得石墨烯量子点的半径为 (5.8 ± 1.7) nm。由烟煤制得的石墨烯量子点的尺寸相较于另外两者更小也更规则。此制备石墨烯量子点的方法收率高、成本低,且适于大规模生产。

2. 炭黑作为碳源

用硝酸处理炭黑也可制得石墨烯量子点。如图 4-36 所示,CX-72 炭黑是球形石墨颗粒的聚集体。将其在浓硝酸中回流 24 h 后,冷却至室温,分离出上层悬浮液。悬浮液在 200℃ 下加热,蒸发掉水分和硝酸得到量子点 GQDs1。量子点 GQDs1 用盐酸洗涤后,再用氨水调节 pH 至 8,得到 GQDs2。量子点 GQDs1 和 GQDs2 都含有羧基和羟基等亲水基团,因而都可溶于水,并且它们的尺寸也接近,分别为 15 nm 和 18 nm。然而,它们的厚度不同,量子点 GQDs1 的厚度大都小于

图 4-36 炭黑制备石墨烯量子点

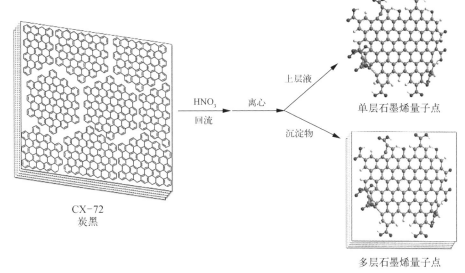

0.7 nm,平均厚度约为 0.5 nm,说明其是单层石墨烯;而量子点 GQDs2 的厚度为 1～3 nm,说明是 2～6 层的石墨烯片。这一方法实施简便,收率较高,且成本较低。

3. 碳纤维作为碳源

碳纤维是由炭化及石墨化处理有机聚合物纤维得到的片状微晶石墨沿轴向堆砌的纤维状碳材料。因此,碳纤维也可通过化学或物理的方法被切割成石墨烯量子点。如图 4-37 所示,将沥青碳纤维在浓硫酸和浓硝酸混合液中超声 2 h,接着在高温(80℃、100℃及 120℃)下加热搅拌 24 h。稀释混合物,调节 pH 至 8,透析得到石墨烯量子点。这些石墨烯量子点的尺寸在 1～4 nm,厚度为 0.4～2 nm,是 1～3 层的石墨烯片。其边缘为锯齿型,且由于氧化过程边缘带有羧基、羟基、羰基和环氧基等亲水基团,因此其能溶于水、DMF 和 DMSO 等极性溶剂。其层间距为 0.403 nm,比碳纤维的层间距(0.364 nm)大,但小于氧化石墨烯的层间距。这可能是由于其带有含氧基团,且含氧基团只位于边缘(含氧基团增大了层间距,但又不像氧化石墨烯那样在边缘和片层表面都带有含氧官能团)。此法可通过改变加热时的温度来调控石墨烯量子点的尺寸。

此外,还能以碳纤维为原料,将原位剥离得到的负载于碳纤维表面的功能化

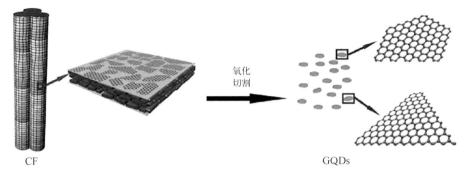

图 4-37 化学氧化切割碳纤维制备石墨烯量子点示意图

CF   GQDs

石墨烯用于电催化。如图 4-38 所示,采用氩气等离子体处理碳纤维表面,将碳纤维表面的石墨烯微晶部分从碳纤维中剥离出来,并使其高活性边缘功能化,得到富边缘、氧功能化的石墨烯。这些功能化石墨烯不仅边缘被氧掺杂,还带有缺陷。这些缺陷和含氧官能团可作为电催化反应中的活性位点。同时,这些功能化石墨烯的生成还增大了碳纤维的比表面积,增强了其在应用过程中的性能表现。

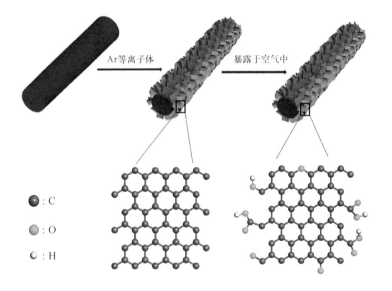

图 4-38 碳纤维表面剥离生成功能化石墨烯示意图

4.5 小结

"自上而下"策略制备功能化石墨烯可利用石墨、碳纳米管、富勒烯、煤及碳纤维等材料。采用氧化还原法、电化学氧化法、电弧法及机械化学法等多种方法打破碳原材料中的非共价键或共价键,将石墨烯片剥离出,同时通过掺杂、尺寸形貌控制和共价功能化石墨烯片,得到功能化石墨烯。

"自上而下"策略具有原材料丰富、生产工艺多样化以及易于规模化生产等优点,在科研及工业化生产中备受青睐,应用较为广泛。然而,众多基于此策略的功能化方法并不完美。例如大多基于此策略的方法(如控制功能化位点、基团以及功能化石墨烯结构等)功能化控制不是很精确,而有些较为精确的方法,如等离子体刻蚀碳纳米管制备石墨烯纳米带等,又不适于规模化生产。此外,"自上而下"策略也可用于制备功能化石墨烯复合材料。例如由石墨剥离制备石墨烯的同时,通过原位复合,制备出功能化石墨烯复合材料,如非共价功能化石墨烯复合材料。功能化石墨烯复合材料的制备将与其应用一起论述(见第 8 章)。

因此,相较于"自下而上"策略,"自上而下"策略既有优势也有不足,两者可互为补充。在实际应用中,应根据需要选择合适的功能化策略。

第 5 章

可控官能团修饰的
功能化石墨烯材料

5.1 概述

通常来说,石墨烯的可分散性较差,且片层之间存在范德瓦耳斯力和 π-π 堆积作用,使其在水和常用有机溶剂中很容易发生不可逆的聚集,从而极大地限制石墨烯的应用。因此,需要对石墨烯进行功能化处理,以改善石墨烯的可分散性和加工性,使其能应用于不同的领域。此外,在功能化石墨烯时,不同官能团修饰能够有效地调控石墨烯的化学组成和能带结构,并改善其固有性能以及赋予其额外的属性,如改善其力学性能,赋予其独特的磁学性质及荧光性质等。这无论是在石墨烯理论研究中,还是在其实际应用中均具有重要意义。

相较于石墨烯,氧化石墨烯易于大量生产,并且氧化石墨烯的共轭平面和边缘上存在大量含氧官能团,如环氧基、羟基、羰基、羧基和酯基等。这些含氧官能团不仅利于氧化石墨烯在溶剂中分散从而便于加工和使用,还为氧化石墨烯通过其他官能团进一步修饰功能化提供了可能。

石墨烯和氧化石墨烯的可控官能团修饰功能化可以分为共价功能化和非共价功能化两种形式。其中,共价功能化是通过共价键连接功能分子和石墨烯(或氧化石墨烯)制得功能化石墨烯;非共价功能化是通过 π-π 相互作用和静电相互作用等将功能基团与石墨烯(或氧化石墨烯)连接到一起制得功能化石墨烯复合材料。从制备原理上看,无论是对石墨烯或氧化石墨烯键的共价功能化还是非共价功能化都属于"自下而上"策略,但是石墨烯和氧化石墨烯的可控官能团修饰功能化是石墨烯功能化领域研究的重要内容之一,相关研究所占比重较大,且应用也较为广泛。因此,本章将单独对石墨烯和氧化石墨烯的可控官能团修饰进行论述:首先介绍石墨烯和氧化石墨烯的共价键功能化方法;然后介绍其非共价键功能化方法。

5.2 石墨烯和氧化石墨烯的共价功能化

5.2.1 石墨烯的共价功能化

石墨烯是由 sp^2 杂化碳构成的二维晶体,可看作二维方向无限延展的多环芳烃(图 5-1)。在石墨烯平面,相邻碳原子的 sp^2 杂轨道形成 σ 键,而每个碳原子 pz 轨道都垂直于平面,形成大 π 离域体系容纳自由电子。因此,多环芳烃可发生的反应,石墨烯也大都可以发生。

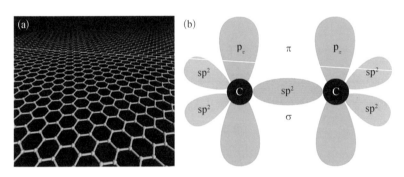

（a）石墨烯;（b）石墨烯碳原子的 sp^2 杂化

图 5-1 石墨烯结构及其碳原子电子轨道

通过各种共价反应,将功能基团引入石墨烯上,得到官能团修饰的功能化石墨烯。常用于共价修饰石墨烯的反应主要包括自由基加成(free radical addition)反应、环加成(cycloaddition)反应、亲核加成(nucleophilic addition)反应、取代(substitution)反应(图 5-2)。

其中自由基加成反应包括芳基重氮盐自由基反应(aryl diazonium salts)、过氧化物自由基(peroxides)反应、贝克曼环化(Bergman cyclization)反应和科尔贝电解(Kolbe electrolysis)反应。

环加成反应包括[2+1]环加成反应、[2+1]氮杂环丙烷加合物反应、[2+2]环加成反应、[3+2]环加成反应和[4+2]环加成反应。

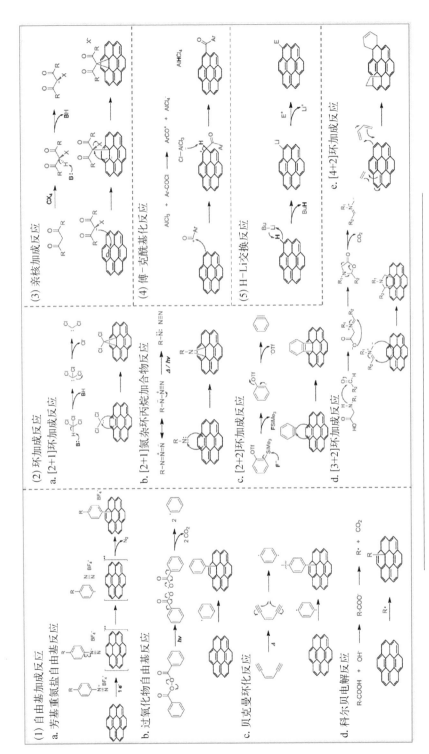

图 5-2　共价衍生化石墨烯所用的化学反应及其机理

取代反应包括傅-克酰基化（Friedel-Crafts acylation）反应和氢-锂交换（hydrogen-lithium exchange）反应。

1. 自由基加成反应

自由基加合物热激发或光激发条件下产生的自由基与石墨烯上的 sp^2 杂化碳发生加成反应。常用的自由基加合物为芳基重氮盐和过氧化物。带有重氮盐和过氧化物基团的功能分子，通过这些基团与石墨烯发生自由基反应，从而将功能基团引入石墨烯。

（1）芳基重氮盐（重氮化合物）反应

在中性或碱性条件下，重氮盐离子或者重氮化合物经过脱氮气之后，能够形成芳基自由基，然后与石墨烯上的 C=C 双键进行加成反应，并形成新的 C—C 单键[图 5-3(a)]。在此过程中，石墨烯向重氮盐提供一个电子，使其生成芳基自由基，并迅速加成到石墨烯的 sp^2 杂化碳上。

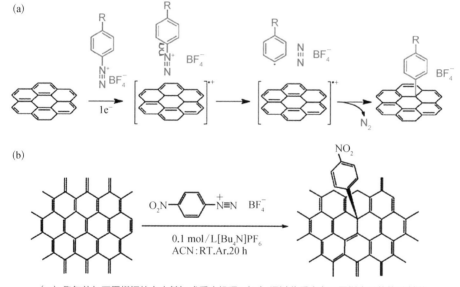

图 5-3　石墨烯与芳基重氮盐反应实现功能化机理及示例

（a）重氮盐与石墨烯间的自由基加成反应机理；（b）通过此反应在石墨烯表面修饰硝基苯

2009 年，Haddon 等人采用重氮盐自由基加成反应，将硝基苯基团修饰到外延生长的少层石墨烯表面。其合成方法如图 5-3(b)所示，在碳化硅（SiC）晶片上外延生长石墨烯。在乙腈和四丁基六氟磷酸铵作用下,4-硝基苯基重氮盐与石墨烯发生自由基加成反应,生成硝基苯修饰的石墨烯。2010 年,Tour 等研究了硝基苯基修饰对石墨烯纳米带导电性的影响。结果表明,硝基苯基修饰对石墨烯的 π 电子共轭结构产生了破坏,使部分碳原子由 sp^2 向 sp^3 杂化转变,对其导电性产生了影响。研究表明可通过控制此自由基反应时间来调控石墨烯的导电性。

此外,还可通过重氮盐自由基反应引入具有化学反应活性的基团,再通过此基团反应向石墨烯引入功能基团。如可通过重氮盐自由基反应,将炔基修饰到石墨烯表面,再通过炔基与叠氮基团间的 1,3-偶极环加成反应,向石墨烯引入功能基团。如图 5-4 所示,首先用 4-(三甲基硅烷基)乙炔基苯胺的芳基重氮盐和石墨烯片层(GS)反应,再使用氟化四丁基铵除去保护基,得到苯炔基修饰的石墨烯;再分别与含叠氮基团的四苯基卟啉锌(ZnP—N₃)和钌-2,2′-联吡啶-邻菲罗啉衍生物(RuP—N₃)进行 1,3-偶极环加成反应,分别得到功能化石墨烯 ZnP—GS 和 RuP—GS。除此之外,通过 1,3-偶极环加成反应可以得到很多不同种类的石墨烯基纳米复合材料,如将 1,4-二酮吡咯并吡咯连接在石墨烯表面制得具有光电活性的功能化石墨烯;将具有端羧基的短链聚乙二醇修饰到石墨烯表面,制得能在水中分散的功能化石墨烯;表面修饰链转移试剂的石墨烯,通过可逆加成-断

图 5-4 重氮盐自由基反应向石墨烯引入炔基,再以"点击化学反应"引入功能基团

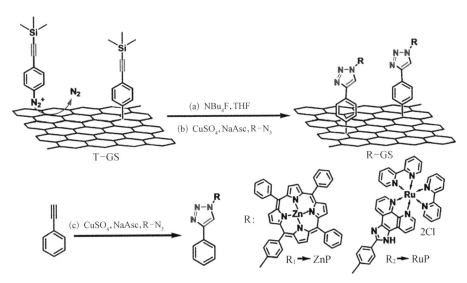

裂链转移聚合（reversible addition-fragmentation chain transfer polymerization，RAFT）制成石墨烯-聚（N-异丙基丙烯酰胺）分子筛。

（2）过氧化物反应

除了使用重氮盐，还可以利用过氧化物生成自由基。如过氧苯甲酰在光激发下释放一分子二氧化碳，并产生苯基自由基，与石墨烯进行自由基反应［图5-5(a)］。如图5-5(b)所示，将机械剥离制备的石墨烯置于SiO_2/Si基底上。在激光照射下，过氧化苯甲酰与石墨烯发生自由基加成反应。在光照下，石墨烯被激发，并传递一个电子到一个过氧化苯甲酰分子上。得到电子的过氧化苯甲酰分子被激发，使得断键释出一分子二氧化碳，并转化成苯自由基。生成的苯自由基与石墨烯平面上的sp^2杂化碳原子发生反应，得到苯衍生化的石墨烯。

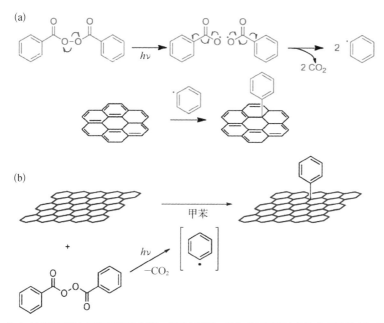

图5-5　石墨烯与过氧化物反应实现功能化机理及示例

（a）过氧苯甲酰与石墨烯间自由基加成反应机理；（b）在石墨烯上修饰苯环的反应机理

（3）贝克曼环化反应

在加热时，含有烯二炔基团的分子经贝克曼环化生成双自由基［图5-6(a)］。此双自由基具有很高的反应活性，能进攻石墨烯上的sp^2杂化碳，发生自由基加成反应。可通过此反应将含有烯二炔基团的分子修饰到石墨烯表面。如

图 5-6(b)所示,微晶石墨在氮甲基吡咯烷酮(NMP)中超声,被剥离成单层及少层石墨烯。再将剥离出的石墨烯加入 NMP 中,氮气鼓泡脱气后,回流。通过蠕动泵分别将含烯二炔基团的分子 G_1 和 G_2 加入石墨烯的 NMP 悬浮液中。继续回流,反应 12 h 后,经冷却、过滤、洗涤、干燥后,得到烷基链功能化石墨烯。由于表面带有长烷基链,这两种功能化石墨烯能分散于常用有机溶剂中,例如:NMP、N,N-二甲基甲酰胺、四氢呋喃、二氯甲烷、氯仿、乙酸乙酯和甲苯等。

图 5-6 贝克曼环化反应实现石墨烯功能化机理及示例

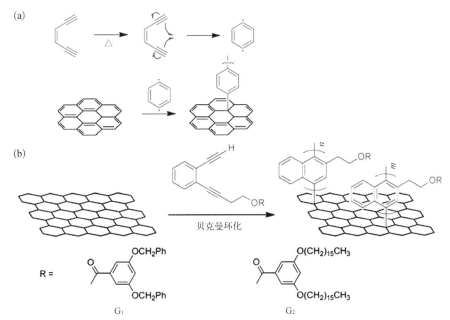

(a)贝克曼环化生成双自由并与石墨烯发生加成反应机理;(b)以此反应在石墨烯上修饰烷基链的反应机理

(4)科尔贝电解反应

科尔贝电解是羧酸盐电化学氧化脱羧引发的自由基二聚反应。羧酸盐在中性或弱酸性环境进行电解,反应中,羧酸根被电化学氧化失去一个电子生成自由基,并释放出一分子二氧化碳。通常情况下,生成的自由基会两两结合,发生自由基二聚反应,但是高活性的自由基还可与石墨烯上的 sp^2 杂化碳发生自由基加成反应,用于在石墨烯上引入功能基团[图 5-7(a)]。如图 5-7 所示,以外延生长在基底上的石墨烯作为工作电极,饱和甘汞电极作为参比电极,铂电极作为对电极,四丁基六氟磷酸铵的乙腈溶液作为电解液。向此电解液中加入 α-萘乙酸和四丁基氢氧化铵,进行电解。当电压为 0.93 V 时,α-萘乙酸被氧化脱羧,生成 α-萘甲基自由基。此自由基迅速与石墨烯上的 sp² 杂化碳发生加成反应,生成 C—C 键,并在石墨烯晶格上的反应位点生成 sp³ 杂化碳。这一在石墨烯上衍生化的反应是可逆的,只要调节电压(1.85 V),就能将连接在石墨烯的 α-萘甲基氧化,从石墨烯上切割下来。相较于其他共价功能化石墨烯方法,此方法具有以下几个优点:① 衍生化反应是可逆的;② 石墨烯上的功能基团还能被切割下来;③ α-萘甲基在石墨烯表面有序排列,使得石墨烯具有独特的电子学和磁性行为;④ 此反应操作简单高效、适用范围广。

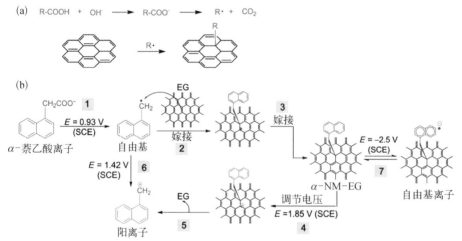

图 5-7 科尔贝电合成反应实现石墨烯功能化机理及示例

(a)科尔贝电合成生成自由基及此类自由基与石墨烯发生自由基加成反应示意图;(b)以此反应向石墨烯表面修饰萘示意图

2. 环加成反应

环加成反应通常由亲双烯体与石墨烯中的 C—C 键反应来进行。带有亲双烯体的功能基团,分别与石墨烯发生[2+1]、[2+2]、[3+2]和[4+2]环加成,并生成相应的三元环、四元环、五元环和六元环。

(1)[2+1]环加成反应

亲双烯体与石墨烯发生[2+1]环加成反应生成环丙烷或者氮杂环丙烷加合

物。如图 5-8(a)所示,氯仿在氢氧化钠的作用下,生成单线态的二氯卡宾。二氯卡宾具有很高的活性,会迅速与石墨烯上的 C═C 双键反应,生成环丙烷结构,得到表面修饰二氯甲基的石墨烯。同样,通过[2+1]环加成反应也可在石墨烯表面修饰二溴甲基[图 5-8(b)]。液相法剥离石墨制成的石墨烯悬浮于甲苯中,再加入三溴甲烷和环己胺。在此混合液中加入氢氧化钠水溶液,并在 70℃下加热 48 h。经过滤、洗涤、干燥后,得到表面修饰二溴甲基的石墨烯。

图 5-8 环加成生成环丙烷实现石墨烯功能化机理及示例

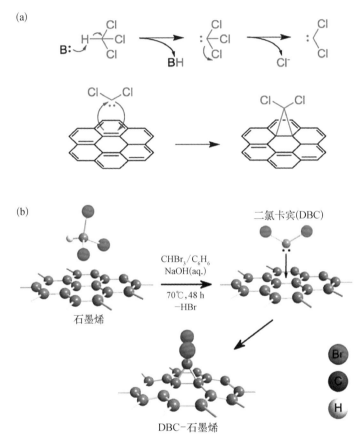

(a)以[2+1]环加成反应在石墨烯表面引入二氯环丙烷基团机理;(b)以[2+1]环加成反应在石墨烯表面引入二溴环丙烷

(2)[2+1]氮杂环丙烷加合物

氮烯是一种反应活性很高的中间体,也能与石墨烯发生[2+1]环加成反应,并在石墨烯表面生成氮杂环丙烷基团。如图 5-9(a)所示,叠氮基团在热解或光

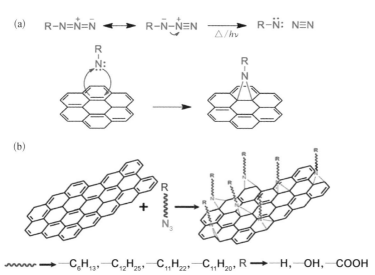

图 5-9 ［2＋1］环加成生成氮杂环丙烷实现石墨烯功能化机理及示例

（a）通过氮烯［2＋1］环加成反应修饰石墨烯；（b）通过氮烯［2＋1］环加成反应在石墨烯表面修饰烷基链。

照条件下生成氮烯。由于氮烯具有高活性，会迅速与石墨烯发生反应，生成氮杂环烷，功能基团被修饰到石墨烯上。

　　端基带有叠氮基团的不同烷基链通过［2＋1］环加成反应在石墨烯表面和边缘生成氮杂环丙烷基团，并将己基、十二烷基、羟基十一烷基和羧基十一烷基分别"嫁接"到石墨烯上。改性得到的功能化石墨烯在甲苯和丙酮中具有更好的分散性，且石墨烯功能化的程度依赖反应混合物中氮烯的加入量。

　　通过此法，以含有叠氮基团的不同功能分子与石墨烯反应，能得到具有特定功能的石墨烯。如将三甲基硅烷连接到外延生长的石墨烯上，则可得到具有本征带隙的功能化石墨烯(0.66 eV)。

　　（3）［2＋2］环加成反应

　　芳炔是由芳烃上两个邻位取代基脱除而得到的电中性的反应中间体。芳炔具有很高的反应活性能，和石墨烯 C＝C 能发生［2＋2］环加成反应。如图 5-10(a)所示，2-(三甲基甲硅烷基)苯基三氟甲磺酸酯在氟化铯的作用下脱去三氟甲磺酸酯和三甲基甲硅烷基，生成芳炔。生成的芳炔迅速与石墨烯发生［2＋2］环加成反应，将苯环"嫁接"到石墨烯上。苯环修饰的功

图 5-10 [2+2]
环加成反应实现石
墨烯功能化机理及
示例

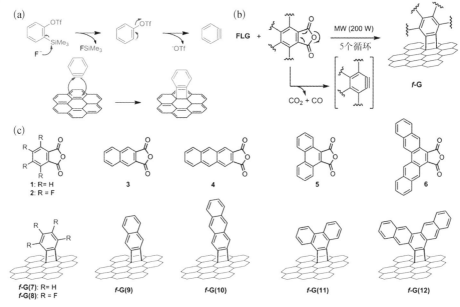

（a）通过［2+2］环加成反应在石墨烯表面修饰苯环；（b）（c）通过［2+2］环加成反应在石墨烯表面修饰不同的芳香环

能化石墨烯能够在 N,N-二甲基甲酰胺、邻二氯苯和氯仿中具有良好的分散性。

应注意的是,2-(三甲基甲硅烷基)苯基三氟甲磺酸酯生成芳炔需要氟离子催化,然而氟离子可能会干扰此加成反应,生成副产物。因此,可采用在微波作用下热解芳基酸酐得到芳炔。如图 5-10(b)所示,分别将不同的芳基酸酐和剥离得到的少层石墨烯在研钵中充分混合。以混合物在 200 W 微波辐射下 5 s 内迅速升温到 250℃ 作为一个循环,5 个循环后得到不同芳香环修饰的少层石墨烯。这些芳基酸酐是良好的微波吸收体,因此在此反应中它们既作为反应物又作为微波吸收介质,使得反应体系迅速在微波辐射下升温。

（4）［3＋2］环加成反应

甲亚胺叶立德(azomethine ylide)是由一个亚胺离子连接一个碳负离子构成的,是一种常用的亲双烯体,可与石墨烯发生 1,3-偶极[3＋2]环加成反应,用于石墨烯的功能化。如图 5-11(a)所示,氨基酸和醛反应生成甲亚胺叶立德,并与石墨烯发生[3＋2]环加成反应,在石墨烯上构建一个氮杂戊烷五元环。

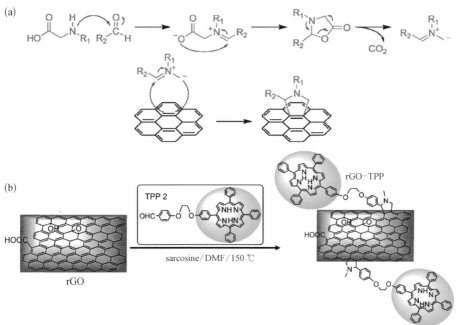

图 5-11 ［3＋2］环加成反应实现石墨烯功能化机理及示例

（a）氨基酸和醛生成甲亚胺叶立德，并与石墨烯发生［3＋2］环加成反应机理；（b）通过［3＋2］环加成反应在石墨烯上修饰四苯基卟啉

含有醛基的功能基团，如四苯基卟啉，在肌氨酸（sarcosine）辅助下，生成甲亚胺叶立德，并与还原的氧化石墨烯发生 1,3-偶极［3＋2］环加成反应，将四苯基卟啉基团连接还原的氧化石墨烯，用于改善其非线性光学（nonlinear optical，NLO）性能。

（5）［4＋2］环加成反应

［4＋2］环加成反应又称 Diels-Alder 环加成反应。在加热状态下，共轭双烯的最高占有轨道（highest occupied molecular orbital，HOMO）和亲二烯体的最低空轨道（lowest unoccupied molecular orbital，LUMO）重叠成键，生成六元环。此反应也常用于石墨烯的功能化。在［4＋2］环加成反应中，石墨烯上的 sp^2 杂化碳既可作为共轭二烯与亲二烯体反应，又可作为亲二烯体与其他共轭二烯反应［图 5-12（a）］。如图 5-12（b）所示，将外延生长在 SiC 上的石墨烯浸入马来酰胺衍生物的甲苯溶液中，并在室温下保持数十小时就能得到马来酰胺衍生的石墨烯。研究表明马来酰胺衍生物与石墨烯发生 Diels-Alder 环加成反应。在石墨

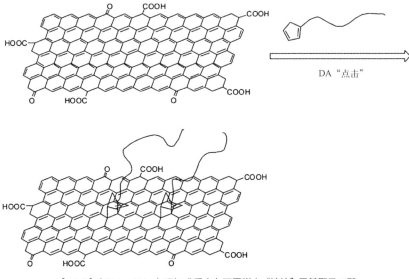

图 5-12 [4+2]
环加成反应实现石
墨烯功能化机理及
示例

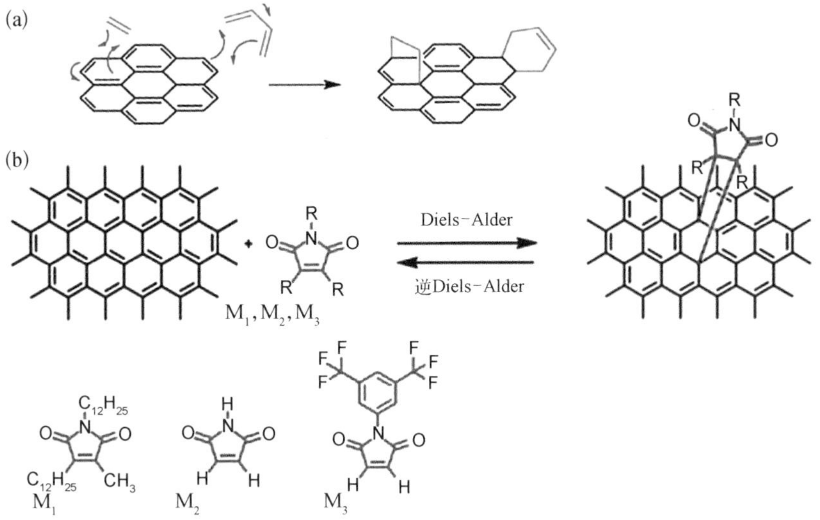

(a)

(b)

M_1, M_2, M_3

M_1 M_2 M_3

（a）石墨烯上 [4+2]（Diels-Alder）环加成反应机理；（b）[4+2]（Diels-Alder）环加成反应
修饰石墨烯示例

烯上共价键功能化位点处,共轭结构被破坏,sp² 杂化碳生成 sp³ 杂化碳。由于马
来酰胺衍生物的共价引入,此功能化石墨烯具有本征带隙。

再比如,在无催化剂的情况下,石墨烯和环戊二烯基封端的甲基聚乙二醇发
生 Diels-Alder 环加成反应(图 5-13),制得的功能化石墨烯能分散于多种溶剂

图 5-13 [4+2]
环加成反应实现石
墨烯功能化示例

DA "点击"

[4+2]（Diels-Alder）环加成反应在石墨烯上 "嫁接" 甲基聚乙二醇

中,包括:二甲亚砜、N,N-二甲基甲酰胺、N-甲基吡咯烷酮、四氢呋喃、乙二醇、乙醇、水、丙酮和氯仿等。

3. 亲核加成反应

亲核加成(nucleophilic addition)反应又称为宾格尔反应(Bingel reaction),最早用于 C_{60} 的环丙烷化——C_{60} 与溴代丙二酸酯在强碱(如氢氧化钠)作用下生成环丙烷[图5-14(a)]。研究发现,此反应也可用于石墨烯的共价功能化。在强碱作用下,溴代丙二酸酯被夺去 α-氢,生成碳负离子。碳负离子进攻石墨烯上的 C=C 双键上的碳,在石墨烯上生成碳负离子。此碳负离子亲核进攻丙

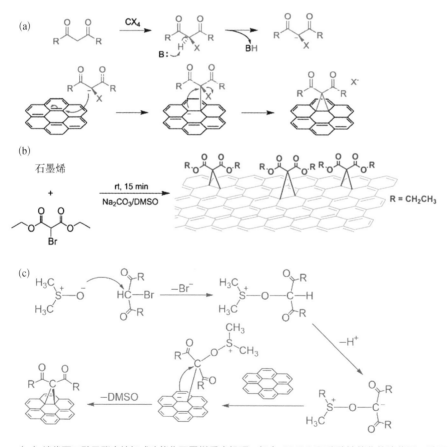

图 5-14　亲核加成反应实现石墨烯功能化机理及示例

(a)溴代丙二酸乙酯亲核加成功能化石墨烯反应机理;(b)DMSO 和碳酸钠催化的溴代丙二酸乙酯亲核加成功能化石墨烯及(c)反应机理

二酸酯的 α-碳,脱去溴离子,发生分子内关环,生成环丙烷,在石墨烯上衍生出功能基团。

除用强碱作为催化剂外,二甲基亚砜(DMSO)和碳酸钠也可在室温下催化此反应。如图 5-14(b)(c)所示,甲基亚磺酰负碳离子进攻溴代丙二酸乙酯的 α-碳,并脱去溴离子得到正离子中间体。此正离子中间体在弱碱(如碳酸氢钠)的作用下,失去氢离子,得到碳负离子中间体。此碳负离子中间体进攻石墨烯上C═C双键上的碳,并在石墨烯上生成碳负离子。石墨烯上的碳负离子进攻丙二酸乙酯的 α-碳,脱去 DMSO,并发生分子内关环,生成环丙烷。

4. 傅-克酰基化反应

傅-克酰基化反应是在芳香环上衍生酮基的亲电取代反应[图 5-15(a)]。在强路易斯酸(如三氯化铝或五氧化二磷等)催化下,羧酸、酸酐或酰氯基团生成酰基正离子。此酰基正离子亲电进攻石墨烯上的C═C,生成在石墨烯上连

图 5-15 傅-克酰基化反应实现石墨烯功能化机理及示例

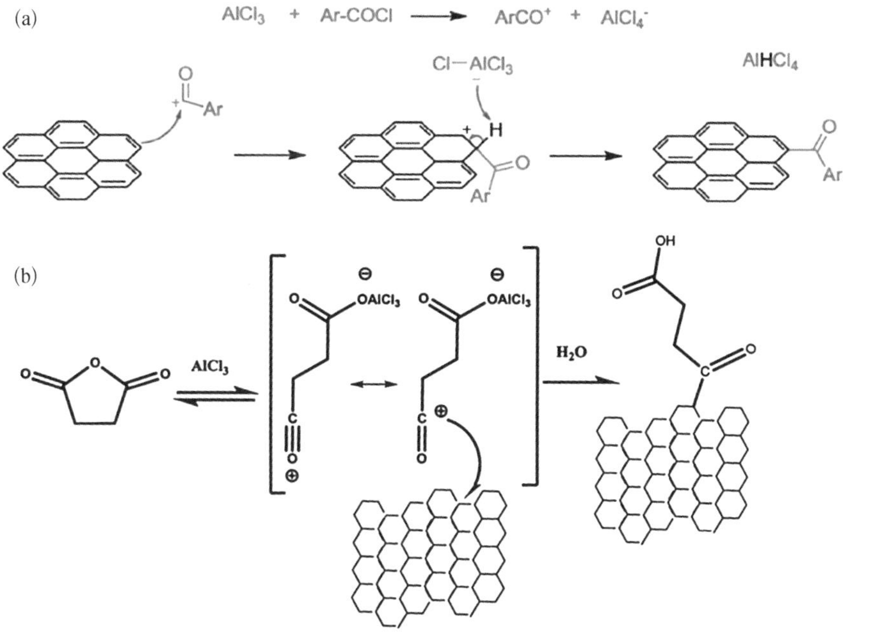

(a)傅-克酰基化反应功能化石墨烯机理;(b)示例

接酮衍生物。衍生位点通常位于石墨烯的边缘处。如图5-15(b)所示,将CVD法生长在Si/SiO₂上的石墨烯浸入琥珀酸的环己酮溶液中,然后加入三氯化铝。混合物在60℃下静置24 h后,清洗干燥,得到边缘被琥珀酸衍生化的功能化石墨烯。

5. H-Li 交换反应

在强夺氢试剂(如丁基锂)作用下,芳烃上的氢能被金属取代,生成含碳-金属键的有机物,如 Ar-Li 等。金属化后,芳烃的反应活性更强,具有很强的亲核性,能迅速进攻亲电试剂,生成共价键[图 5-16(a)]。此反应也可用于石墨烯的功能化,如以此反应将聚寡聚硅氧烷(poly-oligomeric silsesquioxane,POSS)修饰到石墨烯表面[图 5-16(b)]。在 -78℃下,于氮气保护下将石墨加入无水四氢呋喃中,再向其中加入丁基锂。混合液搅拌 1 h 后,加入环氧环己基乙基-POSS。混合

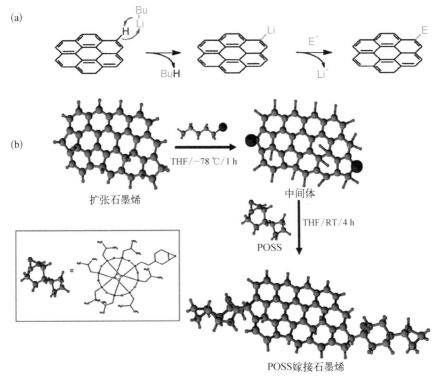

图 5-16 H-Li 交换反应实现石墨烯功能化机理及示例

(a)H-Li 交换功能化石墨烯机理;(b)以此反应在表面修饰聚寡聚硅氧烷的石墨烯

液在室温下搅拌 4 h 后,过滤、洗涤、干燥,得到聚寡聚硅氧烷修饰的石墨烯。在此过程中,丁基锂夺取石墨烯固有缺陷处的氢,生成亲核中心,并迅速与 POSS 上的环氧基团反应,生成共价键。

5.2.2 氧化石墨烯的共价功能化

氧化石墨烯具有和石墨烯相类似的二维芳香结构,但其化学性质相对于石墨烯较为活泼,因而在功能化石墨烯的制备中应用更为广泛。一般来说,通过 Hummers 氧化法制备的氧化石墨烯在表面和边缘存在大量的含氧官能团。其中,在表面上主要有环氧基和羟基,而在边缘上主要有羟基、羧基和羰基等含氧基团

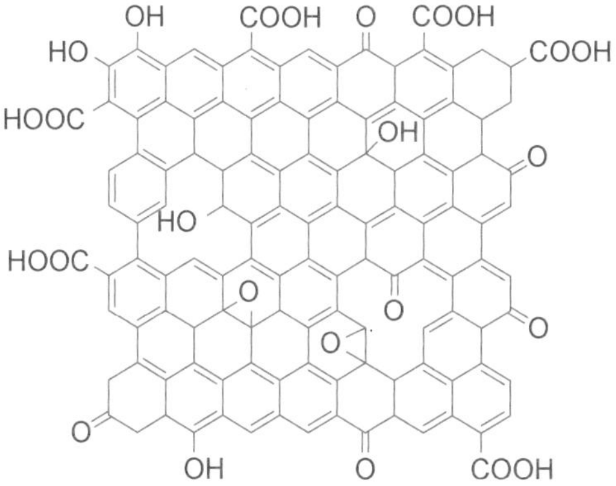

图 5-17 氧化石墨烯结构示意图

(图 5-17)。虽然这些含氧官能团的存在破坏了石墨烯的共轭结构,造成其固有性质的损失,如导电性明显下降,但却为石墨烯功能化提供了大量的反应活性位点。因此,氧化石墨烯的共价功能化主要是通过其表面及边缘上的环氧基、羟基、羧基等基团的反应来实现的。

1. 环氧基反应

在氧化石墨烯共价功能化中,环氧基团一般在碱性条件与亲核试剂反应,开环生成共价键。碱性条件下,亲核试剂(如氨基和羟基等)通常以负离子形式存在。亲核试剂进攻环氧基团中与氧相连的缺电子碳,并与其生成新的共价键,同时断开 C—O 键。在碱性条件,石墨烯上环氧基团与带有亲核基团的功能分子通过亲核开环反应形成新的共价键,并将功能分子连接到氧化石墨烯上。如图 5-18 所示,肽链末端氨基在碱性条件下可作为亲核试剂进攻氧化石墨烯环氧基团,与之生成共价键,从而将肽链修饰到氧化石墨烯表面。将 GO 在去离子水中超声充分分散后,加入聚 L-赖氨酸(poly-L-lysine,PLL)和氢氧化钠。将混合液

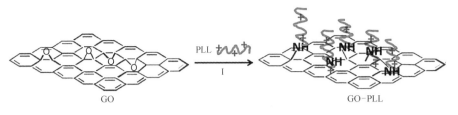

图 5-18 通过环氧基亲核开环反应实现肽链功能化石墨烯

的 pH 调节到 9 后,在 70℃下搅拌 24 h。最后,离心洗涤得到聚 *L*-赖氨酸修饰的氧化石墨烯 GO-PLL。

氧化石墨烯的环氧基团还可共价连接活性基团,再通过活性基团与功能分子反应将功能分子连接到氧化石墨烯表面。如图 5-19 所示,将氧化石墨烯分散在水和乙腈等比例混合的溶液中,接着在氮气保护下与 NaN_3 加热回流,得到氧化石墨烯的叠氮衍生物($GO—N_3$)。然后,$GO—N_3$ 与十八烷炔在室温下搅拌,叠氮和炔基发生 1,3-偶极环加成反应(点击化学反应,click reaction)得到氧化石墨烯的功能化改性化合物($GO—C_{18}$)。由于表面带有长烷基链,此功能化氧化石墨烯 $GO—C_{18}$ 在有机溶剂中具有较好的溶解性。

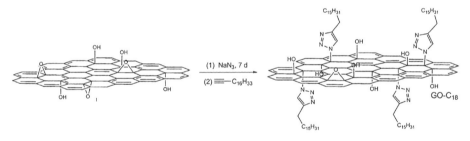

图 5-19 环氧基团开环连接叠氮基团,再通过叠氮的点击化学反应功能化氧化石墨烯

2. 羟基反应

氧化石墨烯上的羟基主要与亲电试剂发生取代反应生成醚,以及和异氰酸酯反应生成氨基甲酸酯基团。通过这两种反应,在氧化石墨烯羟基上连接功能分子实现氧化石墨烯的功能化。

如图 5-20 所示,通过氧化石墨烯上羟基的取代反应,将 2-溴异丁酰溴酰连接在氧化石墨烯上。然后,2-溴异丁酰溴酰作为链引发剂与苯乙烯、丙烯酸丁酯和甲基丙烯酸甲酯等单体在氧化石墨烯表面发生原子转移自由基聚合(atom transfer radical polymerization,ATRP)反应,从而将多种不同聚合物连接到氧

图 5-20 羟基上取代反应连接链引发剂,实现 ATRP 聚合反应功能化氧化石墨烯

图 5-20 羟基上取代反应连接链引发剂,实现 ATRP 聚合反应功能化氧化石墨烯

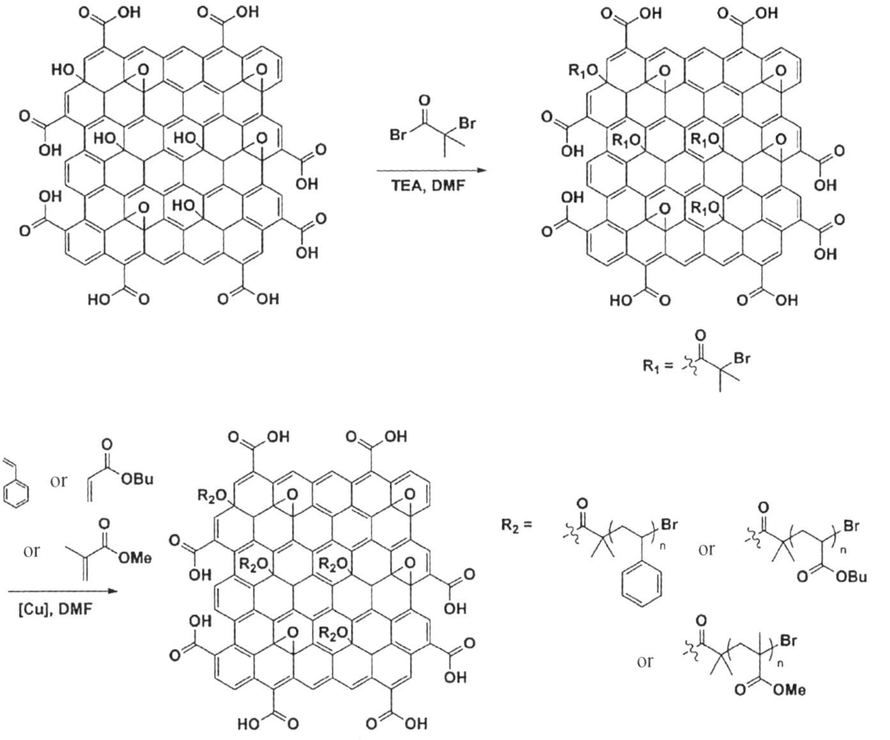

化石墨烯的表面。

氧化石墨烯上的羟基与异氰酸酯反应生成氨基甲酸酯基团也是常用的共价功能化氧化石墨烯的方法之一。如图 5-21 所示,氮气保护下,向分散于 N,N-二甲基甲酰胺中的氧化石墨中,加入含有异氰酸酯的不同单体,并在室温下搅拌 24 h。所得混合物导入二氯甲烷中,再经过滤、洗涤后得到不同官能团功能化的氧化石墨烯。由于其表面带有极性基团,这些功能化氧化石墨烯能很好地分散于极性溶剂中。应该注意的是,在羟基与异氰酸酯反应的同时,氧化石墨烯上的羧基也可与异氰酸酯反应生成酰胺,只不过羧基的反应活性低于羟基。

此外,还可利用电合成方法将邻苯二酚氧化为邻苯二醌。邻苯二醌再与部分还原的氧化石墨烯(rGO)上的羟基发生亲核加成反应,从而得到氧化石墨烯和还原的氧化石墨烯复合物 GO/rGO。此复合物可作为超级电容器的电极材料,并表现出优异的性能。

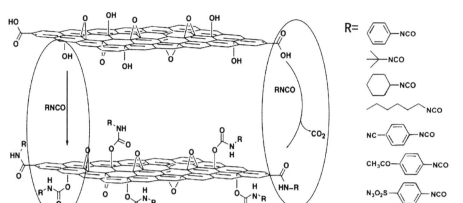

图 5-21 羟基与
异氰酸酯反应功能
化氧化石墨烯

3. 羧基反应

氧化石墨烯通过羧基功能化的反应主要包括羧基和氨基的酰胺反应、羧基
生成酰氯再与氨基发生的酰胺反应、羧基与异氰酸酯的反应、羧基与羟基的缩合
反应以及羧基的傅-克酰基化反应。

（1）酰胺反应

如图 5-22 所示，在 1-（3-二甲氨基丙基）-3-乙基碳二亚胺盐酸盐［1-（3-
dimethylaminopropyl)-3-ethylcarbodiimide hydrochloride，EDC］活化下，氧化
石墨烯上的羧基与聚乙二醇末端的氨基反应，生成酰胺键，将聚乙二醇链连接到
氧化石墨烯表面。此功能化氧化石墨烯在血清和细胞培养液等水溶液中具有极
好的分散性，因而有望用于疏水性药物在生物体内的输运。如高度疏水的喜树
碱衍生物 SN38 可通过范德瓦耳斯力固定在聚乙二醇修饰的氧化石墨烯表面，从
而在水溶液中显示出优异的稳定性。

为了增强羧基与氨基缩合反应的活性，通常先使羧基与亚硫酰氯发生酰氯化
反应，再与氨基缩合。例如，2006 年，Haddon 等人采用亚硫酰氯对氧化石墨烯进
行处理，使氧化石墨烯边缘的羧基发生酰氯化。然后，酰氯化的氧化石墨烯再与硬
脂胺反应得到能够在四氢呋喃、四氯化碳和二氯乙烷中分散的功能化氧化石墨烯。
由于酰氯具有更高的反应活性，因此氧化石墨烯通常先酰氯化，再进一步功能化。
如图 5-23 所示，在三乙胺辅助下，用亚硫酰氯处理酰氯化的氧化石墨烯与富勒烯
吡咯烷衍生物在氯仿中室温缩合生成石墨烯-富勒烯功能复合物。

图 5-22 羧基上
的酰胺反应功能化
氧化石墨烯

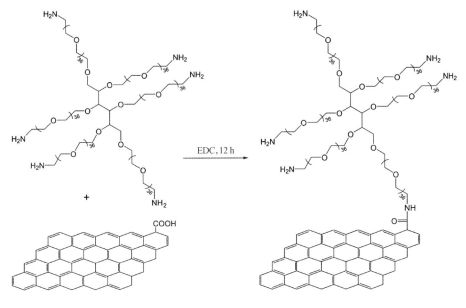

图 5-23 羧基与
氨基在氧化石墨烯
上缩合连接富勒烯

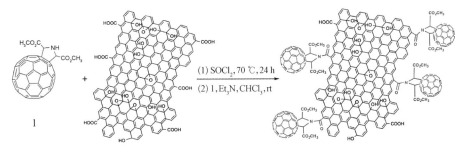

（2）与异氰酸酯反应

如前文所述,羧基也可与异氰酸酯发生反应生成酰胺(图 5-21)。不过,氧化石墨烯上同时存在羟基和羧基,并且氧化石墨烯结构复杂,因此当用异氰酸酯与氧化石墨烯反应时,缩合成的基团不好区分,常认为 GO 上的羟基和羧基同时与异氰酸酯反应。

（3）与羟基缩合反应

氧化石墨烯上的羧基还可与功能分子的羟基发生缩合反应生成酯基,并将功能基团衍生到氧化石墨烯上。如图 5-24 所示,通过氧化石墨烯上羧基和聚乙烯醇［poly(vinylalcohol)，PVA］末端的羟基缩合反应,将聚乙烯醇连接到氧化石墨烯上。这个反应可在两种环境下完成：① 在二环己基碳二亚胺

（dicyclohexylcarbodiimide，DCC）和 4-二甲氨基吡啶（4-dimethylaminopyridine，DMAP）催化下，氧化石墨烯的羧基和聚乙烯醇的羟基缩合；② 氧化石墨烯的羧基先用亚硫酰氯处理生成酰氯，再与聚乙烯醇缩合。此功能化氧化石墨烯表面由于带有聚乙烯醇，因此能够在加热时溶解于水或二甲基亚砜（DMSO）中。

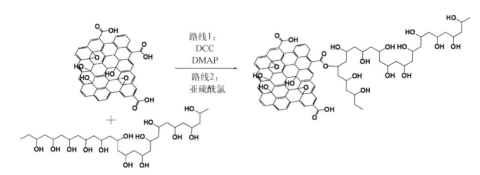

路线1：DCC DMAP
路线2：亚硫酰氯

图 5-24 羧基与羟基在氧化石墨烯上缩合连接聚乙烯醇

（4）傅-克酰基化反应

氧化石墨烯上的羧基还可作为酰基化试剂，与其他芳烃发生傅-克酰基化反应，从而在氧化石墨烯上连接其他芳烃。如图 5-25 所示，在酸性氧化铝和三氟甲磺酸酐共同催化下，氧化石墨烯上的羧基与二茂铁发生傅-克酰基化反应，将二茂铁修饰到氧化石墨烯上。带有二茂铁的功能化氧化石墨烯表现出独特的磁学行为。

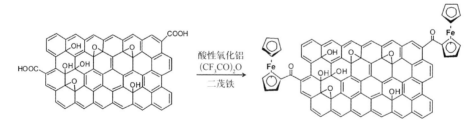

酸性氧化铝
$(CF_3CO)_2O$
二茂铁

图 5-25 通过傅-克酰基化功能化氧化石墨烯

5.3 石墨烯和氧化石墨烯的非共价功能化

除共价功能化外，还可通过非共价作用功能化石墨烯和氧化石墨烯制得非共价功能化石墨烯复合材料。石墨烯具有 sp^2 杂化碳构成共轭平面，因此常通过

功能化石墨烯材料及应用

π-π 作用与其他功能分子结合,实现功能化;而氧化石墨烯不仅含有共轭平面,还带有羟基、环氧基和羧基等基团。因此,氧化石墨烯既可通过 π-π 作用功能化,还可通过羟基和其他功能分子间的氢键作用,以及羧基和其他分子间的静电作用实现功能化。此外石墨烯和还原的氧化石墨烯具有疏水的平面,因此它们还可通过疏水作用实现功能化。非共价功能化最大的优点就是操作简单、条件温和以及对石墨烯结构破坏小,可以最大限度地保留石墨烯的本征特性。

5.3.1　π-π 键功能化

石墨烯中的碳原子通过 sp^2 杂化碳形成离域共轭体系,因此可通过 π-π 相互作用与同样具有共轭结构的功能分子结合到一起。如图 5-26 所示,以苯为例,分子间的 π-π 相互作用主要有以下几种形式:面对面(face-to-face)堆积、错位(slipped)面对面堆积和 C—H···π 作用(即边对面)。面对面堆积中,发生作用的两芳环中心完全重合,两芳环平面完全重叠;错位面对面堆积中,发生作用的两芳环中心没有重合,两芳环平面部分重合;C—H···π 作用,也称为边对面作用,是一个芳环(如苯环)边垂直于另一个芳环平面,且边上的氢原子与另一个芳环平面作用。在其他分子通过 π-π 相互作用生成的功能化(氧化)石墨烯复合材料中,功能分子与(氧化)石墨烯之间主要通过这几种形式发生作用。如水溶性酞菁非共价功能化石墨烯复合材料用于光热治疗(photothermal therapy,PTT)和光动力学治疗(photodynamic therapy,PDT)。

图 5-26　共轭分子间的 π-π 相互作用

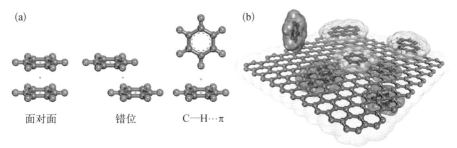

(a)

面对面　　错位　　C—H···π

(b)

（a）苯分子间的 π-π 相互作用主要形式；（b）石墨烯与其他分子的 π-π 相互作用示意图

如图 5-27 所示,将石墨烯加入酞菁铜四磺酸四钠盐(tetrasulfonic acid tetrasodium salt copper phthalocyanine, TSCuPC)水溶液中,并在 140 W 功率下超声 3 h。最后,经过滤、洗涤干燥,得到水溶性的功能化石墨烯复合材料。在此功能化石墨烯复合材料中,水溶性酞菁盐通过非共价的 π-π 相互作用覆盖于石墨烯共轭骨架上。

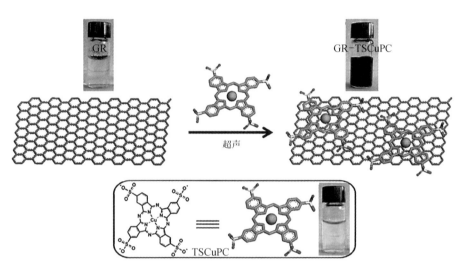

同样,氧化石墨烯也可通过其共轭骨架以 π-π 相互作用结合功能性分子,实现功能化。如图 5-28 所示,氧化石墨烯可通过 π-π 相互作用结合竹红菌素,生成功能化氧化石墨烯复合材料用于光动力治疗。竹红菌素包括竹红菌素 A(HA) 和竹红菌素 B(HB)两类,是性能优良的能用于光动力治疗的光敏剂。然而,它的水溶性很差,静脉注射后,极易在血浆和血管中聚集,这极大地限制了其应用。若将它们负载在水溶性好的氧化石墨烯上,制成的功能化石墨烯复合材料能在水中分散,可用于光动力治疗。竹红菌素在微量 DMSO 助溶下,溶解于水中,再与氧化石墨烯的水分散液混合。混合液在室温下缓慢搅拌 24 h。最后,经高速离心、洗涤和干燥,得到竹红菌素功能化的氧化石墨烯。研究表明,在 π-π 相互作用驱动下,氧化石墨烯能和竹红菌素结合到一起,形成功能化氧化石墨烯复合材料。

功能化石墨烯材料及应用

图 5-28 竹红菌素以 π-π 相互作用功能化氧化石墨烯

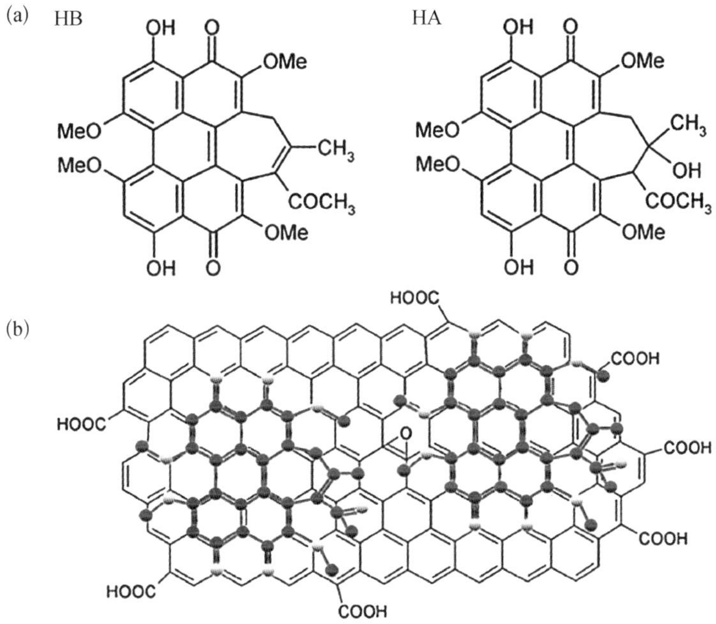

5.3.2 氢键功能化

　　氢键是一种作用力较强的非共价键,包括氢键给体和氢键受体。氧化石墨烯表面存在大量的环氧基、羟基和羧基等含氧基团。这些基团既可作为氢键给体,又可作为氢键受体。因此,氧化石墨烯可通过这些含氧官能团与其他功能分子相结合,实现功能化(图5-29)。

　　如图5-30所示,亲水性的聚乙烯醇含有氢键给/受体羟基,而疏水性的聚甲基丙烯酸含有氢键受体酯基。因此,虽然它们亲/疏水性不同,但都可通过氢键相互用功能化氧化石墨烯,得到纳米复合材料。聚乙烯醇功能化的氧化石墨烯在拉伸强度和杨氏模量上均有显著提高,而聚甲基丙烯酸甲酯功能化的氧化石墨烯的力学性能也有显著提升。功能化石墨烯复合材料的力学性能与组分间的氢键强弱有关。再比如,通过氢键相互作用,聚乙烯醇功能化氧化石墨烯,得到具有 pH 响应性的水凝胶。此外,含有其他氢键给体/受体的聚合物,如聚苯胺、聚酰胺和聚氨酯等也可功能化氧化石墨烯。

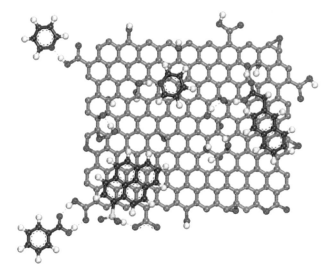

图 5-29 氧化石墨烯与其他分子间的氢键作用和 π-π 相互作用示意图

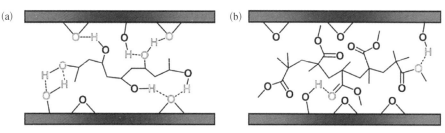

图 5-30 氢键相互作用实现石墨烯功能化示例

（a）聚乙烯醇和（b）聚甲基丙烯酸甲酯通过氢键相互作用功能化氧化石墨烯片

5.3.3 静电作用功能化

　　氧化石墨烯上含有大量带负电的含氧官能团,片层间的相互作用表现为静电排斥力,因而能够稳定分散在水中。可以通过引入带正电的离子通过两者间的静电相互作用对其进行功能化。如图 5-31 所示,壳聚糖(chitosan)可通过静电作用功能化氧化石墨烯,用于传输 CpG 寡聚核苷酸(oligodeoxynucleotides,ODNs)。壳聚糖溶于醋酸水溶液,并与氧化石墨烯的水分散液混合。混合液超声 20 min 后,在室温下搅拌 2 h。最后,离心、洗涤,得到壳聚糖功能化的氧化石墨烯。在此功能化氧化石墨烯中,壳聚糖通过静电作用附着在氧化石墨烯的表面。相较于氧化石墨烯,功能化氧化石墨烯复合材料具有较小的体积、密布正

图 5-31 壳聚糖静电作用功能化氧化石墨烯用于寡聚核苷酸传输示意图

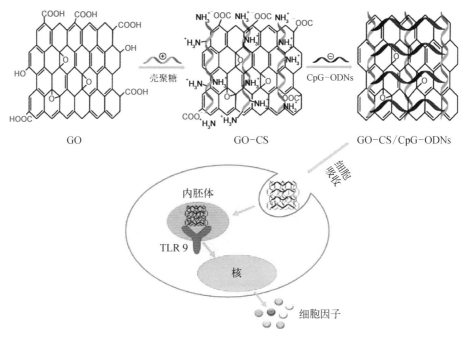

电荷的表面和较低的毒性，能作为高效的纳米载体传输寡聚核苷酸 CpG-ODNs。

5.3.4 疏水作用功能化

石墨烯和还原氧化石墨烯的 sp² 杂化碳构成疏水共轭平面。这一疏水共轭平面可与中性功能分子发生疏水作用，使得石墨烯或还原氧化石墨烯功能化。如图 5-32 所示，可用水溶性的聚乙烯吡咯烷酮［poly(*N*-vinyl-2-pyrrolidone)，

图 5-32 聚乙烯吡咯烷酮疏水作用功能化还原氧化石墨烯示意图

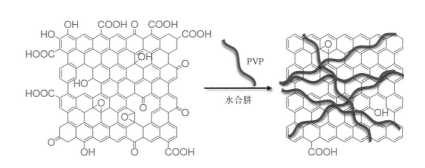

PVP]以疏水作用功能化还原氧化石墨烯,使其能稳定地分散于水中。将 PVP 加入氧化石墨烯的水分散液中。再向混合液中加入水合肼,并在 80℃ 下搅拌 24 h。随着反应的进行,棕色的氧化石墨烯分散液逐渐变成黑色,说明其逐渐被还原成石墨烯。反应后,得到 PVP 功能化的还原氧化石墨烯。由于水溶性的聚乙烯吡咯烷酮存在,功能化的还原氧化石墨烯能在水中稳定分散数月以上。

5.4 小结

可控官能团修饰可有效地功能化石墨烯和氧化石墨烯,使它们便于被加工应用,且赋予它们额外的性质以满足多种应用的需求。可控官能团功能化石墨烯和氧化石墨烯可通过共价功能化和非共价功能化来实现。

共价功能化的功能化石墨烯和氧化石墨烯具有稳定的结构、丰富多彩的性质,且功能化方法种类繁多。然而,应注意的是,共价功能化石墨烯往往会破坏其 sp^2 杂化碳构成的共轭骨架,并向其中引入 sp^3 杂化碳。这会破坏石墨烯的本征性质,如电子迁移率和高导电性等,造成其在应用中性能下降。因此,在功能化石墨烯的过程中,应精心选择优化方法,尽量避免破坏石墨烯的共轭平面。而非共价功能化的氧化石墨烯在这方面问题并不严重。非共价功能化石墨烯和氧化石墨烯通常不会破坏石墨烯和氧化石墨烯的结构,对它们的本征性质影响较小,但是非共价功能化的石墨烯材料结构不太稳定,容易受环境影响而解离。因此,需要根据应用场景选择非共价功能化方法。

第 6 章

"自下而上"策略功
能化石墨烯的应用

"自下而上"策略是石墨烯功能化的另一种重要方法。相较于"自上而下"策略,"自下而上"策略理论上能在原子级别精确地控制功能材料的结构。其常用含有功能基团的材料作为起始化合物,由此合成得到功能化的目标产物。早期的研究者们着重于用"自下而上"策略合成石墨烯。基于这些已建立的合成方法,用"自下而上"策略合成功能化石墨烯的方法已逐渐发展起来,如液相法、表面辅助合成法以及化学气相沉积法等。通过采用不同起始化合物,各种形态和功能的石墨烯纳米材料已经被制备出来,例如:具有较大长径比的石墨烯纳米带、石墨烯纳米片及杂原子掺杂的石墨烯纳米片。这些功能化的石墨烯材料已被广泛应用于多个领域。本章仅简要论述通过"自下而上"策略制得单一功能化石墨烯(不包括与其他材料复合制备的功能材料)在超分子领域、半导体器件、透明电极和光能转化领域的应用。其他领域的应用详细论述以及基于"自下而上"策略制备的石墨烯复合材料的应用见第8章。

6.1　超分子领域

　　溶解性较好的有机分子单体,可通过各种化学反应生成功能化的石墨烯纳米材料。通过这种方法制备的功能化石墨烯材料结构精确可控,并且大都溶解性较好,便于应用操作。控制有机分子前体的构型,就可制备出各种形状的石墨烯纳米片,比如碗状和环状。这些特殊形状的石墨烯纳米片可作为主体分子包结客体分子形成超分子复合物,也可通过自组装生成超分子聚合物。

　　例如,六苯基苯并苯具有13个融合在一起的芳香环,是最小的石墨烯纳米片。此富电子的共轭结构使其易于通过 π-π 作用聚集在一起。因此,其常作为基本单元用于制作超分子组装体。如图6-1所示,两亲六苯基苯并苯分子的共轭核两边分别带有疏水的烷基链和亲水的甘醇链[图 6-1(a)]。这种两亲的结构使其在溶液中组装成纳米线[图 6-1(b)(c)]。这些纳米线具有很高的长径比、均一的半径(20 nm)和光滑的表面。如图 6-1(b)所示,它们呈中空的管状结构,壁厚约为 3 nm,管内径约为 14 nm。自组装的驱动力是两亲分子共轭核间的 π-π 作用力和亲疏水链引发的亲疏水作用力。

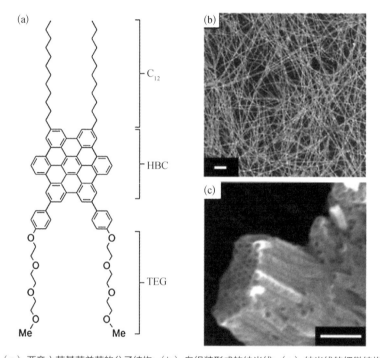

图 6-1 功能化石墨烯纳米片自组装示例

（a）两亲六苯基苯并苯的分子结构；（b）自组装形成的纳米线；（c）纳米线的细微结构

连接六苯基苯并苯邻近的苯环可制备出扭曲的纳米石墨烯片。通过连接两个相邻的苯环碳生成分子 1,连接八个相邻苯环碳生成分子 2。晶体结构分析显示它们都是碗状的分子(图 6-2),也都是富电子的多环芳烃结构,因此它们可被用来包结球形的缺电子的富勒烯。络合实验研究表明向分子 1 的二氯甲烷溶液中加入等物质的量的 C_{70},分子 1 的荧光强度会被猝灭 50%。分子 1 和 C_{70} 在溶液中生成 1∶1 的复合物,络合常数高达 4.7×10^5 mol/L。0.5 mol 当量的 C_{70} 在二氯甲烷溶液中能完全猝灭分子 2 的荧光。分子 2 与 C_{70} 在溶液中生成了 2∶

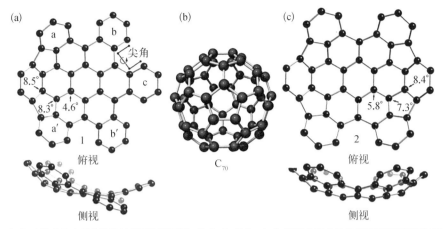

图 6-2 功能化石
墨烯纳米片包结客
体分子示例

（a）碗状分子 1 晶体结构俯视图和侧视图；（b）C₇₀结构；（c）碗状分子 2 晶体结构俯视图和侧视图

1 的复合物，络合常数更高，为 3.2×10^6 mol/L。

6.2　半导体器件

通过液相合成法、表面辅助合成法和化学气相沉积法三种方法可制备不同
形态的石墨烯纳米材料，用于半导体器件的制作。

1. 液相合成法

液相合成法能够精确地控制功能化石墨烯纳米片结构，因此其也能控制纳
米石墨烯的功能。这在半导体器件材料生产中非常重要。精确地控制结构意味
着精确地功能化纳米石墨烯，从而控制其性能。因此，这种方法制备的纳米石墨
烯在半导体器件中具有很大的应用潜力。

硫和氮等杂原子掺杂的纳米石墨烯在有机半导体领域越来越受到关注，例
如，含有噻吩吡啶等杂环的石墨烯纳米片，这是因为这种掺杂的结构结合了石墨
烯独特的电子结构和噻吩环优异的电子学性能。通过溶液法合成的噻吩硫唑六
苯并苯分子（TAC）就是一个很好的例子。它共轭的芳环区含有两个噻吩环和两
个氮原子，在边缘部分还有烷氧基链——有助于增加其溶解性（图 6-3）。这种纳

米石墨烯片的溶解性较好,所以可用旋涂的方法制备有机场效应晶体管——表面覆盖300 nm二氧化硅的n型硅基底上沉积一层六甲基二硅氮烷。然后,将TAC分子的四氢呋喃溶液旋涂到六甲基二硅氮烷层上。高温退火后,将金属源极漏极(50 nm厚)沉积到有机分子层上,并控制沟道宽度为3 mm,长度为100~200 μm,就制成了底部栅极/顶部接触的有机场效应晶体管。其表现出p型半导体性质,平均和最大的空穴迁移率分别为0.013 cm²/(V·s)和0.028 cm²/(V·s)。这一迁移率小于苯并苯和噻吩苯并苯,但是高于六噻吩六苯并苯,且位于溶液法制备的有机场效应晶体管最高迁移率行列。

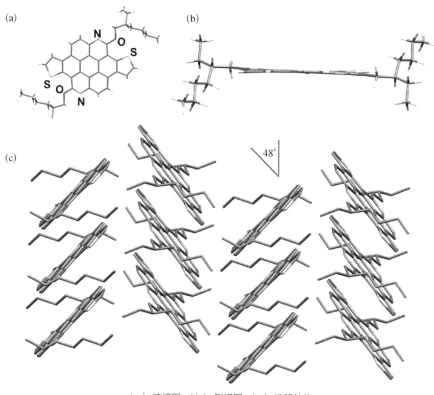

图6-3 结构可控的纳米石墨烯晶体结构

(a) 俯视图;(b) 侧视图;(c) 堆积结构

六角形硼/氮掺杂石墨烯也是一种调节石墨烯共轭骨架构型、构象及其电学性质的有效手段。用"自上而下"策略很难得到六角形硼/氮掺杂石墨烯,这是由于用一步法化学气相沉积合成的石墨烯和六角形硼/氮体系会出现相分离,并且

"自上而下"策略的两步刻蚀生长法具有局限性。相反,"自下而上"策略的有机合成为制备六角形硼/氮掺杂石墨烯提供了可能。从二唑苯并苯出发可以很容易制得六角形硼/氮掺杂纳米石墨烯,如图 6-4 所示的分子 1a 和 1b。硼/氮掺杂使得这种纳米石墨烯具有了带隙,因此可被用于制作有机场效应晶体管。这两种分子可在溶液中自组装,且晶体结构分析表明其组装成了柱状结构。分子 1b 旋涂到覆盖有全氟环状聚合物(CYTOP)的 SiO_2/Si 基底上后,再将金属源极和漏极蒸镀到分子上,就得了 OFET 器件。此器件表现出 p 型半导体性质,空穴迁移率为 0.23 $cm^2/(V \cdot s)$,阈值电压为 -3 V,电流开关比大于 10^4。此半导体性质虽然在有机半导体材料中表现不突出,但在弯曲的有机分子中性能较为出色。

图 6-4 液相法制备的氮杂石墨烯纳米片用于半导体领域示例

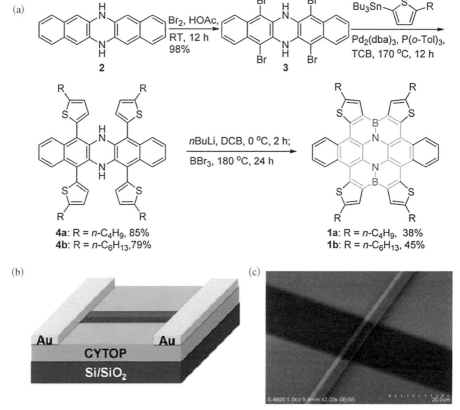

(a)硼/氮掺杂的纳米石墨烯 1a 和 1b 合成;(b)基于分子 1b 的有机场效应晶体管;(c)基于分子 1b 的有机场效应晶体管的扫描电子显微镜照片

为了精确调节石墨烯纳米带的性能,也常用"自下而上"策略合成石墨烯纳米带。采用 Suzuki 偶联反应聚合含有双溴的有机分子单体得到聚合物前体,再用氯化铁氧化偶联关环,得到侧链带有烷基的石墨烯纳米带(图 6-5,GNR-An、GNR-Np 和 GNR-Ph)。通过控制单体结构,可得到不同宽度的纳米带。这些纳米带作为有机半导体可用于制备有机场效应晶体管。将六甲基二硅烷沉积到覆盖二氧化硅的硅基底上,石墨烯纳米带溶于间 2-氯苯中,旋涂于六甲基二硅烷层上。高温退火后,在其表面沉积 50 nm 的金源极和漏极,并控制器件沟道的长度和宽度分别为 200 μm 和 1500 μm,最后得到底栅极的有机场效应晶体管。这些有机场效应晶体管都表现出双极性的传输性质,并且无论是电子迁移率还是空穴迁移率,都有 GNR-An＞GNR-Np＞GNR-Ph(表 6-1),这说明晶体管性能随着纳米带宽度的增加而增强。这是因为载流子不仅沿着纳米带的轴向传输,还从共轭骨架边对面和面对面两种堆积方向跳跃传输。π-π 堆积的距离越短,载流子在其间传输的速度越快。实验研究表明这三种石墨烯纳米带的 π-π 堆积距离都随着带宽的增大而减小,因此 GNR-An 的迁移率最大,GNR-Np 次之,GNR-Ph 最小。

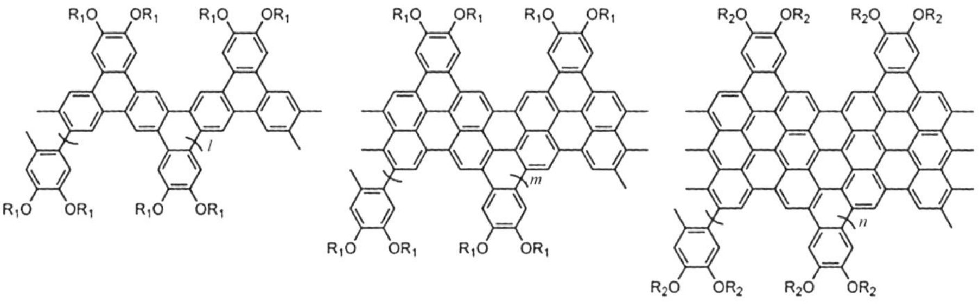

图 6-5 石墨烯纳米带结构(R＝C_6H_{13})

GNR-Ph   GNR-Np   GNR-An

石墨烯纳米带	迁移率/[cm²/(V·s)]	
	空 穴	电 子
GNR-Ph	3.81×10^3	1.52×10^3
GNR-Np	1.83×10^2	4.57×10^3
GNR-An	3.25×10^2	7.11×10^3

表 6-1 石墨烯纳米带的迁移率

2. 表面辅助合成法

液相虽然能够精确地合成具有不同宽度、不同边缘和掺杂的纳米石墨烯,但

功能化石墨烯材料及应用

是在原子级别观察石墨烯纳米带，并深入地研究其物理性质还是非常困难的。这是由于这些合成的石墨烯纳米带容易在关环过程中引入缺陷，且非常容易聚集，很难无污染地在基底表面摆放观测。因此，常在超高真空环境下在金属表面生长石墨烯纳米带，并用于其精确结构及性质的研究。以表面辅助的方法制备出高质量的石墨烯纳米带后，采用先进的高分辨扫描隧道显微镜可以原位观察这些石墨烯纳米带原子级别的结构。这种策略包含了用于制备分子线的表面辅助偶联和用于制备共价网状结构的表面催化加氢环化两个过程。采用不同的卤代单体就可以制备出不同功能化的石墨烯纳米带。这些石墨烯纳米带常常具有非常窄的宽度（可小于 1 nm）、完美的边缘结构以及可控的分子组成，是理想的有机半导体材料。

将以金为基底合成的石墨烯纳米带转移到目标基底表面（覆盖二氧化硅的 p 型掺杂硅基底）后，采用电子束刻蚀的方法制得宽度为 100 nm 缝隙的源极和漏极（金属钯作为电极），最终得到基于此石墨烯纳米带的有机场效应晶体管 [图 6-6(b)]。在空气中测量时，由于吸附了氧气分子、水分子及残留在石墨烯纳米带上的 PMMA，这种晶体管表现出 p 型半导体性质；当用真空高温退火后，吸附的分子都被去除，这些晶体表现出 n 型半导体性质。在 1 V 的源漏电压（V_{S-D}）下，电流开关比最小为 3.6×10^3，展现出明显的半导体性质。

图 6-6　表面辅助合成法制备的石墨烯纳米带用于半导体领域示例

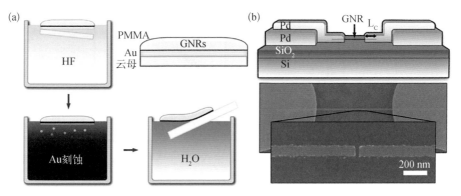

（a）石墨烯纳米带转移过程；（b）有机场效应晶体管器件结构

3. 化学气相沉积法

采用化学气相沉积（CVD）法在氩气流保护中，可高效地合成石墨烯纳米带。

这些石墨烯纳米带质量高、缺陷少，是制备半导体器件的理想材料。在超高真空环境下，在金(111)表面使二卤代芳香烃单体退火，可得到石墨烯纳米带。如图6-7所示，这些制得的石墨烯纳米带需要用湿法转移到目标基底上以制备相应的器件：首先，将金/GNR膜浸入水中，移除玻璃基底；然后，用KI/I_2溶液刻蚀金，在金被完全刻蚀掉前，将疏水的基底浸入刻蚀液，捞取金/GNR膜；当金被刻蚀完后，将覆盖有石墨烯纳米带的基底取出，完成石墨烯纳米带的转移过程。以SiO_2/Si为基底，以CVD条件制备的石墨烯纳米带为活性层，可制得有机场效应晶体管。实验数据表明基于这些石墨烯纳米带的FET都具有双极性的晶体管特征，迁移率分别为 10^{-5} cm²/(V·s)（GNR1）、10^{-4} cm²/(V·s)（GNR2）和10^{-6} cm²/(V·s)（GNR3）。此外，石墨烯纳米带的带隙依赖纳米带的宽度。实验测得这三种纳米带的带隙分别为1.6 eV、0.8 eV和1.3 eV。这给出了宽度小于1 nm的椅式边缘石墨烯纳米带的带隙值。然而，这些测量值与理论计算值（1.57 eV、0.37 eV、0.74 eV）不一致，偏差可能来源于理论计算中采用近似条件的设定。

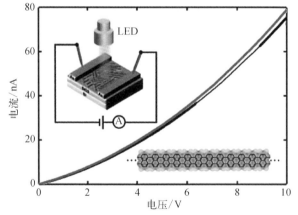

图6-7 石墨烯纳米带的光电导性——LED灯光照（1.4 mW/cm²）对GNR1电流 - 电压曲线的影响

注：黑色曲线和红色曲线分别是光照前后的曲线，电极间的宽度为10 μm。

这些石墨烯纳米带具有半导体性质，因而在光电池中具有应用潜力。用这些纳米带制备的膜表现出光电流性质。用 LED 灯（1.4 mW/cm²）分别照射GNR1 和 GNR2 器件时，它们分别表现出 7.3% 和 4.0% 的电流增益，都高于常用

p 型有机光伏材料 P_3HT 的值（2.7%）。这表明采用 CVD 条件合成的石墨烯纳米带可作为性能优异的光电导体。

6.3　透明导电薄膜

　　CVD 法能在金属基底（Ni、Cu、P、Ru 或 Ir）上生长出高质量的石墨烯。因此，此法也被用来制备高质量的石墨烯透明导电薄膜。采用此方法制备的石墨烯透明导电薄膜面电阻可低至几百欧，大大低于 rGO 透明导电薄膜的面电阻，并且相应的透光率损失也较小。CVD 法制备石墨烯透明导电薄膜工艺大都包括转移过程（湿法转移和干法转移）。如前文所述，典型的湿法转移包括以下步骤：① 在金属基底支撑的石墨烯层上涂覆聚合物薄膜（如 PMMA）；② 刻蚀掉金属基底；③ 将涂覆聚合物的石墨烯转移到目标基底上；④ 去除聚合物层。典型的干法转移通过以下步骤实现：① 铜箔上生长的石墨烯薄膜通过施加压力附着在热释放胶带上；② 刻蚀掉铜箔；③ 将热释放胶带支撑的石墨烯膜转移到目标基底上；④ 加热去除热释放胶带。

1. 转移工艺的改良

　　石墨烯膜的转移过程易使石墨烯膜断裂，易引入杂质，并且限制了基底的使用。因此，目前许多研究致力于转移工艺的改良。如传统的 CVD 法通常用高分子薄膜作为支撑中间载体来转移石墨烯膜，步骤较为烦琐。无支撑转移法可将石墨烯膜直接转移到目标基底上，无需高分子膜中间载体。如图 6-8 所示，SiO_2/Si 晶圆（也可采用 PET 和玻璃作为基底）用三氯（1H,1H,2H,2H-全氟辛基）硅烷处理，使其表面疏水化。将铜基底上生长的石墨烯膜附着在疏水的 SiO_2/Si 晶圆表面，并浸入刻蚀剂中。刻蚀掉铜基底后，就得到硅晶圆负载的石墨烯透明导电薄膜，用于制备电子器件。硅晶圆表面的疏水基团能阻止水分子插入石墨烯和 SiO_2/Si 晶圆间，使得石墨烯和硅晶圆在刻蚀过程中紧密结合，从而保证石墨烯表面干净平整且不会被破坏，进而得到高质量的石墨烯导电薄膜。

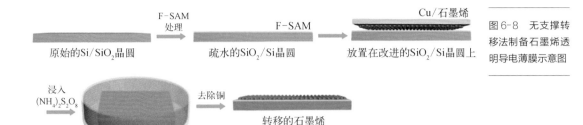

图6-8 无支撑转移法制备石墨烯透明导电薄膜示意图

2. 无转移合成

CVD法制备石墨烯透明导电薄膜中,转移步骤不仅会使得工艺变得烦琐,还会降低石墨烯的质量。为了克服这些缺点,无转移合成石墨烯透明导电薄膜的方法被研发出来。如图6-9所示,采用CH_4气氛CVD法可实现无转移步骤合成石墨烯透明导电薄膜。以甲烷为碳源,在高软化点的玻璃(如石英玻璃、硼硅酸盐玻璃或蓝宝石玻璃)基底上生长石墨烯。甲烷在高温下裂解成CH_x,并与成核剂一起通过与基底表面的C—O键和H—O键作用,被吸附到玻璃基底表面。在成核剂的作用下,CH_x先在玻璃基底表面生成相互分离的石墨烯纳米片。随着反应的不断进行,这些纳米片融合在一起生成石墨烯膜。此附着在玻璃上的石墨烯透明导电薄膜面电阻约为$2\ k\Omega/sq$,相应的在波长550 nm处的透光率为80%。

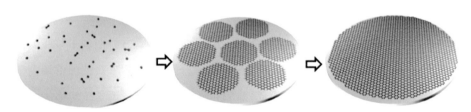

图6-9 无转移合成石墨烯透明导电薄膜示意图

3. 规模化制备

CVD法制备石墨烯透明导电薄膜也可实现连续化大规模生产。这些规模化生产大都基于"卷对卷"转移工艺。如图6-10所示为采用"卷对卷"转移工艺规模化制备醋酸乙烯酯/聚对苯二甲酸乙二醇酯(EVA/PET)负载的石墨烯透明导电薄膜。此方法包含四个步骤:① 通过"卷对卷"CVD工艺在铜箔上生长石墨烯,随后暴露在空气中,室温存储一段时间或稍微加热,以加速氧分子嵌入石墨烯与铜箔间以及铜箔的氧化;② 通过热压法,将石墨烯/铜箔黏附到 EVA/PET 薄膜上;③ 将黏附在一起的铜箔/石墨烯/EVA/PET 浸入热水中;④ 通过"卷对卷"机械过程分离铜箔/石墨烯/EVA/PET,得到铜箔和石墨烯/EVA/PET 透明导电薄膜。以此法制备的 3 cm×4 cm 石墨烯/EVA/PET 透明导电薄膜具有 5.2 kΩ/sq 的平均面电阻,在可见光区的透光率为 97.5%。

图 6-10 "卷对卷"转移工艺实现连续化生产石墨烯透明导电薄膜

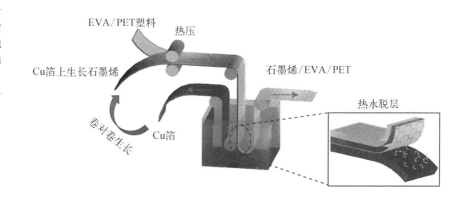

6.4 光能转化

"自下而上"策略合成石墨烯具有结构可控的优点。精确的结构控制就意味着能实现性质和性能精确的调控。因此由"自下而上"策略制备的石墨烯常用于一些需要通过精确调节材料结构来调控性能的领域,如有机太阳能电池领域。本节只简要论述溶液法制备石墨烯纳米材料在有机太阳能领域的应用。功能化石墨烯材料在光能转化领域应用的详细论述见第 8 章。

结构可控制备的纳米石墨烯使得掺杂、分子构型和修饰基团控制成为可能,从而实现对纳米石墨烯的光学性质和电学性质进行有效调控,以满足光电器件的需求。如采用溶液法合成的表面内凹的石墨烯纳米片,能够通过电子转移作用络合缺电子的富勒烯分子复合物,并在溶液中形成共晶。在这一复合物中,富勒烯被富电子的芳环包围形成嵌入型结构,可被用作光电器件的高效活性层材料。二苯并四噻吩并六苯并苯(6-DBTTC)和易溶的富勒烯衍生物苄基 C_{70} 丁酸甲基酯($PC_{70}BM$)能够通过自组装形成这种复合膜[图 6-11(a)],并被用于有机太阳能器件的活性材料。将 6-DBTTC 和 $PC_{70}BM$(物质的量之比为 1:2)的溶液(溶剂氯苯和二氯苯的质量分数比为 1:1)旋涂到覆盖有 30 nm 厚的 PEDOT:PSS 的 ITO 玻璃上,并在其上加一 ITO 玻璃,最后在顶部 ITO 上蒸镀一层铝电极,就制成了有机太阳能器件[图 6-11(b)(c)]。此器件的开路电压(V_{∞})为(0.91 ± 0.03) V,短路电流密度(J_{SC})为(7.25 ± 0.2) mA/cm^2,填充因子(FF)为0.4,最终的能量转化效率(PCE)为$(2.7 \pm 0.1)\%$。考虑到 6-DBTTC 仅能吸收约 370 nm 处的紫外光,吸光范围较窄,因此基于此分子的有机太阳能电池的能量转换效率还是比较高的。

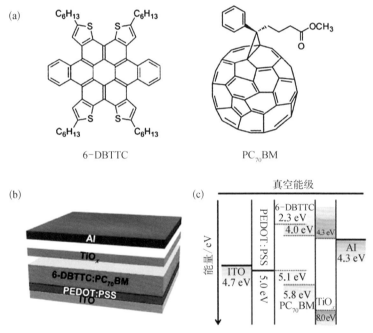

图 6-11 功能化石墨烯纳米片在光能转化领域应用示例

(a)二苯并四噻吩并六苯并苯和 $PC_{70}BM$ 分子结构;(b)有机太阳能器件;(c)有机太阳能器件的能级

6.5 小结

综上所述,相较于"自上而下"策略,采用"自下而上"策略制备功能化石墨烯

　　　　　　　　　　　　　　　　　　　功能化石墨烯材料及应用

具有结构精确可控、材料缺陷少、质量较高、材料性能易于调节等优势。因此,此法制备的石墨烯器件性能表现往往更优。然而,该方法也有自身的不足——制备规模较小、生产成本较高和不利于大规模生产等,从而制约了其应用。为了进一步提高其生产效率及扩大应用范围,还需要在此领域进行深入研究,优化现有制备工艺,并发展新的石墨烯制备技术,同时开发新的器件组装工艺。

第 7 章

"自上而下"策略功
能化石墨烯的应用

"自上而下"策略功能化石墨烯具有简便、高效、易于规模化生产等优点,因此,此方法常被用于大量制备功能化石墨烯。采用氧化石墨法、还原氧化石墨烯、轴向切割碳纳米管及生物质炭化等"自上而下"策略,可以制得功能化石墨烯,主要分为以下几类:氧化石墨烯(GO)、还原氧化石墨烯(rGO)、石墨烯纳米带以及杂原子掺杂的石墨烯(图7-1)。这些功能化石墨烯的结构不同,组分也有差别,使得它们具有独特性质(表7-1)。

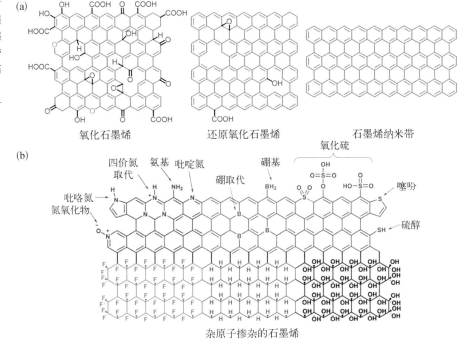

图 7-1 氧化石墨烯、还原氧化石墨烯、石墨烯纳米带及杂原子掺杂的石墨烯结构示意图

表 7-1 氧化石墨烯、还原氧化石墨烯及石墨烯纳米带合成方法与性质

性　　质	氧化石墨烯(GO)	还原氧化石墨烯(rGO)	石墨烯纳米带
合成方法	氧化剥离石墨	还原氧化石墨烯	轴向切割碳纳米管 化学气相沉积法 SiC 外延生长法 石墨剥离法 分子合成法

性　　质	氧化石墨烯(GO)	还原氧化石墨烯(rGO)	石墨烯纳米带
C∶O(碳氧比)	2～4	8～246	无氧原子
杨氏模量/TPa	0.2	0.25	1
电子迁移率/[cm²/(V·s)]	绝缘体	0.05～200	10000～50000
生产成本	低	低	高

　　高质量的单层石墨烯纳米带具有高达 200000 cm²/(V·s)的理论电子迁移率,比硅[1400 cm²/(V·s)]高 140 多倍。虽然制备的石墨烯在室温下的实际电子迁移率[10000～50000 cm²/(V·s)]低于理论值,但也比硅高得多。这赋予它较低的面电阻,其理论值约为 30 Ω/sq。单层石墨烯还具有较高的透明度,其吸光度约为 2.3%。较高的透明度以及低面电阻使得石墨烯常被用于制备透明导电薄膜。此外,得益于单原子层的厚度,石墨烯是已知强度最高的材料,其理论杨氏模量(E)高达 1.0 TPa,固有的拉伸强度为 130 GPa。因此,石墨烯已被用于增强复合材料的强度。此外,由于单层石墨烯中每个原子都暴露于环境中,因此石墨烯具有高达 2630 m²/g 的理论比表面积,这使得石墨烯常被用作吸附材料或用于表面反应。虽然石墨烯在多方面具有出色的性能,但是高质量大规模地制备成本还比较高。

　　氧化石墨烯中存在大量的氧原子,极大地降低了其电学性能,使其成为绝缘体。此外,在氧化过程中,共轭的碳骨架被破坏,引入了大量的缺陷。这使其机械性能不如石墨烯,表现出较低的杨氏模量。还原氧化石墨烯由氧化石墨烯还原得到,由于不能有效还原,还原氧化石墨烯中存在较多的缺陷和残留氧官能团。这些结构上的问题使得其机械性能和电学性能都不如石墨烯。然而,相较于石墨烯,氧化石墨烯和还原氧化石墨烯的生产成本较低,有利于大规模工业化生产。此外,因具有独特的结构,它们也被应用于相应的领域中。

　　这些功能化的石墨烯材料因具有独特的性质,已在环境保护、传感、生物医药、海水淡化、催化、光电材料及电磁屏蔽等多个领域广泛应用。本章只讨论通过"自上而下"策略制得的单一功能化石墨烯材料(不包括与其他材料复合制备的功能化石墨烯复合材料)在透明电极中的应用。这类石墨烯材料在其他领域的应用以及基于"自上而下"策略制得的功能化石墨烯复合材料的应用将在第8章详细论述。

7.1　氧化石墨烯材料

　　氧化石墨烯是一种重要的功能化石墨烯,其在石墨烯材料领域扮演着举足轻重的角色。相较于石墨烯,氧化石墨烯同样是一种碳纳米材料,也具有单层的结构。氧化石墨烯的制备历史可追溯到19世纪,其可用Staudenmaier法、Brodie法、Hofmann法、Hummers法和Tour法等多种方法制备(见第3章),并且其已广泛地应用于石墨烯功能材料领域,但是到目前为止氧化石墨烯的结构阐释还不是很明确。

　　从20世纪中期起,已有多种氧化石墨烯结构模型被提出(图7-2),但都没有被科学界广泛地认同。直到近年来,随着分析技术的发展,核磁共振(^{13}C和^1H)、透射电镜(TEM)、X射线衍射及傅里叶红外光谱等多种技术被用于分析氧化石

图7-2　氧化石墨烯可能的结构模型

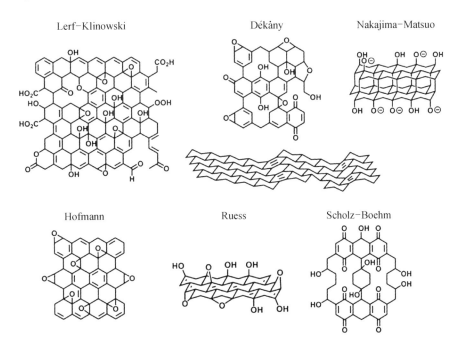

墨烯的结构。多种结构分析表明,氧化石墨烯分子的碳骨架具有共轭的芳香环区域以及脂肪族的六元环区域。相较于石墨烯(只具有 sp^2 杂化碳原子),氧化石墨烯的碳骨架被含氧官能团破坏,存在一定程度的 sp^3 杂化碳原子。在碳骨架平面部分连接有羟基(—OH)、环氧键(即醚键)及少量的羰基和羧基;在碳骨架边缘的基团大都是羧基和羰基。这些分析数据与 Lerf-Klinowski 模型比较吻合。因此,相较于其他分子模型,Lerf-Klinowski 模型被较为广泛地接受,然而该模型也不完美。研究表明氧化石墨烯的结构依赖氧化反应条件和所用的石墨。因此,氧化石墨烯是一类材料,而不能认为其是单一的分子。这就需要用合适的方式来描述氧化石墨烯,如碳氧比、导电性、尺寸大小以及光谱性质等。

目前,Hummers 法、Hofmann 法是制备氧化石墨烯的主流策略。由这些方法制备的氧化石墨烯都带有羟基、羧基、羰基、环氧基和缺陷。这些结构特征极大地改变了氧化石墨烯的物理化学性质——碳骨架缺陷的引入降低了氧化石墨烯的电学性质和机械性能;含氧官能团(羟基、羧基)的存在使得氧化石墨烯成为一种亲水性材料,其能在水相中稳定分散。然而,含氧官能团化的结构从根本上改变了氧化石墨烯的电学性质——石墨烯的电子迁移率高达 200000 $cm^2/(V \cdot s)$,而氧化石墨烯则是绝缘体。氧化石墨烯的亲水性、高比表面积和多种含氧官能团使得其成为功能多样的纳米材料,例如:其可通过多种相互作用吸附小分子或重金属离子,用于水处理和传感器;其透明性可用于制备透明薄膜;其极高的比表面积可用于能量的存储及转化。此外,含氧功能基团可用共价键修饰,用于制备功能性纳米材料;碳骨架及边缘的缺陷可通过还原去除,生成新的纳米结构。因此,氧化石墨烯已被广泛地应用于环境保护、海水淡化、透明导电薄膜、传感器、生物医药及能量转化和储能等领域(本节只简要论述单纯氧化石墨烯材料用于透明导电薄膜和太阳能电池器件,在其他领域的应用及氧化石墨烯复合材料将在第 8 章详细讨论)。

7.1.1 透明导电薄膜

透明导电薄膜,顾名思义,就是既透明又导电的薄膜材料,常被用作透明电极,是太阳能电池、OLED 和触控屏等器件的重要组成部分。高导电性和透光率是其主要特征。其导电性依赖材料的电子结构,透光率则取决于材料对光的吸收和反射。如前文所述,单层石墨烯的面电阻为 30 Ω/sq,并且随着石墨烯层数的增加其导电性会逐渐增强;研究表明完好的单层石墨烯在可见光段的吸光度约为 2.3%,反射率小于 0.1%。因此,单层石墨烯的透光率能够达到 97.7%。然而,在一个材料中同时具备高导电性和高透光率通常是非常困难的。一种透明导电材料的性能,常采用其电导率与其在波长 550 nm 处吸光系数的比率来评价。

$$\frac{\sigma}{\alpha} = \frac{188.5}{R_s(T^{-\frac{1}{2}} - 1)} \tag{7-1}$$

式中,σ 为材料的电导率;α 为材料的吸光系数;R_s 为材料的面电阻;T 为材料在波长 550 nm 处的透光率。目前,最主要的商用透明电极是 ITO(indium tin oxid,ITO)玻璃,常用其作为评价其他透明电极材料的参考。ITO 玻璃面电阻为 10 Ω/sq,在波长 550 nm 处的透光率为 93%,因此其 σ/α 约为 500。理论上,堆叠的三层石墨烯材料能够达到 ITO 玻璃的性能,但是在实际生产中制备完美无缺的石墨烯非常困难。因此,实际制得的石墨烯透明导电薄膜(只由石墨烯构成)很难达到 σ/α 为 500 这一水平。目前,此领域的研究主要集中在如何提高石墨烯透明导电薄膜的性能,以期达到其理论值。石墨烯透明导电薄膜采用的石墨烯种类主要有以下三种:还原氧化石墨烯(rGO)、CVD 法制得的石墨烯和氧化石墨烯(GO)。rGO 和 CVD 法制得的石墨烯导电性较好,是制作石墨烯透明导电薄膜最主要的材料。本节主要讨论基于 GO 的石墨烯透明导电薄膜,基于 rGO 制得的石墨烯将在下面章节论述。

虽然氧化石墨烯含有较多的氧官能团,无导电性为绝缘体,但其仍可作为辅助材料用于制作透明电极。氧化石墨烯可用来包裹"焊接"银纳米线(AgNW),以降低其接触电阻。银纳米线因具有高导电性常用于制备透明导电薄膜,且大量的银纳米线能交织成网络布满整个膜。然而,这些交织的纳米线之间有较大的接触电阻,从而降低导电膜的电导率。为了降低银纳米线间的接触电阻,常用高温法或高压法处理银纳米线网络[图7-3(d)]，以使堆叠的银纳米线能较好地接触。但是用这两种方法处理的银纳米线拉伸性能较差，在较大的拉力下，银纳米线结会发生形变，且在释放拉力后不能恢复。这使得原本相连的银纳米线在拉力作用下分离，从而产生较大的接触电阻。氧化石墨烯能很好地解决这个问题：① 羟基、环氧基、羧基和羰基大量含氧官能团的存在使得氧化石墨烯能够很好地与银纳米线结合；② 氧化石墨烯有很高的杨氏模量（约为0.2 TPa），并且具有高柔性，是一种强度很大的材料；③ 氧化石墨烯能很好地分散在水中，便于用溶液法操作。此外，相较于其他类似材料，氧化石墨烯的生产成本较低。溶液中带有电荷的柔性氧化石墨烯纳米片可以很好地粘接及包裹银纳米线，并且能够"焊接"相邻纳米线形成结[图7-3(a)(c)]。这使得不经高温或高压处理，就能很好地降低相邻纳米线间的接触电阻。此外，氧化石墨烯的强黏合性及高韧性能很好地将银纳米线网络连接在一起，防止相邻银纳米线间的滑动，赋予银纳米线

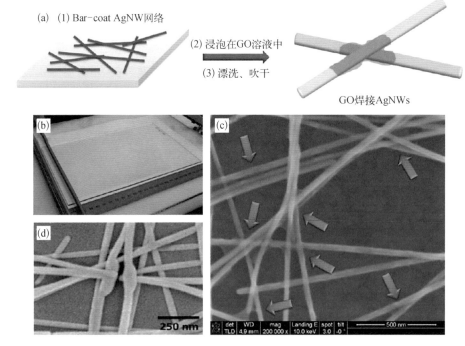

(a) (1) Bar-coat AgNW网络

(2) 浸泡在GO溶液中

(3) 漂洗、吹干

GO焊接AgNWs

图7-3 氧化石墨烯用于透明导电薄膜示例

（a）在玻璃基板上制作氧化石墨烯-碳纳米管网络示意图；（b）（20×15）cm²的银纳米线网络；（c）氧化石墨烯"焊接"的银纳米线结（图中红色箭头标出）；（d）经典高温法制得银纳米线结

功能化石墨烯材料及应用

网络高韧性。因此,将氧化石墨烯银纳米线网络附着于柔性基底(如聚对苯二甲酸乙二醇酯,PET)上,就可制得高柔性的透明导电薄膜[图7-3(b)]。

氧化石墨烯还可用来提高石墨烯类透明电极在有机发光二极管中的导电性、功函及与空穴注入层间的相容性。石墨烯因具有高导电性、透明性、高化学稳定性及高柔性,常被用作OLED的电极材料,但是实际制备的石墨烯材料的面电阻(约为100 Ω/sq)要高于商用的ITO(氧化铟锡,约为10 Ω/sq),并且石墨烯较低的功函(为4.2~4.6 eV)使得石墨烯和空穴传输层(HTL)间的空穴注入势垒较低,进而降低OLED的效率。此外,为了增强空穴从阳极到空穴传输层的传递效率,常在两者之间加入一空穴注入层(HIL),但是石墨烯疏水且光滑的表面使得其很难与空穴注入层材料[如三氧化钼或聚(3,4-乙烯二氧噻吩)-聚苯乙烯磺酸,PEDOT/PSS]复合。氧化石墨烯的加入可解决这些问题,可通过一种氧化石墨烯/石墨烯异质结的结构[图7-4(g)]来实现。

图7-4 合成及图案化氧化石墨烯/石墨烯透明导电薄膜和柔性 OLED 的制作

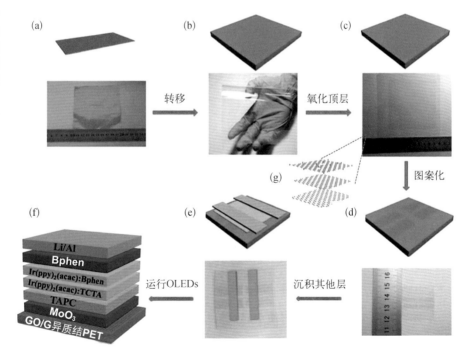

(a)CVD法生长石墨烯;(b)以PET为基底用层层转移法制得的三层石墨烯柔性膜;(c)通过氧化顶层石墨烯制得的氧化石墨烯/石墨烯;(d)图案化的氧化石墨烯/石墨烯异质结透明导电薄膜;(e)以氧化石墨烯/石墨烯异质结为电极的OLED;(f)柔性OLED器件结构;(g)氧化石墨烯/石墨烯异质结

通过层层组装法在柔性 PET 膜上沉积三层 CVD 法制备的石墨烯[图 7-4 (a)(c)]，再用臭氧氧化顶层的石墨烯，就可得到氧化石墨烯/石墨烯异质结透明导电薄膜[图 7-4(c)(g)]。刻蚀图案化这种导电薄膜后[图 7-4(d)]，再逐层沉积 OLED 器件的其他活性层[图 7-4(e)]，最后制得 OLED 器件[图 7-4(f)]。这种氧化石墨烯/石墨烯异质结的面电阻（268 Ω/sq）与三层石墨烯的面电阻（263 Ω/sq）几乎相同，但是异质结能显著提高石墨烯电极的功函——三层石墨烯的功函为 4.6 eV，而异质结为 5.4 eV，远高于 ITO 的功函（4.8 eV）。这可能是由于引入的氧化石墨烯层中含有大量氧原子，氧原子的电负性高于碳原子，使得在氧原子和碳原子之间产生偶极，从而增大石墨烯电极的功函。较高的功函能降低石墨烯阳极和空穴注入层之间的势垒，使得空穴更容易进入空穴传输层，进而提高器件的效率。此外，氧化石墨烯含有的大量含氧官能团为器件其他活性层的沉积提供了丰富的固定及成核位点，使得空穴注入层（如三氧化钼）能在氧化石墨烯表面均匀地沉积。均匀的空穴注入层更利于空穴的传输。因此，采用此氧化石墨烯/石墨烯异质结薄膜作为电极的 OLED 的电流效率（CE = 36.7%）和功率效率（PE = 59.2%）相较于用 ITO 作为电极的 OLED 的电流效率（CE = 14.87%）和功率效率（PE = 15.0%）都有较大提升。

7.1.2　太阳能电池材料

氧化石墨烯也可作为有机太阳能电池的空穴传输层材料。在体异质结有机太阳能电池中，空穴传输层是不可或缺的，它被用来传输空穴，阻隔电子，最大限度地减弱载流子复合。一个理想的空穴传输层材料必须是 p 型掺杂的且具有较大的带隙，还要满足以下条件：① 能够调节活性层和电极的能级差；② 能够传输空穴，阻隔电子；③ 能够优化活性层的形貌；④ 能够阻止活性层与电极发生反应；⑤ 能够作为光学垫片。常用的空穴传输层材料是 PEDOT/PSS，但是它是一种酸性材料（pH≈1），会腐蚀 ITO 电极，使得太阳能电池的稳定性变差。为了解决这一问题，一些无机材料（如 V_2O_5、MoO_3 和 NiO_{21} 等）被用来替代 PEDOT/PSS 作为空穴传输材料，但是这些材料常采用昂贵的真空蒸镀技术，这与低成本、溶液法和"卷对卷"制备有机太阳能电池的初衷是相悖的。与这些材料相比,氧化石墨烯是一种非常适宜的空穴传输层材料。首先,氧化石墨烯可用中性水溶液沉积,避免了对 ITO 层的腐蚀;其次,氧化石墨烯传输层非常薄(2~5 nm 厚),有利于器件的轻量化,而 PEDOT/PSS 传输层则较厚(40~50 nm 厚)。可用旋涂法在 ITO 上制备氧化石墨烯薄膜,并用作太阳能电池的传输层(图 7-5)。2 nm 厚度的氧化石墨烯传输层基本不会减弱 ITO 电极的透光率。最重要的是,此有机太阳能电池器件在空气中的稳定性要远高于采用 PEDOT/PSS 的器件。

图 7-5 氧化石墨烯用于有机太阳能电池领域示例

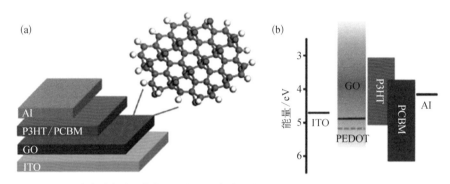

(a)有机太阳能电池器件结构;(b)有机太阳能电池器件各层的能级

7.2 还原氧化石墨烯

还原氧化石墨烯(rGO)是制备石墨烯透明导电薄膜的主要材料之一,由 GO 还原制得。GO 带有很多含氧基团,亲水性强,能在水及一些有机溶剂中分散,并且不同 GO 片层由于负电荷斥力不会在悬浮液中聚集,这些特点使得 GO 易于加工,适于规模化生产。

制备 rGO 透明导电薄膜通常有两种方式:还原 GO 薄膜和 rGO 悬浮液涂覆。rGO 悬浮液涂覆方法,因 rGO 片层容易聚集、可加工性较差而应用较少。还原 GO 薄膜方法通常包括三步:① 制备 GO 悬浮液;② 制备 GO 薄膜;③ 还原 GO 薄膜。如前文所述,GO 悬浮液可用 Hummers 法、Hofmann 法等方法制备;

GO 薄膜可采用真空抽滤法、旋涂法、湿法转移法、滴涂法或 Langmuir-Blodgett 法等方法制备;GO 还原成 rGO 可由热处理、电化学还原或化学还原三种方式实现。

1. 热处理还原法

热处理还原法是用高温(最高达 1100℃)炭化 GO 得到 rGO。这种方法耗能高,并且不适用于不耐高温的柔性基底,应用范围受限。目前的研究主要着力于开发低温热处理的方法,如真空辅助低温热处理法。此法基于以下原理:GO 反应活性较高,在真空下施加较低的温度(≤250℃)就可被还原成 rGO。如图 7-6 所示,在柔性聚酯薄膜 PET 上涂覆 GO 薄膜后,在 250℃ 下利用真空辅助热处理制得柔性 rGO 薄膜,以此薄膜作为透明电极可实现柔性全固态超级电容器的制备。

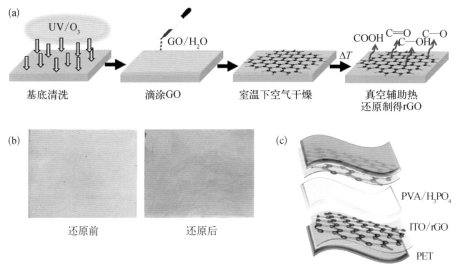

图 7-6 热处理还原 GO 制备石墨烯透明导电薄膜示例

(a)制备柔性透明导电石墨烯薄膜过程示意图;(b)热处理还原前后的薄膜;(c)基于此透明电极的柔性全固态超级电容器结构

2. 电化学还原法

电化学还原法是利用经典的电化学方法还原 GO 成 rGO——在外加电压的作用下,涂覆在基底上的 GO 薄膜被还原成 rGO 膜。相较于热处理的方法,电化学还原法具有实施简便、还原速度快、经济和环境友好等优点。此方法有两种实施途径：一步法和两步法。一步法：悬浮在水中的 GO 被电化学还原成附着在电极表面的 rGO 薄膜[图 7-7(a)，左]。此法中，吸附到电极表面的 GO 从电极得到电子被还原。生成的 rGO 直接附着在电极表面。两步法：GO 首先被涂覆在电极表面制成薄膜，作为阴极，再辅以阳极及相应的电解液，组成三电极系统[图 7-7(a)，右]。在外电压作用下，GO 膜被还原成 rGO 薄膜，然后再将 rGO 薄膜从电极上剥离。如图 7-7(b)(c)所示，将 GO 涂覆在金属基底(硅晶圆支撑的

图 7-7　电化学法还原 GO 制备石墨烯透明导电薄膜策略及示例

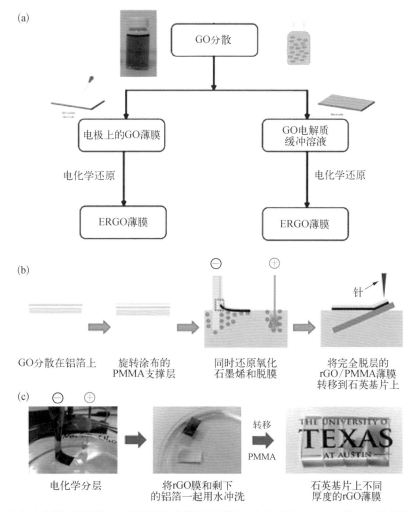

（a）电化学还原法制备 rGO 透明导电薄膜的两种途径；（b）制备 PMMA 支撑 rGO 薄膜的原理；（c）PMMA 支撑 rGO 薄膜的制备过程

Al 箔或 Cu 箔)上,制成 GO 薄膜。在 GO 上涂覆聚甲基丙烯酸甲酯(PMMA)制成 PMMA/GO/金属基底复合物,作为三电极系统的阴极,再辅以 Pt 阳极和 0.5 mol/L 硫酸钠水溶液电解质,组成三电极系统。在外电压作用下,GO 膜被还原成 rGO 膜,并且在电化学反应产生的氢气作用下 PMMA/rGO 膜从金属表面剥离。最后,将剥离的 PMMA/rGO 膜转移到目标基底上,并除去 PMMA,就得到 rGO 薄膜[图 7-7(c)]。

3. 化学还原法

化学还原法是采用化学试剂在较为温和的条件下还原 GO 来制备 rGO 透明导电薄膜。相较于热处理还原法和电化学还原法,化学还原法实施更为简便,经济性更好,更易于大规模生产。实施化学还原法的关键是能够找到一种高效、经济及绿色的还原剂。目前,已有多种还原剂被应用于化学还原 GO 制备 rGO,如水合肼、碘化氢、氢气、硼氢化钠、二茂铁和对苯二酚等。在众多还原剂中,虽然一些试剂(如水合肼等)还原性能较好,但是因其毒性和污染环境而不适于广泛应用。因此,目前研究的热点是开发绿色高效的还原剂,如糖类、氨基酸、蛋白质、有机酸和微生物等。

在化学还原法还原 GO 的反应中,不仅要求还原反应的转化率高,还要求反应迅速,只有这样才有利于规模化生产。一些催化剂能够在十几分钟甚至几分钟内完成 GO 的还原。如采用金属锡在室温下能在 10 min 内将 GO 薄膜还原成 rGO 透明导电薄膜。如图 7-8(a)所示,通过磁控溅射的方式,在柔性基底 PET 支撑的 GO 薄膜上涂覆 Sn 金属层。将制得的 Sn/GO/PET 薄膜浸入 4 mol/L 盐

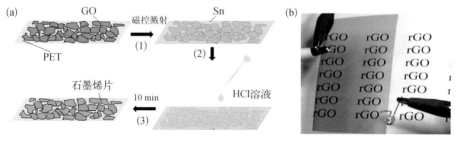

图 7-8 化学还原法制备石墨烯透明导电薄膜示例

(a)Sn 还原 GO 制备 rGO 透明导电薄膜示意图;(b)制备的 rGO 透明导电薄膜作为导线点亮 LED 灯

酸溶液后,再经酸和去离子水洗涤就可得到 rGO/PET 柔性透明导电薄膜 [图 7-8(b)]。

能够实现规模化连续生产是 rGO 透明导电薄膜能够投入实际应用的关键, 而开发一种高效便捷的还原剂是实现规模化生产 rGO 透明导电薄膜的关键。如 图 7-9(a)所示,将 SnCl₂乙醇溶液涂覆到 GO 膜上,并在 60℃下加热 5 min,缓慢 地蒸发掉乙醇。在此过程中,乙醇/空气界面缓慢地在 GO 膜上移动,并将 GO 膜 还原成 rGO。基于此工艺,柔性 rGO 透明导电薄膜连续化生产线已被搭建出 来。如图 7-9(b)(c)所示,此生产线包含四个工艺步骤:① 在柔性基底 PET 支 撑的 GO 膜上喷涂 SnCl₂乙醇溶液;② 加热还原;③ 乙醇洗涤除去副产物; ④ 60℃下加热干燥。此中试线可生产 25 cm 宽的 rGO 透明导电薄膜。其面电 阻为0.8～3.84 kΩ/sq,相应的透光率为82.9%～91.9%。

图 7-9　化学还原 法实现石墨烯透明 导电薄膜的连续化 生产

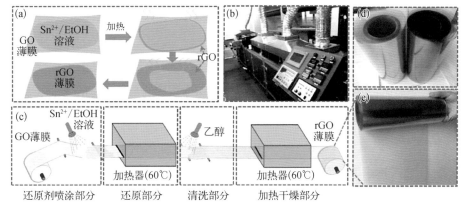

(a) Sn²⁺还原 GO 制备 rGO 透明导电薄膜示意图;(b) 柔性 rGO 透明导电薄膜的连续化生产线; (c)"卷对卷"大规模制备柔性 rGO 透明导电薄膜工艺示意图;(d)(e) 柔性 rGO 透明导电薄膜照片

由于具有工艺简单、经济高效以及易于规模化生产等优点,化学还原法生产 的 rGO 透明导电薄膜已被用于制作多种光电器件,特别是柔性器件,如柔性触控 屏及柔性变色智能窗等(图 7-10)。然而,也应注意到,rGO 反应原理及制备工艺 决定了其结构并不完美。rGO 片层含有大量缺陷以及残留一些含氧基团。这些 缺陷和含氧基团破坏了石墨烯 sp² 共轭骨架,使其导电性能严重降低。目前,单 一 rGO 透明导电薄膜面电阻最低也近 1000 Ω/sq,远远高于其理论值(30 Ω/sq)。

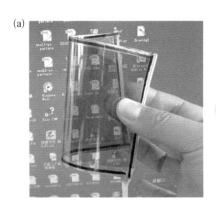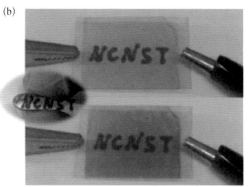

图 7-10　化学还原法制备的石墨烯透明导电薄膜应用示例

（a）基于 rGO 透明导电薄膜的柔性触控屏以及；（b）智能变色器件

因此，如何提升 rGO 透明导电薄膜的性能是今后研究的重点。

7.3　石墨烯纳米带

石墨烯是一种半金属，其带隙为零，不能被直接用于制备在室温下有效工作的场效应晶体管（FETs）。理论计算预测将石墨烯制成纳米带就能赋予石墨烯可观的带隙——当石墨烯的尺寸收缩到纳米尺寸时，就会有量子限域效应和边缘效应（图 7-11），这使得其有望应用于半导体领域。理论预测当石墨烯纳米带的宽度小于 100 nm 时，半导体带隙就会出现。早期的理论预测椅式边缘的石墨烯纳米带具有典型的半导体性质，其带隙大小与其宽度成反比；而锯齿形边缘的石墨烯纳米带具有典型的金属性，在费米能级附近具有局部边缘效应。然而，随后有科学家预言，如果考虑到这些边缘效应的自旋自由度，锯齿形边缘的石墨烯纳米带也可能具有较小的带隙。由于石墨烯纳米带具有可调的带隙和局部边缘效应，大量的研究投入到制备石墨烯纳米带上，着重于研究其载流子传输性能。为此，多种方法被用于制作石墨烯纳米带，其中"自上而下"策略制备石墨烯纳米带是一类被广泛应用的方法，其包括机械剥离法、溶液剥离法、平面印刷法（光刻法、电子束刻蚀、聚焦离子束刻蚀和原子力显微镜刻蚀法等）、纵向切割碳纳米管法、超声化学法以及其他方法。由这些方法制得的石墨烯纳米带具有一定的带

图 7-11　边缘为椅式和锯齿形石墨烯纳米带结构

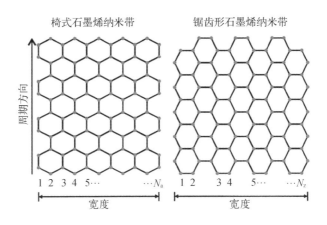

椅式石墨烯纳米带　　　锯齿形石墨烯纳米带

隙,可被用于制作场效应晶体管。

　　例如,将通过机械剥离热解石墨得到的石墨烯沉积到被 200 nm 二氧化硅层覆盖的 p 型掺杂硅基底上,再用电子束曝光,最后用氧等离子体刻蚀得到不同宽度的石墨烯纳米带。钯金属源极和漏极沉积到石墨烯纳米带表面制成三端的场效应晶体管器件(图 7-12)。器件的沟道宽度为 1 μm,而石墨烯纳米带的宽度在 20～500 nm 不等。20 nm 宽的纳米带具有限域引起的 30 meV 的带隙。此器件中,硅基底上电荷陷阱波动在低频区造成明显的电流噪声。石墨烯纳米带的载流子传导性能和最小电导率明显受纳米带边界散射和基底所捕获电荷的影响。

图 7-12　机械剥离法制备的石墨烯纳米带用于半导体领域示例

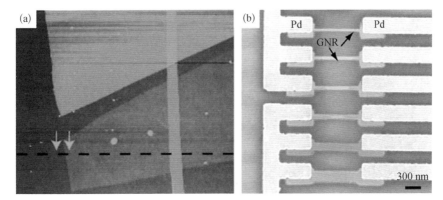

(a)光刻前单层石墨烯的原子力显微镜照片;(b)硅基底上的石墨烯纳米带场效应晶体管(纳米带的宽度从上到下依次为 20 nm、30 nm、40 nm、10 nm 和 200 nm)的扫描电子显微镜照片

　　通过等离子体刻蚀,将轴向切割部分埋入聚合物膜的碳纳米管,可制得边缘光滑、宽度较窄的石墨烯纳米带(10～20 nm)(图 7-13)。通过切割结构

确定的碳纳米管,可以得到适于器件制备的石墨烯纳米带。采用表面覆盖500 nm厚二氧化硅的p型掺杂硅作为栅极;石墨烯纳米带沉积到硅基底上;金属钯沉积到石墨烯纳米带上作为源极和漏极,制得场效应晶体管[图7-13(b)]。宽度不大于10 nm的石墨烯纳米带表现出具有p型掺杂效果的场效应晶体管性质,这是由在制备过程中从环境或其他物质中物理吸附了氧气分子造成的。7 nm宽的石墨烯纳米带器件的开关电流比大于10,6 nm宽石墨烯纳米带器件的开关电流比大于100。由于量子限域效应,这些石墨烯纳米带在较弱的门调制电流作用下表现出不同于大片石墨烯的半导体性质。值得注意的是,用原子力显微镜测量石墨烯纳米带时的误差为(±2~3)nm,导致宽度低于10 nm的石墨烯纳米带的测量不准确。为了制备具有高开关电流比的器件,需要制备更窄的石墨烯纳米带。宽度大于10 nm的石墨烯纳米带由于具有较小的带隙,从而表现出较弱的门电流依赖性。这与用光刻和化学法制得的宽度相同的石墨烯纳米带的性质类似。10~20 nm的石墨烯纳米带器件在狄拉克点的电阻率与光刻法制得的20~50 nm的石墨烯纳米带类似,为10~40 kΩ。实际上用这种方法和光刻法制得的10~20 nm的石墨烯纳米带具有相近的电阻率及类似的迁移率(与大面积石墨烯纳米片的迁移率类似或小于其十分之一),这可能是由石墨烯纳米带的边缘散射引起的。

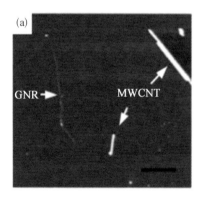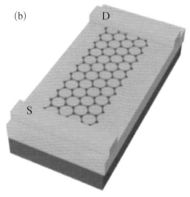

图7-13 切割碳纳米管制备的石墨烯纳米带用于半导体领域示例

(a)石墨烯纳米带和碳纳米管原子力显微镜照片;(b)基于石墨烯纳米带的场效应晶体管器件(S—源极;D—漏极)

7.4 小结

  "自上而下"策略制备石墨烯及其衍生物的方法具有工艺较为简单、成本较低、易于规模化生产等优点。采用该方法制备的功能化石墨烯（如氧化石墨烯、rGO 和石墨烯纳米带等）含有功能基团或具有特殊结构，因而表现出特异的性质，并被应用于特定的领域，如光电材料、能量转化装置和半导体器件。然而，"自上而下"策略制备石墨烯的方法也具有固有的缺点——引入功能基团的类型很难控制；石墨烯的精确结构不可控；制备的石墨烯大多存在较多缺陷和杂质等。这些缺点使得石墨烯的质量较低，影响了其器件性能的发挥。因此，如何提高此法制备的石墨烯的质量，以提高其器件性能是当前亟待解决的问题。

第 8 章

功能化石墨烯材料的

应用

利用各种具有特定功能的官能团对石墨烯进行修饰可赋予石墨烯丰富多样的性质，以使得石墨烯类材料能满足不同领域的应用需求。石墨烯、氧化石墨烯及还原氧化石墨烯可通过共价和非共价作用连接功能基团(图 8-1)。共价键的

图 8-1　常用的功能化石墨烯及其进一步功能化形式

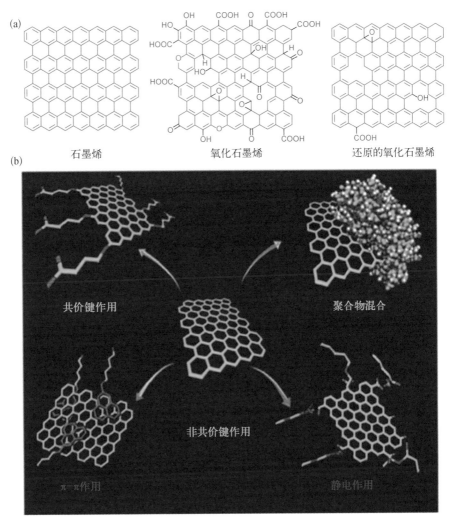

（a）石墨烯/氧化石墨烯/还原的氧化石墨烯的结构;（b）它们的功能化示意图

功能化主要通过两种方式实现：① 采用自由基或亲核试剂与石墨烯上的 C═C 键反应生成共价键；② 有机功能基团和氧化石墨烯(或还原氧化石墨烯)中的含氧官能团反应生成共价键。功能基团和石墨烯/氧化石墨烯之间的非共价键作用包括氢键作用、π-π 作用、疏水作用及静电作用等。

如第 6、7 章所述，石墨烯功能化后不仅更便于应用，而且还获得了其他属性和功用，在多个领域表现出极大的发展潜力。为了进一步丰富石墨烯的性质，将(功能化)石墨烯与其他功能材料复合，可得到性质更为丰富多彩的功能化石墨烯复合材料。各种功能材料(如高分子材料、生物材料、金属、无机化合物或有机质材料等)可以以一种或多种作用方式与(功能化)石墨烯(例如：石墨烯片、氧化石墨烯、还原氧化石墨烯以及掺杂石墨烯等)结合形成具有特定功能的复合物。如图 8-2 所示，人工珍珠层复合材料就是(功能化)石墨烯通过与多种功能材料复合形成的一类多层复合物。在此类复合物中，石墨烯材料通过多种作用力与功能分子作用，形成类似珍珠层的多层结构。(功能化)石墨烯与各种功能材料组成的功能多样的功能化石墨烯复合材料也应用于多个领域。本章将详细论述

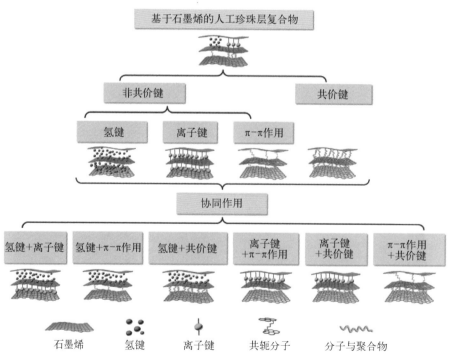

图 8-2　功能化石墨烯复合材料举例：基于石墨烯的人工珍珠层复合物

功能化石墨烯材料(功能化石墨烯和功能化石墨烯复合材料)在光能量转化、储能、生物医学、环境应用、催化、电磁屏蔽及海水淡化领域的应用,介绍各领域中关键器件的结构、基本运作机理和性能提升的关键问题,以及功能化石墨烯材料在器件中扮演的角色、作用和运作机制。

8.1　光能转化中的应用

太阳光是一种可再生的清洁能源。太阳辐射到地球上的能量是巨大的,地球平均每平方米接收到太阳辐射的能量约为 1360 W。太阳光的有效利用能提高清洁能源在社会总能源中的份额,减小其他能源利用过程中产生的污染。通过光伏器件和光催化反应器,可将太阳光能转换为电能和化学能。这两种光能转化装置都是利用吸光的半导体或共轭高分子吸收太阳光产生的电子-空穴对(激子)。电子和空穴分别传递到外电路,产生电能;或者电子和空穴分别传递到活性表面,并与对应的分子发生反应,产生化学能。

要想有效地利用太阳光就必须提高太阳光收集效率和器件转化效率,以提高太阳光转化效率。光转化效率主要依赖三个方面:① 激子(电子-空穴对)的产生;② 电子和空穴的分离;③ 电子和空穴的抽取和传输——将电子和空穴从光吸收部件转移到外电路或活性表面。激子的产生依赖吸光部件的光学和电子学性质。一个优秀的吸光部件能吸收更多的太阳光并产生数量足够多的激子。激子产生后,如不及时抽取并分别转移到外电路或活性表面,那么其会在器件内重新复合。因此,需要优化器件的结构和组成,以有效地抽取和传输电子-空穴对。

由于具有独特的光电和力学特性,石墨烯在光能转化领域具有极大的应用潜力。单层石墨烯具有优异的透光率(在 550 nm 处,约为 97.7%)和导电性(电导率约为 10^8 S/m),作为透明电极是能够增加器件光转换效率的理想材料。单层石墨烯的费米能级和狄拉克点重合,是带隙为零的半金属[图 8-3(a)],但当石墨烯功能化后就能得到具有带隙的 n 型石墨烯(费米能级位于导带底部,高于狄

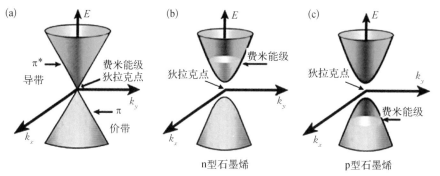

图 8-3 石墨烯的
能级结构

（a）费米能级和狄拉克点重合，带隙为零；（b）具有带隙的 n 型石墨烯；（c）具有带隙的 p 型石墨烯

拉克点）和 p 型石墨烯（费米能级为价带顶部，低于狄拉克点）。石墨烯和功能化
石墨烯材料因具有丰富多样的性质，能满足光电转换装置和光催化装置的不同
需求，已被广泛地应用于光能转化中，如有机太阳能电池、染料敏化太阳能电池、
量子点太阳能电池和光催化电池等。

8.1.1 有机太阳能电池

太阳能电池是将太阳光能量转化为电能的装置。现在大规模商用的太阳能
电池是以单晶、多晶或非晶硅为材料的硅太阳能电池，其光能转化效率接近
20%。相较于硅太阳能电池，有机太阳能电池（organic solar cells，OSCs）具有能
用溶液法制备、制造成本较低以及可制成柔性器件等优点，是近年来备受关注的
太阳能器件。随着基础理论、材料技术和器件制备技术的发展，有机太阳能电池
的转化效率在不断提高。2018 年，南开大学陈永胜课题组制备的叠层结构有机
太阳能电池取得了创纪录的能量转化效率（17.3%）。目前，有机太阳能电池通常
包括阴极、空穴传输层、给体材料、受体材料、电子传输层和阳极等组件。有机太
阳能电池器件结构分为单层肖特基、双层异质结和体异质结三大类结构
（图 8-4）。其中，体异质结能够高效地实现激子的分离和传输，表现出更好的性
能，而在当前研究中占据主导地位。为了进一步提高有机太阳能电池的性能，研
究人员在体异质结的基础上，又开发出三元体异质结（即两类受体和一类给体分
子）和叠层结构（即将两个电池串联在一起）。

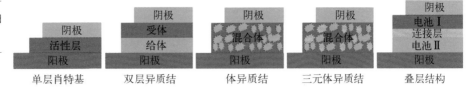

图 8-4 有机太阳能电池器件结构

阴极 / 活性层 / 阳极　单层肖特基
阴极 / 受体 / 给体 / 阳极　双层异质结
阴极 / 混合体 / 阳极　体异质结
阴极 / 混合体 / 阳极　三元体异质结
阴极 / 电池Ⅰ / 连接层 / 电池Ⅱ / 阳极　叠层结构

如图 8-5 所示,当用光照射有机太阳能器件时,给体材料吸收太阳光,发生光致激发产生激子(电子-空穴对)。当激子处于界面处时,在界面能级差的作用下,这些激子就会分离形成自由的电子和空穴。在给体与受体界面处,电子被受体抽取;在给体与阳极界面处,空穴被来自阳极的电子填充,即将空穴传递给阳极。激子解离之后生成的自由载流子被相应电极收集,并传递给外电路。为了增强空穴和电子分别向阴极和阳极的传输性能,通常在给体与阳极间添加空穴传输层,在受体和阴极间添加电子传输层。由于具有丰富多样的性质,功能化石墨烯材料可用作有机太阳能电池的透明电极(阳极和阴极)、受体、空穴传输层和电子传输层。

图 8-5 有机太阳能电池的工作原理

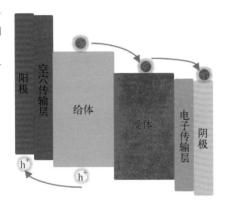

阳极 / 空穴传输层 / 给体 / 受体 / 电子传输层 / 阴极

1. 阳极

透明电极是有机太阳能电池必不可少的部件。一个理想的透明电极需要具有如下几个特点:首先要有较好的透光性(>80%),不影响活性材料对入射光的吸收;其次,要有较高的导电性(面电阻<100 Ω/sq);最后,还要有合适的功函以匹配给体 HOMO 或受体 LUMO,降低空穴或电子传导的能垒。纯石墨烯的功函约为 4.5 eV,如果作为阳极,其功函就显得较低,不能匹配大多数有机半导体分子的 HOMO(约为 5.0 eV,阳极的功函须接近给体的HOMO)。这就会造成石墨烯和受体材料之间产生空穴传输的能垒,不利于空穴从受体传导到石墨烯阳极。因此,石墨烯材料必须进行 p 型掺杂后才能用作阳极。此外,相较于商业的阳极材料 ITO,石墨烯材料的电导率比较低。为了提升基于石墨烯阳极的器件性能,也需要提高石墨烯的导电能

力。为了提高石墨烯的功函和导电能力,可采用电子受体分子掺杂的方法,对石墨烯进行 p 型掺杂。7,7,8,8-四氰基对苯二醌二甲烷(7,7,8,8-tetracyanoquinodimethane, TCNQ)是一种常用的电子受体分子,有很强的吸电子能力,能够抽取石墨烯中的电子,实现对石墨烯的 p 型掺杂。CVD 法制备的单层石墨烯,采用层层组装法,可制成层叠的石墨烯/TCNQ/石墨烯/TCNQ/石墨烯复合物(G/TCNQ/G/TCNQ/G)(图 8-6)。在此复合物中,夹在两相邻石墨烯层之间的 TCNQ 能够对石墨烯进行 p 型掺杂,从而提高了石墨烯空穴载流子浓度。掺杂后,此 CVD 法制备的单层石墨烯的功函由 5.0 eV 提升到了 5.2 eV,使得此石墨烯复合材料的功函能与器件中的受体材料(PEDOT∶PSS)的 HOMO(5.2 eV)完美匹配。同时,单层石墨烯的面电阻由 839 Ω/sq 降为 278 Ω/sq,石墨烯复合物的导电能力也有极大提高。得益于掺杂后功函和导电能力的改善,以 G/TCNQ/G/TCNQ/G 复合物为阳极的有机高分子太阳能电池的能量转化效率相较于基于单层石墨烯的器件,有了很大的提高(PCE 为 2.58% vs 0.45%)。

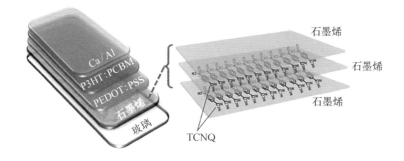

图 8-6 用 TCNQ 掺杂石墨烯作为阳极的有机聚合物太阳能电池器件结构及石墨烯掺杂结构

2. 阴极

石墨烯材料若用作有机太阳能电池的阴极,其功函应接近电池受体材料(n 型半导体)的 LUMO,让其更易接收受体传来的电子。然而,由于在制备或转移过程中,石墨烯易吸附氧或水分子,而被 p 型掺杂,表现出较高的功函(>4.5 eV),这要高于常用的受体材料的 LUMO(如 PCBM 的 LUMO 约为 4.2 eV)。因此,制备的石墨烯通常须进行 n 型掺杂后,才能用作有机太阳能电池的阴极,如涂覆铝和二氧化钛的单层石墨烯复合物 TiO_2-Al-G。CVD 法制备的单层石墨烯涂覆 5 nm 厚的 Al 纳米团簇后,功函由涂覆前的 4.6 eV 降为 4.1 eV [图 8-7(a)],能很好地匹配器件中受体(PCBM)的 LUMO 能级(4.2 eV)。此外,涂覆铝纳米团簇后,单层石墨烯的表面润湿性能得到极大的改善——对水的接触角由涂覆前的 95.7° 降为 48.0°,使得作为电子传输层的 TiO_2 层能很好地涂覆到 Al-G 复合物上,进而增强石墨烯复合物阴极的电子传输性能。以此 TiO_2-Al-G 为阴极的有机太阳能电池的能量转化效率为 2.58%,达到以 ITO 为阴极的器件能量转化效率的 75%。

图 8-7 以 Al-TiO_2-G 复合物为阴极的有机太阳能电池

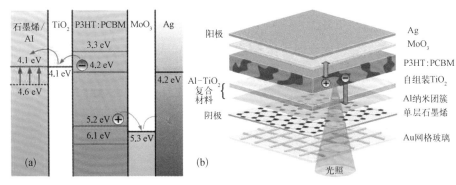

(a) 能级结构; (b) 器件结构

3. 受体

在有机太阳能电池中,受体材料要有合适的 LUMO 能级与给体的 HOMO 能级适配,以提供更高的器件开路电压(V_{OC}),且能与给体材料大面积的接触,最好能够吸收光能,以增大器件的光吸收能力。目前,常用的受体是富勒烯的衍生物。虽然基于富勒烯类受体的器件已取得了不错的性能,但是富勒烯受体的一些固有缺点限制了其进一步发展,比如,富勒烯大规模生产的成本较高,不易化学修饰及几乎没有吸光能力等。这就需要研发具有规模制备、成本低、易化学修饰、吸光能力强及对环境友好等特点的非富勒烯类受体。

功能化的石墨烯材料就是一类很好的非富勒烯类受体。其具有电子迁移率高、易于化学修饰功能化以及与给体材料接触面积大等优点。最早的石墨烯类受体材料是苯异氰酸酯修饰的氧化石墨烯。Hummers 法制备的氧化石墨烯,通过丰富的羟基与苯异氰酸酯反应得到苯基修饰的表面,以提高与给体材料聚3-辛基取代聚噻吩[poly(3-octylthiophene),P3OT]的相容性。此石墨烯复合物具有电子离域的二维π共轭平面,能与共轭聚合物给体分子P3OT发生π-π相互作用。光谱研究表明此苯异氰酸酯衍生化的氧化石墨烯与给体分子P3OT之间有荧光能量转移现象。这表明苯异氰酸酯衍生化的氧化石墨烯能作为受体材料接收P3OT光激发的电子。此外,此石墨烯复合物在近红外区(700~2500 nm)有吸收,能增强器件的吸光能力。以此石墨烯复合物为受体的体异质结有机太阳能电池能量转化效率为1.4%(图8-8)。虽然这一能量转化效率较低,但是这一开创的工作表明石墨烯在有机太阳能电池受体材料方面具有很大的应用潜力。通过器件优化和材料发展,更高能量转化效率的器件已经被制备出来,例如,利用3,5-二硝基苯甲酰功能化的石墨烯纳米片作为电子串联受体的体异质结有机太阳能电池表现出6.59%的能量转化效率。

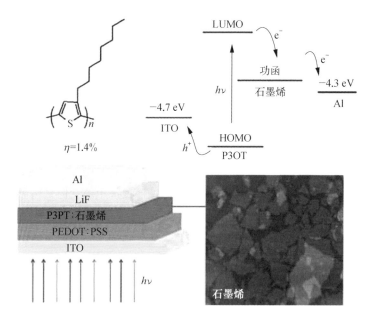

图8-8 以苯基异氰酸酯衍生化的氧化石墨烯为受体材料的有机太阳能电池器件结构和能级图

4. 空穴传输层

在有机太阳能电池中,为了提高给体材料向阳极传输空穴的效率,通常需

　　　　　　　　　　　　　　功能化石墨烯材料及应用

要加入空穴传输层。在目前的研究中,空穴传输层几乎是高效率有机太阳能电池,特别是在体异质结的电池中必不可少的组分。空穴传输层必须是具有宽带隙的 p 型材料,并且具有高透明性、高导电性、高稳定性及化学惰性等特点。在有机太阳能器件中,空穴传输层具有以下功能:① 降低给体材料和阳极的能垒,使得空穴更易从给体材料传到阳极;② 具有高空穴传导特性,且能阻断电子由给体向阳极传输;③ 能够优化给体材料的表面形态,使其更易与阳极复合;④ 防止给体材料和阳极发生反应;⑤ 可作为器件的透明支撑材料。目前,常用的空穴传输层是 PEDOT∶PSS 高分子复合材料,其采用溶液法涂覆到 ITO表面,能适配 ITO 和给体间的能级,但是它是强酸性物质,会腐蚀 ITO 阳极,且吸湿性强、导电性不均一。这些缺点会降低器件的性能。因此,必须发展新型的空穴传输层材料。

石墨烯材料,特别是基于氧化石墨烯的材料,就是一个很好的选择,其可代替 PEDOT∶PSS 作为空穴传输层材料。氧化石墨烯通常分散在中性的水溶液中,不会腐蚀 ITO。此外,相较于 PEDOT∶PSS,氧化石墨烯传输层的透明性更好、厚度更薄,有利于提高器件的效能及降低器件的体积。然而,应注意到,由于GO 材料的电阻较大,采用 GO 空穴传输层的器件性能对 GO 层厚度非常敏感。当 GO 空穴传输层的厚度大于 3 nm 时,器件性能会迅速降低。因此,为了提高GO 传输层的导电性,常用 GO 与导电材料复合或对 GO 衍生化,比如:GO/SWCNT(单壁碳纳米管)复合物、带有—OSO_3H 的 GO 或 GO/PEDOT∶PSS 复合物。另外,可通过化学还原法或热处理法将 GO 还原成 rGO,以增强其载流子传导效率。例如,用对甲苯磺酰胺(p-TosNHNH$_2$)将 GO 换成 rGO,并作为阳极界面层(anode interfacial layer,AIL),即有机太阳能电池的空穴传输层[图 8-9(a)]。以此 rGO 为空穴传输层的器件,相较于用 PEDOT∶PSS 的器件,其平均填充因子(fill factor,FF)、平均短路电流密度(short-circuit current density,J_{SC})、平均开路电压(open-circuit voltage,V_{OC})、平均能量转化效率(PCE)及器件寿命都有较大的提升[图 8-9(a)]。此外,通过衍生化,例如,O_2 等离子体处理或光催化氯化等,可大幅提高 GO 的功函,以匹配给体材料的 HOMO能级(通常大于 5 eV)。

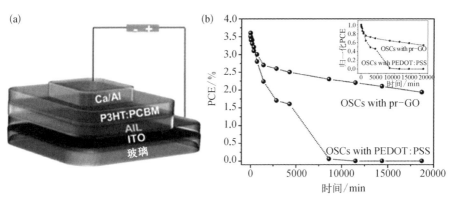

图8-9 以rGO作为空穴传输层的有机太阳能电池

（a）器件结构；（b）能量转化效率对比（相较于以 PEDOT：PSS 为空穴传输层的器件）

5. 电子传输层

在有机太阳能电池中，电子传输层常被添加在受体材料和阴极之间，以提高受体向阴极传输电子的效能，阻断空穴向阴极传输，并且能够调节受体和阴极间的能级。目前，常用的电子传输层材料是金属氧化物，如 TiO_x 和 ZnO_x 等。常用的金属氧化物电子传输层制备方法有水热法、热解法以及溶胶-凝胶法等，其都需要较高的退火温度以促进金属氧化物的结晶，因此不适用于制备柔性的器件。为在柔性基底上制备有机太阳能电池，需要开发新型的电子传输层，其要具有高电子迁移率、高透明度以及低操作温度等性能。

功能石墨烯复合材料可作为能满足这一要求的电子传输层，如 TiO_2-rGO 或 ZnO-rGO 复合物。在水相中，GO 与 TiO_2 或 ZnO 混合，经 $180℃$ 加热还原、离心、干燥等步骤，就可制得 TiO_2-rGO 或 ZnO-rGO 复合物。在有机太阳能器件制备过程中，这两种复合物的分散液可直接旋涂到受体材料上，经 $80℃$ 加热烘干后，就得到 TiO_2-rGO 或 ZnO-rGO 复合物电子传输层[图 8-10（a）]。研究表明，TiO_2 或 ZnO 在热还原 GO 过程中与生成的 rGO 是通过共价键连接的。在 TiO_2-rGO 或 ZnO-rGO 复合物中，TiO_2 或 ZnO 的高带隙（3.2 eV）和价带能级（约为7.24 eV）能有效地阻断活性材料中空穴向阴极的传输，并且与 rGO 的功函相匹配有利于电子的传输[图 8-10（b）]。对比实验结果表明，rGO 的加入能有效降低 TiO_2 或 ZnO 电子传输材料的电阻，进而增强器件的性能。

图 8-10 以 TiO₂-rGO 或 ZnO-rGO 复合物作为电子传输层

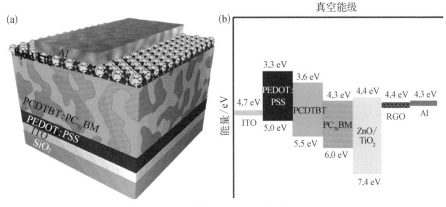

（a）器件结构；（b）能级图

8.1.2 染料敏化太阳能电池

染料敏化太阳能电池（dye-sensitized solar cells，DSSCs）是一种效率高、结构简单且成本低的光电转化器件。如图 8-11 所示，其主要结构包括集流体（ITO 或 FTO 导电玻璃）、光阳极（金属氧化物半导体，如 TiO_2）、负载到光阳极上的光敏剂（染料分子）、含有氧化/还原中间体（如 I^-/I_3^-）的电解液和具有催化能力的对电极（阴极，Pt 或 Au）。其工作原理为光透过光阳极，被染料分子吸收，激发染料分子产生激子。激发的电子从激发态的染料分子透过多孔的阳极到达透明的

图 8-11 染料敏化太阳能电池

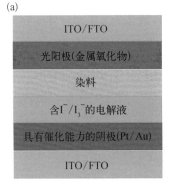

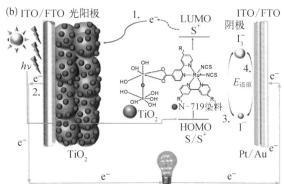

（a）器件结构；（b）工作机理

集流体,并传导到外电路。失去电子的染料分子从氧化/还原中间体(I^-)得到电子恢复到中性,并将 I^- 氧化为 I_3^-。I_3^- 扩散到具有催化能力的对电极(阴极),并从阴极得到从外电路传来的电子,被还原成 I^-。至此,完成了一个完整的光电转化循环。

功能化石墨烯材料可用来优化器件的各个组成部分,如集流体、阳极、染料分子、电解液和阴极等。石墨烯功能材料的引入使得器件能吸收更多的太阳光,并降低器件内传输电子过程中的能量损失,进而提高染料敏化太阳能电池的光电转化效率。提高器件的光收集率,可从提高光阳极的透光率及增强染料分子的吸光能力入手。因为染料敏化太阳能电池是利用氧化/还原中间体实现电荷传输的——失去电子的染料被中间体还原再生,被染料分子氧化的中间体在阴极还原再生,所以为了增强器件的电荷传输效率、降低传输中的能量损耗,器件必须要达到以下要求:① 氧化/还原中间体必须容易在阳极和阴极间扩散;② 失去电子的染料从还原的中间体得到电子再生的速率必须要高于其从半导体阳极得到电子再生的速率,以使得其能源源不断地提供电子;③ 氧化/还原中间体在阳极被还原的速率慢,而在阴极被还原的速率快。否则,氧化/还原中间体会消耗阳极上的电子,致使流向外电路的电子不足,并且不能快速地从阴极抽取电子,使得器件不能从外电路高效地接收电子,导致器件不能运作。

1. 光阳极材料

功能化石墨烯材料可用来制作光阳极,以提高向外电路传输染料分子激发产生的电子的能力。目前,最常用的阳极材料是 TiO_2,其作为 n 型半导体能够将染料激发产生的电子传输到外电路。然而,光激发产生的电子在 TiO_2 纳米网络中的传输与其在器件内同空穴的复合是竞争关系。电子和空穴的复合会极大地降低器件的效率。因此,通常采用修饰 TiO_2 形貌、掺杂以调节 TiO_2 的带隙或与碳材料复合等方法,抑制电子和空穴的复合。将石墨烯纳米片加入 TiO_2 层中制成的石墨烯-TiO_2 复合物能抑制电子和空穴的复合。引入的石墨烯纳米片能够通过物理吸附和静电作用强力地包裹在纳米 TiO_2 颗粒表面,使得相邻的 TiO_2 纳米颗粒间形成高电导率的导电桥,快速地将电子从 TiO_2 电极中传出,这就抑制

　　　　　　　　　　　　　　　　功能化石墨烯材料及应用

了光激发的电子和空穴的复合。然而,较大的石墨烯纳米片表面存在较强的范德瓦耳斯力,会使其在复合材料中聚集,致使其与 TiO_2 颗粒接触面积减小,进而影响其作为添加剂的效能。改变石墨烯纳米材料的尺寸和形貌,如将石墨烯做成纳米带,能克服这一缺点。石墨烯纳米带在保留石墨烯材料优秀光电性质的同时,能很好地分散在 TiO_2 颗粒中,且不易发生聚集。少量的石墨烯纳米带(质量分数为 0.005%)分散到 TiO_2 颗粒制成的复合阳极膜中,使得染料敏化太阳能电池的能量转化效率相较于未添加石墨烯纳米带的器件提高了 20%,达到 7.18%。这得益于在石墨烯纳米带辅助下光阳极能将光激发产生的电子高效地转移到外电路。

2. 具有催化能力的对电极（阴极）

如前文所述,染料敏化太阳能电池是利用氧化/还原中间体的氧化还原过程实现电荷传输的。在外电路注入电子后,铂对电极(阴极)能够将 I_3^- 还原成 I^-,完成氧化/还原中间体的可逆氧化/还原。然而,I_3^- 的还原也可在 TiO_2 纳米颗粒表面进行。这一竞争反应降低了器件的效率。为了提高对电极的电催化效率,抑制竞争氧化/还原反应成为关键——降低氧化/还原中间体在阳极被还原的速率或加快阴极还原的速率。因此,优化常用的铂对电极或寻找其替代材料是解决问题的有效途径。功能化石墨烯材料,如杂原子掺杂和(或)带有缺陷的石墨烯材料,不仅具有较好的导电能力,还有不错的催化能力,能高效地还原氧化/还原中间体。氮掺杂的石墨烯纳米片能作为无金属的电催化剂高效地还原 $Co(bpy)_3^{3+}$,以替代 Pt 用作染料敏化太阳能电池的对电极。值得注意的是,此氮掺杂石墨烯的电荷传输电阻($1.73\ \Omega/cm^2$)要低于铂电极($3.15\ \Omega/cm^2$),且其电化学稳定性也高于铂电极。其器件的填充因子(FF,74.2%)和能量转化效率(PCE,9.05%)也高于铂电极(FF,70.6%;PCE,8.43%)。引入的氮原子能调节石墨烯的结构,因为氮原子上的孤对电子使得石墨烯 sp^2 杂化的共轭 π 骨架带有负电荷,增强了石墨烯的电子传导能力和电催化能力。此外,石墨烯的缺陷也可作为催化的活性位点,但大量缺陷和掺杂会降低石墨烯的导电能力。因此,需要优化石墨烯材料的结构,使其在高导电性和高催化活性之间取得平衡。

3. 石墨烯染料分子

在 DSSCs 中,染料分子作为吸光材料,是器件的核心部件之一。高效的染料分子须满足以下要求:① 具有适宜的带隙以吸收大部分的太阳光;② 具有与阳极半导体材料匹配的导带能级以将激发的电子迅速地传递给阳极材料;③ 光稳定好;④ 与阳极半导体材料亲和能力好。目前,较为常用的染料分子是钌配合物。虽然其能量转化效率已经超过 10%,但是为了进一步提高器件性能,需要研发新的染料分子。如前文所述,功能化石墨烯具有半导体性质(p 型或 n 型),可作为染料分子用在 DSSCs 中。如图 8-12 所示,三苯胺染料分子修饰的 rGO 可用作 DSSCs 的光敏剂。在此功能化 rGO 中,三苯胺分子作为吸光激发单元产生激子,rGO 辅助三苯胺分子从激发态快速回复到基态。光激发产生的电子能迅速地从染料分子传递到 TiO_2 的导带,实现高效的电子-空穴对的分离。

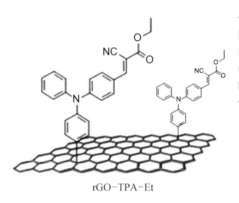

rGO-TPA-Et

图 8-12　三苯胺染料分子修饰的 rGO 用作 DSSCs 的光敏剂

4. 电解液添加剂

作为 DSSCs 中重要的组件之一,电解液中的电解质分子为氧化态的染料分子提供电子,将其还原到基态,以完成染料分子的再生。目前,最常用的电解质是液态的,然而其存在一些弊端,如溶剂挥发或泄漏会降低 DSSCs 器件的寿命。最重要的是,电解液的电荷传导速率较低,阻碍了染料分子的快速还原和电解质分子在阴极表面的还原。因此,必须优化电解液以提高器件的性能。石墨烯因具有极高的电子迁移率[200000 cm^2/(V·s)],可用作电解质的添加剂,以改善 DSSCs 的性能。将石墨烯片制成纳米纤维添加到含 Co(Ⅲ)/(Ⅱ)氧化/还原中间体的电解液中,能极大地提高电解液的电荷传导能力和对氧化/还原物质的电催化能力。将石墨烯纳米片加入离子液体(活性物质为 I$^-$/I$_3^-$)电解液后,电解液的电阻明显降低,DSSCs 器件的能量转化效率可达 9.26%,比未加入石墨烯纳米片的器件效率高 20%。应注意的是,要控制石墨烯的加入量。加入量过多,石墨烯会在电解液中聚集,反而会降低电解液的电导率,进而使得器件的性能降低。

8.1.3 钙钛矿太阳能电池

钙钛矿太阳能电池(perovskite solar cells,PSCs)具有高吸光效率、高载流子迁移率和出色的能量转化效率等优点,是近年来发展最为迅速的光电转换器件。目前,以芴为端基的新型空穴传输材料的钙钛矿太阳能电池的光电转化效率已达 23.2%。钙钛矿太阳能电池的核心材料是具有钙钛矿结构的晶体 ABX_3(A 通常为有机阳离子,如 $CH_3NH_3^+$;B 为金属阳离子,如 Pb_2^+ 和 Sn_2^+ 等;X 为卤素阴离子,如 I^-、Cl^- 和 Br^-)。其器件基本结构包括透明电极(通常为 FTO 等导电玻璃)、空穴传输层、钙钛矿晶体材料、电子传输层和金属电极(图 8-13)。钙钛矿太阳能电池的工作机制和有机太阳能电池类似,也是通过活性材料(钙钛矿晶体材料)吸收太阳光激发产生电子和空穴。电子经电子传输层传递到金属电极,空穴经空穴传输层传输到透明电极。钙钛矿晶体材料的吸光率高,制造成本低,并且加工简单,是非常有发展潜力的太阳能电池设备,但是稳定性差、高温下性能退化严重以及含有重金属等缺点制约了其进一步发展。为了克服钙钛矿太阳能电池现有的缺点以及进一步提高其性能,需要优化器件结构和材料组成。功能化石墨烯材料可用于钙钛矿太阳能电池,并改善其性能,比如,石墨烯可用于电子传输层、空穴传输层和保护层。

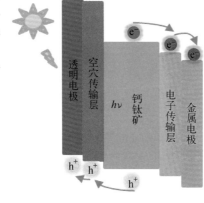

图 8-13 钙钛矿太阳能电池的器件结构和运行机理

1. 电子传输层

电子传输层是钙钛矿太阳能电池的重要组件之一。其主要作用是将钙钛矿晶体激发产生的电子高效地传输到金属电极。电子传输层材料需要满足以下几点要求:① 材料的功函要与钙钛矿晶体的 LUMO 能级匹配;② 具有较高的电子迁移率；③ 能有效阻断空穴向金属电极传输；④ 和钙钛矿晶体化学相容性好以及与金属电极的界面相容性好。因具有出色的电子传导能力，石墨烯功能材料可用来提升电子传输层的性能。rGO 作为添加剂加入电子传输层材料 6,6-苯基-C_{61}-丁酸甲酯（PCBM）中，能有效增强 PCBM 的导电性，并能高效地从钙钛矿材料中抽取电子到金属电极，极大地提升器件的短路电流（J_{sc}）和填充因子（FF）［图 8-14（a）］。同时，rGO 还稳定了电子传输层和钙钛矿材料间的界面，进而稳定了钙钛矿晶体，显著提升了器件的稳定性。功能化石墨烯材料，如石墨烯量子点（graphene quantum dots，GQDs），也可用来提高电子传输层材料的性能。SnO_2 是一种常用的电子传输层材料，但是低温溶液法制备的 SnO_2 电子传输层充满了电子陷阱，降低了器件的性能且引发严重的迟滞现象。将少量的 GQDs 加入 SnO_2 中能明显改善 SnO_2 的电学性质。在此器件工作时，GQDs 吸收光能产生激发态电子，并将它们传输到 SnO_2 的导带中。这些电子能有效地填充 SnO_2 的电子陷阱，从而改善 SnO_2 从钙钛矿材料抽取电子的效率，并抑制电子传输层和钙钛矿晶体界面处电子-空穴对的复合［图 8-14(b)］。因此，基于此 GQDs 和 SnO_2 复合材料的钙钛矿太阳能电池表现出超过 20.23％的最高稳态能量转化效率，且迟滞现象微弱。

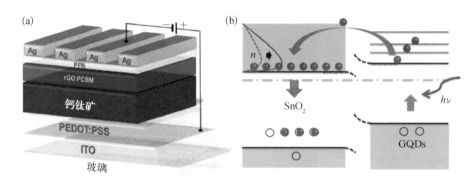

图 8-14　功能化石墨烯作为钙钛矿太阳能电池电子传输层示例

（a）用 rGO 作为电子传输层材料的钙钛矿太阳能电池器件结构；（b）石墨烯量子点将光激发的电子传输到 SnO_2 的导带中示意图

2. 空穴传输层

空穴传输层也是钙钛矿太阳能电池重要组件之一。其主要用来将钙钛矿晶体激发产生的空穴传输到透明电极中。高性能的空穴传输层材料应具有以下性质：① 高空穴迁移率；② 与钙钛矿晶体 HOMO 匹配的功函；③ 溶解性及成膜性好；④ 在可见光区透明性好；⑤ 成本低。最常用的空穴传输层材料是 PEDOT：PSS，但其电学性质不均一、酸性强和吸湿性强等缺点降低了器件的性能和稳定性。GO 和 rGO 因具有适宜功函及与 ITO 相容性好等优点，而被用作钙钛矿太阳能电池的空穴传输层材料(图 8-15)。研究表明 GO 在钙钛矿太阳能电池中表现出极高的空穴抽取性能，但是相较于 rGO，基于 GO 空穴传输层材料的器件效率较低。将 GO 还原成 rGO 后，虽然空穴抽取能力降低了，但是基于 rGO 的器件表现出更高的能量转化效率(16.0% vs 13.8%)——空穴被极快地从钙钛矿晶体材料抽取到 GO 中后，空穴在 GO 中积聚，且不能快速地转移到 ITO 中，使得电子和空穴在 GO 中复合，极大地降低了器件的性能。rGO 抽取空穴的速率低于 GO 但高于

图 8-15 用 rGO/GO 作为空穴传输层的钙钛矿太阳能电池的能级结构

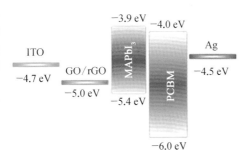

PEDOT：PSS。这样适宜的空穴抽取速率，既能高效地实现空穴抽取，又不会造成空穴在材料中积聚，因而极大地提高了器件的性能——PCE：rGO(16%)＞PEDOT：PSS(14.8%)＞GO(13.8%)。

3. 透明电极

在钙钛矿太阳能电池中，透明电极不仅要有高透光率、高导电性，还要具有高稳定性。在 p-i-n 型钙钛矿太阳能电池中，常用的透明电极是 ITO 玻璃。ITO 玻璃极易被酸性的空穴传输层材料 PEDOT：PSS 腐蚀，使得器件的稳定性下降。石墨烯具有在可见-近红外区透明性好、化学稳定性好以及易用掺杂的方法调节费米能级等优点，因此，其适宜用作钙钛矿太阳能电池的透明电极。石墨烯的费米能级和狄拉克点重合，本身是没有带隙的，但是掺杂后使得其费米能级位于其价带顶，低于狄拉克点时，其表现出 p 型半导体的性质。掺杂后，石墨烯功函能很好地匹配空穴传输层材料的 HOMO 能级。如图 8-16(a)所示，AuCl₃掺杂的石墨烯(AuCl₃-G)可用作 p-i-n 型钙钛矿太阳能电池的透明电极。虽然 AuCl₃掺杂降低了石墨烯的透光率，但其有效地调节了石墨烯的功函[图 8-16(b)]，从约

4.52 eV 到约 4.86 eV〕,并提高了石墨烯的空穴传输率,改善了石墨烯的面电阻（从约 70 Ω/sq 到约 890 Ω/sq）。因此,基于此 AuCl₃-G 复合物的器件表现出 17.9% 的能量转化效率。

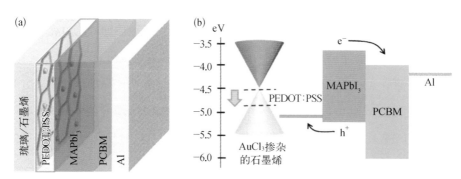

图 8-16　功能化石墨烯用作钙钛矿太阳能电池的透明电极示例

（a）用 AuCl₃-G 作为透明电极的 p-i-n 型钙钛矿太阳能电池结构;（b）器件的工作机理

4. 保护层

钙钛矿太阳能电池的活性材料对水分敏感,在环境中易吸潮使器件的稳定性变差。功能化石墨烯具有极好的疏水性,能用作钙钛矿太阳能电池的保护层以提高器件的寿命和稳定性。如图 8-17(a)所示将机械剥离的石墨烯纳米片氟化,得到边缘氟取代的石墨烯纳米片（EFGnPs-F）。边缘的氟取代基使得 EFGnPs-F 表现出很好的疏水性。将其涂覆在电子传输层材料 PCBM 上,就制成了器件的保护层。EFGnPs-F 保护层的引入,使得钙钛矿太阳能器件在湿度约为 50% 的环境中工作 30 天后,仍能保持 82% 的能量转化效率。

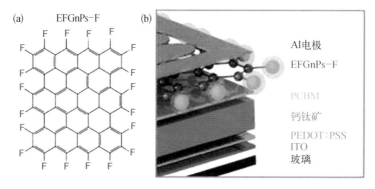

图 8-17　功能化石墨烯用作钙钛矿太阳能电池的保护层示例

（a）边缘氟取代的石墨烯纳米片（EFGnPs-F）结构;（b）用其作为保护层的钙钛矿太阳能电池结构

8.1.4 光催化

光催化是利用太阳光催化化学反应,将光能直接转化成化学能的过程。光催化技术为解决环境和能源问题提供了一种有效的解决途径。光催化包括以下几个基本过程(图8-18):① 半导体材料吸收太阳光激发,产生载流子(电子-空穴对);② 载流子分离,并分别传输到半导体表面;③ 在半导体表面的底物分子与载流子发生反应。光激发的电子具有更强的还原能力,能为反应提供驱动力(称为过电势)。可通过以下方法增强半导体的光催化性能:① 调节带隙或通过光敏剂扩展吸收光的波长范围;② 抑制载流子复合;③ 通过增加材料表面活性位点来提高表面吸附量,并推动进一步的反应。

图 8-18　石墨烯-半导体复合物光催化过程示意图

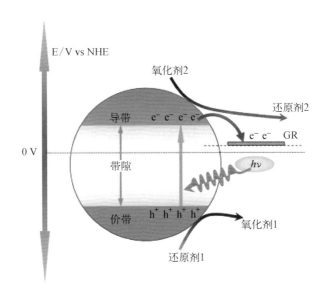

石墨烯材料因具有出色的电子传导能力、均一的二维平面以及高透明性等特点,是负载复合半导体和接收/传输光激发产生的电子的理想材料,可有效地增强半导体材料的催化性能。如图 8-18 所示,在石墨烯-半导体复合光催化材料中,石墨烯能够从半导体材料接收、存储和传输光激发产生的电子,以促进载流子(电子-空穴对)的分离及传输。然而,应注意的是,石墨烯-半导体复合材料

性能的提高并不单单是通过石墨烯促进载流子的分离和传输,而是石墨烯增强载流子的分离和传输与复合物的比表面积、反应物传质动力学和反应环境等因素共同作用的结果。

提高石墨烯-半导体复合物的催化性能,可从以下几个方面入手:① 提高石墨烯的质量及制作三维结构的石墨烯材料,以提高石墨烯的电子传导能力(三维结构的石墨烯具有可接触面积大、不易聚集、富含内部联通的导电通道、传质速率快和特殊的微环境等特点);② 提高石墨烯和半导体的有效接触,为两者间的电子提供更好的传输路径;③ 复合材料的系统工程设计——从整体的系统层面考量设计和优化复合材料各组分以及优化各组分间的界面,以得到高效的光催化材料体系。目前,研究最多、最有价值的光催化反应是光解水及二氧化碳的光催化转化。

1. 光解水

光解水是在光照作用下将水分解成 H_2 和 O_2。半导体在光激发下,为 H^+ 还原到 H_2 提供电子,为 H_2O 氧化到 O_2 提供空穴,实现水分解的同时产生氢气和氧气。这一反应的标准吉布斯自由能是 $+237.2\ kJ/mol$,使得转移一个电子需要 $1.23\ eV$ 能量。因此,要分解水产生 H_2 和 O_2,半导体的带隙必须大于 $1.23\ eV$,并且半导体的能级结构要跨越水分解电势。如图 8-19 所示,半导体的导带底要高于 H^+/H_2 的氧化还原电势($0\ V\ vs\ NHE$)。半导体的价带顶要低于 O_2/H_2O 的氧化还原电势($1.23\ V$)。只有这样水分子才能接收光激发产生的电子被还原成 H_2,并向光激发产生的空穴传递电子被氧化成 O_2。常用的半导体材料包括 TiO_2、P_{25}、CdS、SiC、C_3N_4、$BiVO_4$、$TaOH$、$ZnCdS$、MOS_2、Ni 以及 $ZnIn_2S_4$ 等。事实上,很少有单一的半导体能同时满足能级和带隙的要求。因此,常用的光解水产氢实际上是个半反应。光激发产生的电

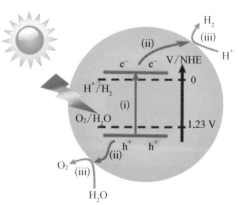

图 8-19 光催化分解水示意图

子被水分子接收,把 H^+ 还原成 H_2,而光激发产生的空穴被用来氧化其他物质,如醇类、乳酸和 S^{2-}/SO_3^{2-} 等。

在光催化分解水体系中,石墨烯材料可作为电子的受体及载体、光催化剂和光敏剂等。石墨烯材料常被用来接收和传输半导体材料吸收光激发产生的电子。半导体吸光后,会产生电子和空穴——光分解水的实际作用物。如电子和空穴不能在有效分离后被迅速传输走,它们会重新复合。石墨烯具有较高的电子迁移率,而常被用于传输光激发产生的电子。石墨烯作为电子受体和传输体的效能依赖石墨烯本身的电学性质以及石墨烯和半导体材料大面积的有效接触。因此,需要提高石墨烯本身的质量,以获得更好的电子迁移率。同时,石墨烯要与半导体材料很好地复合。相较于 CVD 法或剥离法等制得石墨烯,rGO 更多地被用于与半导体材料制成复合物光催化剂。这是因为 rGO 易于大规模制备,易采用溶液法与半导体颗粒复合,并且 rGO 上残留的含氧基团能与半导体材料生成共价键实现两者紧密结合,进而提高光分解水的效率。

向石墨烯中掺杂和引入缺陷,可赋予石墨烯更多的功能,使其变成一个多面手。掺杂能改变石墨烯的导电能力,将石墨烯变成半导体材料,使其具有 p 型或 n 型的载流子传输性质,用以增强光催化效率。引入杂原子后,石墨烯原有的均一晶格被破坏,其反键轨道 π^* 和成键轨道 π 分离,进而具有带隙。这使得石墨烯变成具有吸光能力的半导体材料,具有光催化能力。引入的杂原子,还可作为石墨烯功能材料的催化活性位点。此外,石墨烯材料的缺陷也可作为催化活性位点。因此,调节石墨烯的结构对增强其催化性能也至关重要。

2. 二氧化碳的光催化转化

光催化转化二氧化碳是将光能转变成化学能的另外一种重要形式。二氧化碳是地球上主要的温室气体,严重地影响地球气候。将二氧化碳转化成燃料或有价值的化合物,可在将二氧化碳有效利用的同时,又减少其对地球气候的危害。光催化是一种极具应用前景的转化的二氧化碳方法。和光解水机理类似,二氧化碳的光催化转化也是利用半导体吸光产生的电子与二氧化碳反应,将其转化成其他物质,产生的空穴被其他还原性物质消耗掉(图 8-20)。常用的半导

体有 TiO_2、ZrO_2、Ga_2O_3、Ta_2O_5、$SrTiO_3$、$CaFe_2O_4$、$NaNbO_3$、$ZnGa_2O_4$、Zn_2GeO_4 和 $BaLa_4Ti_4O_{15}$ 等。二氧化碳转化成不同的物质需要不同的氧化还原电位，不同的氧化还原电位又取决于不同的反应路径，每种反应路径所需的电子数也不尽相同，同时引发多电子反应过程是提高二氧化碳转化效率的关键。因此，产生足够的电子-空穴对，实现电子-空穴对有效分离以及提供丰富的活性位点是提高二氧化碳转化效率的重要手段。

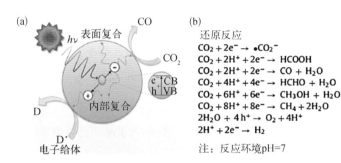

（a）反应机理；（b）不同转化路径的氧化还原电位

图 8-20　二氧化碳的光催化转化

石墨烯和以上这些半导体材料复合能有效地提高二氧化碳光催化效率。在复合材料中，石墨烯可作为激发电子的受体及传输体以及二氧化碳的反应载体。光激发时，半导体吸收光激发产生的电子后，能迅速地流入石墨烯材料中，并在半导体中留下空穴，实现电子-空穴对的有效分离，从而提高有效载流子的浓度。例如，加入 rGO 后，TiO_2 在紫外光照射时光电流密度提高了 10 倍。此外，注入石墨烯的电子在石墨烯上扩散时，能与石墨烯上吸附的二氧化碳分子反应。石墨烯的二维平面结构为二氧化碳分子提供了更大的反应场所，进而提高二氧化碳的转化效率。石墨烯的引入还可调节催化材料性质，实现二氧化碳的选择性转化，比如还原的氧化石墨烯和金纳米粒子复合物（rGO-AuNPs）能使二氧化碳生成甲酸的选择性提高到 90%。

除以上的催化反应外，石墨烯复合物还被广泛地应用于降解水中有机污染物（见 8.4 节）以及选择性地控制有机物转化，如采用石墨烯-二氧化钛复合物可有选择性地氧化醇成醛。

8.1.5 小结

为了获得高效率的石墨烯复合物光转化体系,首先,要选择适宜种类的功能化石墨烯材料,并实现材料结构的精确调控,这需要开发更高效的功能化石墨烯材料制备方法;其次,优化功能化石墨烯复合材料结构,这需要从复合材料的制备方法、石墨烯和功能材料的界面修饰以及复合材料组织结构和形貌等方面入手;再者,优化器件结构,以实现更大的效能;最后,从系统层面考虑石墨烯光转化体系的设计和制备,充分发挥每种组分本身的性能,并将各组分有机地整合,最终得到高效率的复合体系。

8.2 储能

当前,电能是人类社会最主要的直接能源。随着社会的发展,能源基础设施、交通运输和消费电子品等领域对电能存储提出了新要求。特别是便携式电子设备和电动交通工具的发展日新月异。这就需要作为这些设备和工具的动力来源的电化学能量存储装置具有较高的能量密度和功率密度。目前,最主要的、最有发展潜力的能量存储装置包括超级电容器(supercapacitors,SCs)、锂离子电池(lithium-ion batteries,LIBs)和其他可充电电池,如锂硫电池(lithium-sulfur batteries,Li-S)、钠离子电池(sodium-ion batteries,Na-ion)和锂-氧电池(lithium-oxygen batteries,Li-O_2)等。这些储能设备具有类似的基本部件:包含电化学活性物质的两电极、电解液和隔膜等。虽然它们的运行机理不尽相同,但是开发具有优异电化学活性的电极材料和电极体系都是提升它们器件性能的有效途径。理想的电极材料应具有较大的电解液/电极接触面积、较短的电子和离子传输路径以及容易功能化以易于被电解液浸润等特点。石墨烯材料因具有高比表面积、高电导率和高柔性等特点,而被广泛用作超级电容器、锂离子电池和其他二次电池的电极材料。此外,在能源存储领域,石墨烯材料也具有形貌结构上的优势,比如较大的可接触表面、大量暴露的活性位点和快速的反应动力学等。同时,多种多样的功能化石墨烯材料,可满足高能量密度和功率密度器件对电极材料的需求。例如,多孔三维石墨烯、无缺陷的石墨烯、杂原子掺杂的石墨烯、金属或金属氧化物掺杂的石墨烯以及其他石墨烯复合物等。

8.2.1 超级电容器

超级电容器(supercapacitors)具有功率密度高、充/放电速率快以及循环寿命长等特点,是一种极具发展潜力的电化学储能器件。按照工作机理超级电容器可分为两大类,即双电层电容器(electric double layer capacitors,EDLCs)和赝电容电容器(pseudocapacitors)。在这两种超级电容器中,功能化石墨烯材料主要用于构建器件的电极,以增强器件的能量密度、功率密度、倍率性能和循环稳定性等。近年来,在这两种超级电容器基本类型基础上,又研发出杂化的电容器,如结合双电层电容器和赝电容电容器优势的非对称电容器。这些电容器的基本运作原理都是基于双电层电容器和赝电容电容器。这里主要介绍双电层电容器和赝电容电容器。

1. 双电层电容器

双电层电容器是利用两电极上的活性物质通过静电作用可逆吸附电解质离子运作的储能器件。其器件包括以下主要部分:两个电极、电解液、隔膜和(或)集流体(图 8-21)。当在双电层电容器两电极间施加电压时,两电极发生极化,通过静电作用分别吸附电解质的正/负离子,并在电极/电解液界面形成双电层。这一过程中,在电解液和电极界面间没有电子传输,是非法拉第过程。得益于此运作机制,双电层电容器能以秒级速度完成充/放能量,并且能在百万次充/放循

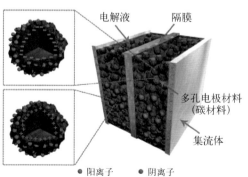

图 8-21 双电层电容器结构

196　　　　　　　　　　　　　　　　　　　　　功能化石墨烯材料及应用

环中保持高速率。此外,双电层电容器的功率密度极高(可达 10 kW/kg),循环寿命是电池的 100 倍以上,且维护费用低。然而,双电层电容器的能量密度较低。因此,双电层电容器常被用于电池的附加组件,用于高倍率场合,如电动交通工具。

提高双电层电容器比电容的关键是采用高比表面积和高电导率的活性材料作为电极。石墨烯具有极高的理论比表面积($2630 \ m^2/g$)、优异的电导率和有效的机械强度,是双电层电容器电极材料的理想选择。单层石墨烯的双电层电容约为 $21 \ \mu F/cm^2$。如果石墨烯的理论比表面积能被完全利用,其双电层比电容可高达 550 F/g。因此,石墨烯已经被广泛用于制作双电层电容器的电极。

由于制备方法和工艺不同,石墨烯的结构和成分组成千差万别,如层数、大小、功能基团、褶皱、缺陷(孔洞或杂原子掺杂等)和形状等各不相同,使得其比表面积、透光率和电导率也不尽相同。比如,剥离法制备的石墨烯缺陷较少具有较为完整的晶格,因而在室温下电阻较低(面电阻<300 Ω/sq);由还原氧化石墨烯制得的 rGO 含有较多缺陷和少量含氧基团,致使其导电性能较差(面电阻>300 Ω/sq)。由于制备方法和制备工艺的原因,很难得到完美的石墨烯。因此,常采用控制石墨烯材料的比表面积,调节其内部孔径,增强其导电性以及调节其宏观结构(如纳米线、二维薄膜及三维海绵状结构等)等方法来提升其在双电层电容中的性能。

实际应用过程中,石墨烯比容量较低的另一个原因是石墨烯由于片层间的 π-π 作用而聚集和重新堆叠。石墨烯的聚集减少了其可接触面积,并且聚集会产生层与层间的接触电阻,降低了材料的导电能力,致使电容器的性能下降。

石墨烯类双电层电容器具有双电层电容器的固有特点,即虽然功率密度较高,但是能量密度较低。在不损失功率密度的前体下,提升器件的能量密度是当前研究的热点。一般认为厚度较大、高表面积和体积比且机械性能较好的无黏合剂石墨烯电极能同时满足高功率密度和高能量密度要求,例如,用激光还原的氧化石墨烯膜直接用作双电层电容器的电极材料,能同时实现高功率密度和高能量密度。

如图 8-22 所示,将 GO 水溶液旋涂到柔性介质(DVD 光盘上)上,制成氧化石墨烯膜。在商用 CD/DVD 光驱的激光头照射下,GO 薄膜的颜色由金黄色变为褐色,GO被还原成rGO(称为激光印刷石墨烯,laser-scribed graphen,LSG)。激光还原后,GO紧密堆叠的结构转变为rGO网络结构[图8-22(e)]。这一网络结构不仅抑制了石墨烯层间的堆积,还具有很多开孔,使得电解质易于接触到电极表面。此外,LSG薄膜具有优异的电导率(1738 S/m),其电导率是经典商用超级电容器活性材料(活性炭)(100 S/m)的10倍以上。同时,LSG膜具有优异的柔韧性,即使弯曲1000次后电阻的变化也仅约为1%。得益于这些优异的性质,LSG膜可直接用作超级电容器的电极,而不必添加黏合剂和导电剂。同时,其也可作为器件的集流体。由LSG作为电极和集流体的超级电容器的能量密度高达1.36 mW·h/cm³,比商用超级电容器AC-EC(2.75 V/44 mF)的能量密度约高2倍。其功率密度约高达20 W/cm³,比商用超级电容器AC-EC的功率密度高20倍,比500 μA·h的薄膜锂离子电池功率密度高3个数量级。

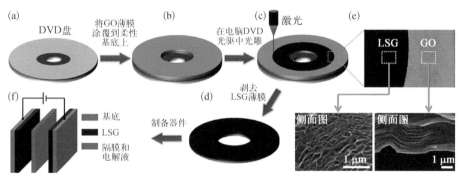

图8-22 激光还原的氧化石墨烯

(a)~(d)制备过程;(e)微观形貌;(f)器件结构

2. 赝电容电容器

赝电容电容器(pseudocapacitor)的器件组成(图8-23)也包括电极、隔膜和电解液,但是其运作机理不同于双电层电容器。其存储能量的机制除了双电层外,还包括电极活性材料与电解液间快速可逆的法拉第过程(氧化还原反应)。因此,相较于双电层电容器,赝电容电容器具有更高的比容量和能量密度,但是由于其电极活性材料的导电能力低以及氧化还原反应中电子传输过程较慢,其功率密度往往低于双电层电容器。常用的赝电容电极活性材料有导电高分子[聚苯胺、聚吡咯和聚(3,4-乙烯二氧噻吩)等]和金属氧化物(RuO_2、MnO_2、

　　　　　　　　　　　　　　　功能化石墨烯材料及应用

图 8-23　赝电容
电容器的器件结构

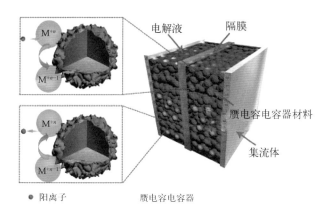

电解液　隔膜

赝电容电容器材料

集流体

● 阳离子　　　　　赝电容电容器

Fe₃O₄、Co₃O₄、V₂O₅、CeO₂、NiO 和 ZnO 等)两大类。赝电容活性材料虽然具有更高的比电容和能量密度,但是它们会在氧化还原过程中膨胀和收缩,退化及老化速度很快,使得它们的器件稳定性较差,寿命较短。

为了克服这些缺点,提高赝电容电容器的性能,常用石墨烯与这些赝电容材料复合制成石墨烯复合材料。这是因为石墨烯本身具有许多优点:导电性好、比表面积大、机械强度好、柔韧性好以及易于调节孔结构等。常用于制备复合材料的石墨烯包括 CVD 法制备的石墨烯、剥离法制备的石墨烯、GO 和 rGO 等。在这几类石墨烯中,rGO 更多地被用于制备复合电极材料。rGO 在具有较好导电性的同时,还带有少量的含氧基团,如羟基、环氧基、羰基和羧基等。由于带有含氧基团,rGO 具有较好的亲水性,这不仅使得其易于与金属氧化物和一些导电高分子复合,还更容易被水性电解液浸润。此外,rGO 可通过多种含氧基团连接功能基团,实现 rGO 的功能化。这些功能化基团可作为氧化还原中心,增强石墨烯复合材料的赝电容。此外,杂原子(如 N、O 和 S 等)掺杂的石墨烯因引入杂原子,提供了额外的氧化还原中心,也常用于制备石墨烯复合材料。

石墨烯独特的二维平面结构可作为平台负载金属氧化物或包裹导电高分子。石墨烯/金属氧化物复合物的制备方法有多种,如电沉积、水热法、共沉淀法和喷雾热解法等。石墨烯与导电高分子复合物的合成方法有原位聚合法、自组装法和层层组装法等。石墨烯材料的引入不仅提升了赝电容材料的稳定性和导电性,并且还通过贡献额外氧化还原位点和优化复合材料结构等方式提高赝电容材料的比电容、能量密度和功率密度。此外,石墨烯复合材料的结构——维度、大小、取向和孔结构等，也能极大地影响赝电容电容器的性能。多孔结构可提升复合材料的比表面积，为电解质离子的传递提供更多的通道，使得材料可接触的活性中心增多以及提高氧化还原物质的负载量等。这些都有利于提高赝电容电容器的性能。例如，以三维海绵镍为模板，采用CVD法制备的三维石墨烯海绵，负载NiO后，可作为赝电容电容器的电极材料。在此三维复合物中，NiO既可作为氧化还原材料，又可防止石墨烯在充/放电过程中聚集。此多孔的三维结构为电解质离子提供了运动到活性位点的通道，使得电解质离子和活性中心能够有效接触。由于具有这些结构特点，以此三维石墨烯复合物作为电极材料的赝电容电容器具有更高的倍率性能和更好的稳定性。

此外，为了满足可穿戴设备和生物植入设备的需要，通过优化器件结构的可伸缩赝电容电容器已被研发出来。如图8-24所示，具有波浪形结构的全固态可伸缩赝电容电容器就可作为柔性可伸缩性储能器件。以波浪形的镍为模板，采用CVD法生长石墨烯，用盐酸腐蚀掉镍模板，制成波浪形石墨烯海绵。以聚苯胺作为氧化还原活性物质，将其涂覆到石墨烯层上制成赝电容电极。以磷酸/聚乙烯醇凝胶作为固态电解质分隔两赝电容电极。最后，用弹性橡胶封装，得到全固态的柔性赝电容电容器。此赝电容电容器的比电容可达 261 F/g。在 1 mA/cm^2 的电流密度下充放电循环 1000 次后，比电容可保持 89%。最重要的是此赝电容电容器能在弯曲和拉伸测试中同时保持极高的机械性能和比电容，甚至在拉伸变形 30% 时，仍能保持机械性能和电化学性能。

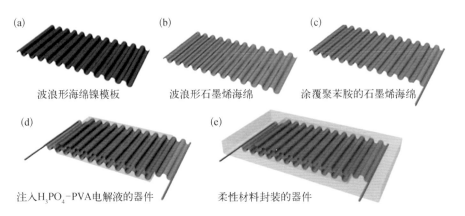

(a) 波浪形海绵镍模板　(b) 波浪形石墨烯海绵　(c) 涂覆聚苯胺的石墨烯海绵

(d) 注入H_3PO_4-PVA电解液的器件　(e) 柔性材料封装的器件

图 8-24　全固态柔性赝电容电容器的组成

3. 微型-超级电容器

与传统"三明治"型的超级电容器不同,微型-超级电容器(micro-supercapacitors)是一种具有平面结构的器件:在基底上,分属阴阳两电极的平面结构电极片交错排列,如同人手指分开交叉的双手。电解质填充到电极片间微小的间隙中。这种结构特点使得能在基底上制造出超薄、柔性的微小器件。这满足了目前微型便携式设备对超薄、柔性的片上储能装置的需求。此外,由于相邻电极间的距离较短,电解质在两电极间的传输距离也极短,使得阴阳离子能以极快的速度在两电极间传输,赋予了器件极高的功率密度和倍率性能。如上文所述,因具有高比表面积和高导电性,用功能化石墨烯材料制备的电极材料也被广泛地应用到微型-超级电容器中。微型-超级电容器石墨烯的制备方法包括喷墨打印法、光刻法、印刷法以及光雕法等。例如,利用标准的 DVD 光头可直接在 GO 薄膜上"写"出微型-超级电容器(图 8-25)。将采用 Hummer 法制备的 GO 水分散液旋涂到覆盖有聚对苯二甲酸乙二醇酯(PET)的 DVD 光盘上,干燥后可形成 GO膜。将涂覆 GO 的光盘插入光驱中,用激光将软件设计好的微结构在 GO 膜上图案化。在激光照射下,GO 被还原成 rGO,组成微结构器件,即微型-超级电容器的电极。将铜胶带粘合到电极的两边,并引出,作为器件的引脚。在铜胶带上再粘合一层聚酰亚胺(polyimide,Kapton)胶带,以保护铜与电极接触点不被电解

图 8-25 光雕制备石墨烯微型-超级电容器的过程

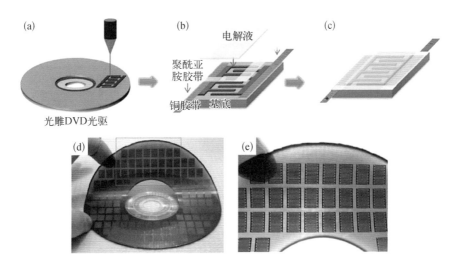

(a)~(c)光雕法制备高面密度微型器件;(d)(e)器件照片

液接触。最后,将电解液滴到相互交错的电极区域,并将负载有微器件的柔性基底从光盘上剥离,制成大规模的柔性微型-超级电容器。单个光盘 30 min 内可以制得 100 个微型-超级电容器。因此,该方法适用于规模化制备微型-超级容器。此外,这些电容器性能优越,它们的功率密度可达 200 W/cm³ 左右。该方法还可在硅晶圆上直接制备微型器件,可应用于下一代互补金属氧化物半导体(complementary metal oxidized semiconductors,CMOSs)中。

在微型-超级电容器中,常用的功能化石墨烯材料主要基于采用 CVD 法制备的石墨烯和 rGO。相较于石墨烯,rGO 更适用于喷墨打印法、印刷法和光雕法等溶液加工法制备微型-超级电容器,因而其也最常被用来制备微型-超级电容器。此外,为了提高电极材料的性能,其他功能化石墨烯类材料也被用作电极活性物质,如石墨烯量子点、石墨烯/碳纳米管复合物以及石墨烯/金属氧化物复合物等。

器件结构也是研究的重点,更好的电极排列方式能赋予器件更好的性能。目前,多种不同器件结构已被研发出来(图 8-26)。微型-超级电容器的电解液包括液体和固体两种。其中液体电解液易发生泄漏,而固体电解液不仅不会发生泄漏,还可以制成全固体的微型-超级电容器,是该领域当前研究热点之一。微型-超级电容器的基底包括聚合物柔性基底、玻璃和硅晶圆等。所有这些器件结构和电极材料的优化都是为了提升器件的功率密度、能量密度、循环寿命和频率响应等性能。

图 8-26　微型-超级电容器的不同器件结构

8.2.2　锂离子电池

锂离子电池(lithium ion battery)是当前使用最广泛的可充电电池,在各个

功能化石墨烯材料及应用

领域(如电网、电动交通工具、消费电子产品和工业国防等)的储能设备中占据着举足轻重的地位。锂离子电池是一种电化学储能设备,由正极(阴极,cathode)、负极(阳极,anode)、隔膜(separator)、电解液(electrolyte)和集流体(current collector)几部分构成。如图 8-27 所示,正/负极分别附着在对应的集流体上,并被隔膜分隔开。电解液充斥在正/负极之间。

图 8-27 锂离子电池的结构及工作机理

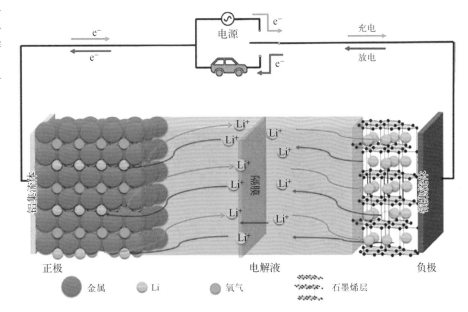

锂离子电池通过"摇椅"式的工作机制(锂离子在正/负极间穿梭)将电能和化学能相互转化。以正极为复合金属氧化物 $LiCoO_2$、负极为石墨的锂离子电池为例。充电时,在高正电位作用下,正极材料 $LiCoO_2$ 中的三价钴(Co^{3+})失去一个电子,并传到外电路,生成四价钴(Co^{4+})。Li^+ 从 $LiCoO_2$ 晶格中脱嵌,进入电解液,穿过隔膜运动到石墨负极,并嵌入负极。同时,石墨负极接受外电路传来的一个电子,并与嵌入的 Li^+ 形成 CLi_x。放电时,石墨负极释放出一个电子,并传输到外电路中。同时,Li^+ 从负极材料脱嵌,进入电解液,穿过隔膜运动到 $LiCoO_2$ 正极,并嵌入其晶格中。此时,充电时氧化三价钴(Co^{3+})生成的四价钴(Co^{4+})接受外电路传来的电子被还原成三价钴(Co^{3+})。此锂离子电池充/放电总反应如式(8-1)所示。

$$\text{LiCoO}_2 + \text{C} \underset{\text{放电}}{\overset{\text{充电}}{\rightleftharpoons}} \text{Li}_{1-x}\text{CoO}_2 + \text{CLi}_x \qquad (8-1)$$

由于这种特殊的工作机制,锂离子电池相比传统电池具有能量密度高、自放电低、维护成本低以及相对比较安全等优点。然而,由于当前各种电子设备和装置发展迅速,锂离子电池因自身的一些不足,如能量密度和功率密度偏低、充电时间较长、循环寿命较短以及安全性不够好等,所以还不能充分满足这些设备的需求。为了提高锂离子电池的性能,特别是进一步提高其能量密度和功率密度,研发高性能的电极材料势在必行。理想的电极材料须具有导电性好、比表面积大以及具有利于锂离子扩散的结构等特点。石墨烯具有导电性高、比表面积大($2630\ \text{m}^2/\text{g}$)、柔韧性好以及化学稳定性高等优点,是锂离子电池电极材料的优良选择之一。

1. 负极(阳极)材料

在锂离子电池充电过程中,负极材料从外电路接收一个电子,并接收从正极传输来的锂离子,将其存储起来;在放电时,负极材料释放一个电子到外电路,并将存储的锂离子释放出来。目前,最常用的商用负极材料是石墨。在石墨中,锂离子被嵌入石墨层中,每个锂离子结合 6 个碳原子,形成 LiC_6。因此,石墨的理论比容量为 372 mA·h/g。一般认为石墨烯能通过正反两面结合锂原子,形成 Li_2C_6 的结构,其理论比容量是石墨理论比容量(744 mA·h/g)的 2 倍。

目前,在众多石墨烯材料(如 CVD 法制备的石墨烯、剥离法制备的石墨烯和 rGO 等)中,rGO 易于大规模制备及功能化,且带有含氧基团易于同其他功能材料复合,因此常被用作制备锂离子电池的负极材料。如图 8-28 所示,在全石墨烯锂离子电池(正、负极材料只由石墨烯制成)中,rGO 就被用作负极材料。如前文所述,将氧化石墨烯还原,就得到 rGO 材料。此 rGO 中含有少量含氧功能基团,并具有多孔结构。这些孔结构是通过快速气体挥发法制备的,且在 rGO 内部是连通的并扩展到材料表面。这一多孔结构使得电解质能快速地进入电化学活性材料的内部,有利于电化学反应的进行。在全石墨烯锂离子电池中,以此 rGO 为负极材料在循环 100 圈后,仍具有 540 mA·h/g 的比容量(测试电压窗口为

图 8-28　全石墨
烯锂离子电池器件
结构、正/负极微观
结构以及正负极
反应

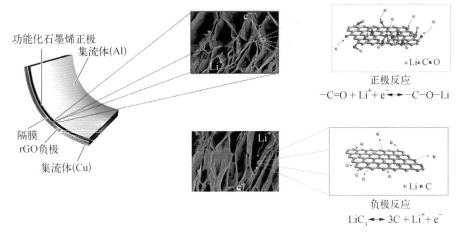

功能化石墨烯正极
集流体(Al)

隔膜
rGO 负极
集流体(Cu)

正极反应
$-C=O + Li^+ + e^- \longleftrightarrow -C-O-Li$

负极反应
$LiC_3 \longleftrightarrow 3C + Li^+ + e^-$

0.01～3.0 V,电流密度为 0.1 A/g),且库仑效率几乎为 100%。此比容量是单层
石墨烯理论比容量(744 mA·h/g)的 72% 以上。实际容量密度之所以低于理论
值,是因为以此方法制备的 rGO 呈多层结构而不是计算理论比容量时用的单层
结构。多层结构减少了锂离子的可接触面积,使得材料的利用率下降。

　　虽然 rGO 已被广泛用作锂离子电池的负极材料,但是 rGO 基负极材料仍有
一些问题亟待解决。rGO 的不可逆容量较高,且首圈库仑效率较低(通常低于
60%)。这主要归因于固态电解质界面(solid electrolyte interface,SEI:电解液
在电极表面反应生成的钝化膜)的生成以及锂离子与 rGO 上含氧基团的反应。
反应产生的副产物会吸附到电极表面,使电荷传递的能垒增大,造成在高倍率
充/放电过程中容量衰减。在充/放电过程中,rGO 上残留的含氧基团会被还原,
致使石墨烯片层重新聚集,最终降低材料的储锂容量。总之,这些副反应会消耗
Li 或材料上的活性位点,使材料的锂存储容量逐渐降低,致使材料的容量保持率
较低。此外,rGO 上活性缺陷位点在较低电压下与锂反应结合,但是锂和缺陷位
点键的断开需要较高的电压,造成 rGO 基负极材料的电压迟滞通常较高。rGO
基负极材料没有明显的电压平台,表明此类材料可能不能提供稳定的电压输出。
rGO 丰富的缺陷位点和无序结构在增强材料容量的同时,反而降低材料电子传
输能力和材料的电化学稳定性,使得材料的倍率性能以及功率密度较低。

　　因此,通过各种方法优化石墨烯材料的组成和结构以提高用其作为负极材

料时的性能是目前研究的重点。理论研究和实验结果表明：具有少层结构、无序的表面形貌、较大的层间距、多孔结构、高比表面积、较小的外形尺寸、较多的缺陷（或掺杂）以及较多的纳米褶皱结构等特点的石墨烯材料有助于提升锂离子电池的比容量、改善其循环性能和倍率性能。因为少层结构能暴露出更多的可接触表面，石墨烯的无序表面形貌和杂原子缺陷能改善电解液对石墨烯电极材料的浸润性，增加片层间距，有利于锂离子的吸附和快速扩散，多孔结构和高比表面积利于电解液的快速扩散和电子传输，较小外形尺寸的石墨烯（如石墨烯纳米带）能提供更多吸附锂离子的边缘位点，纳米褶皱结构能在片层中提供更多的纳米孔洞和纳米腔体。

在实际应用中，常将石墨烯和其他材料复合（如碳纳米管、金属氧化物或硅、锗及锡等半导体/金属材料）制成复合物，其中石墨烯作为复合材料的活性材料或其他活性材料的支撑材料。

多孔碳、碳纳米纤维和碳纳米管等导电性高的材料可与石墨烯很好地复合，制成碳基复合电极。这些高导电性的碳材料的引入不仅可以增强复合材料的电子传输和锂离子扩散能力，进而降低充/放电过程中的电阻，还能在充/放电过程中增大石墨烯层间距，防止石墨烯聚集，使得石墨烯可用的锂离子扩散和存储内表面积最大化，最终获得更大的比容量和倍率性能。此外，多孔碳材料不仅可以作为支撑材料防止石墨烯聚集，还可以减小锂离子的传输距离，调节材料的体积变化以及增大电解液和电极材料的接触面积。多孔碳材料的这些作用可增强材料的锂化反应能力，增大材料的容量，并提高材料的循环稳定性。多孔碳和石墨烯复合材料的电化学性能还可通过多孔碳掺杂（如 N 掺杂或 S 掺杂）来进一步提升。活性炭掺杂可增加材料纳米孔数量以及增大层间距，进而提高活性炭材料的电化学性能。

金属氧化物是当前一种热门的锂离子电池负极材料，其具有容量高、储量丰富、成本低以及易于制备等优点。金属氧化物负极材料与锂反应机理可分为插层、转化和合金化三类。

（1）插层

以插层机制工作的金属氧化物主要有 TiO_2、钒氧化物（如 V_2O_5、V_6O_{13} 及

LiV$_3$O$_8$等)、锂钛氧化物(如 Li$_4$Ti$_5$O$_{12}$、LiTi$_2$O$_4$、LiCrTiO$_4$ 及 SrLi$_2$Ti$_6$O$_{14}$等)和锂磷酸盐[如 LiTi$_2$(PO$_4$)$_3$、Li$_3$V$_2$(PO$_4$)$_3$ 及 LiVPO$_4$F 等]。此类氧化物插层机理可分为两大类[式(8-2)、式(8-3)]。锂离子在充/放电过程中分别从金属氧化物中"嵌入"和"脱嵌",并引起氧化物晶格发生微小的变化。这类氧化物负极材料具有较长的循环寿命、较低的不可逆容量损失和较小的体积形变等优点,但是其也有导电能力差、比容量较低以及插层所需电压较高等缺点。

$$M_xO_y + nLi^+ + ne^- \leftrightarrow Li_nM_xO_y \qquad (8-2)$$

$$Li_mM_xO_y + nLi^+ + ne^- \leftrightarrow Li_{m+n}M_xO_y \qquad (8-3)$$

(2)转化

大多数金属氧化物以"转化"机理作为负极材料工作。这类材料通常包括二元氧化物 M$_x$O$_y$(M = Mn、Fe、Co、Ni、Cu、Mo 及 Ru 等)和三元氧化物 A$_x$B$_y$O$_2$(A 或 B = Mn、Fe、Co、Ni 或 Cu 等,A$\neq$B)。以这种工作机理工作的金属氧化物在充/放电过程中通常经历可逆的"转化(氧化/还原)/取代"电化学过程,其间有 Li$_2$O 的生成/分解并伴随着金属纳米颗粒的还原(生成)/氧化[式(8-4)]。这一反应通常是多电子反应。因此,以此机理工作的金属氧化物材料通常具有较大的容量以及较高的能量密度,但是其也有很多不足,如导电性差、氧化电位较高、氧化/还原过程的电压迟滞较大、充/放电时体积变化较大、颗粒间聚集严重、SEI 膜不稳定、循环稳定性较差以及寿命较短等。

$$M_xO_y + 2yLi^+ + 2ye^- \leftrightarrow xM + yLi_2O \qquad (8-4)$$

(3)合金化

以"合金化"机理工作的金属氧化物包括二元锡氧化物(如 SnO 和 SnO$_2$)、三元锡氧化物 M$_x$SnO$_y$(M = Mg、Mn、Fe、Co、Zn、Ca、Sr、Ba、Y 及 Nd 等)和混合氧化物 ZnM$_2$O$_4$(M = Fe、Co 和 Mn 等)。在充电过程中,金属氧化物中的金属被还原生成金属单质,并进一步生成锂合金[以 SnO$_2$ 为例,式(8-5)和式(8-6)]。因为在合金化/去合金化过程中,金属氧化物的体积变化较大,造成其循环稳定性较差以及容量衰减严重。

$$SnO_2 + 4Li^+ + 4e^- \leftrightarrow Sn + 2Li_2O \qquad (8\text{-}5)$$

$$Sn + 4.4Li^+ + 4.4e^- \leftrightarrow Li_{4.4}Sn \qquad (8\text{-}6)$$

为了解决以上提到的金属氧化物负极材料的缺点,金属氧化物/石墨烯复合材料被研发出来,以改善金属氧化物负极材料的性能。石墨烯和金属氧化物复合材料制备方法有以下几种:① 制备好的金属氧化物和石墨烯非原位杂化或与GO杂化再还原;② 将金属氧化物前体和GO用热处理法、化学法、水热法、溶剂热法或微波法还原;③ 金属氧化物在石墨烯上原位生长;④ 通过电化学法或热蒸发法在石墨烯上沉积金属氧化物。与石墨烯复合的金属氧化物具有多种结构,如纳米管、纳米线、纳米片、纳米核壳结构和中空纳米颗粒等。

直接将金属氧化物和石墨烯混合是制备负极复合材料最简便的方法。在这种方法制备的复合材料中,石墨烯作为导电添加剂在负极材料中形成电子传输网络,但这种结构中的金属氧化物和石墨烯都易发生聚集,影响复合材料的电化学性能。通过真空抽滤或溶液浇筑的方法可制成层状结构的石墨烯/金属氧化物复合负极材料。层状结构复合材料是通过功能化石墨烯或GO与带电荷的金属氧化物(或前体)以静电作用自组装形成的。

此外,以石墨烯作为模板可制成三明治结构的石墨烯/金属氧化物复合负极材料。在这种复合结构中,金属氧化物被夹在石墨烯层之间。层状和三明治结构的复合负极材料通常不需要黏合剂和集流体,因此比容量较大,它们还具有机械性能好及柔韧性高等优点,适用于便携、可穿戴及可移植设备。此外,金属氧化物前体在石墨烯中原位插层可制成石墨烯包裹的金属氧化物。石墨烯的包裹使得金属氧化物不与电解液直接接触,防止工作过程中电解液腐蚀金属氧化物,还抑制了金属氧化物颗粒因充/放电过程中体积变化较大而粉碎。这一结构使得整个负极的电连通性较好,并有效缩短了锂离子的传输距离,最终有效提升了负极材料的比容量和倍率性能。例如,用三维石墨烯包裹的纳米多孔Fe_2O_3复合材料可用作高性能的锂离子电池负极材料(图8-29)。利用过量金属离子(Fe^{3+})引发的自组装以及空间限制的奥斯特瓦尔德熟化(Ostwald ripening:微小晶体颗粒或溶胶溶解物生成大尺寸的晶体或溶胶)效应,可制备由三维石墨烯骨架包

　　　　　　　　　　　　　　　　　　　　功能化石墨烯材料及应用

图 8-29 三维石
墨烯包裹的 Fe_2O_3
纳米框架结构用作
锂离子电池的负极
材料

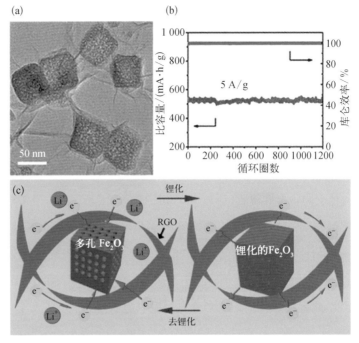

（a）复合材料形貌；（b）复合负极材料的循环性能；（c）复合负极材料锂化/去锂化示意图

裹 Fe_2O_3 金属有机框架结构（metal organic framework，MOF）的气凝胶。在这一复合材料中，石墨烯和多孔 Fe_2O_3 紧密贴合，并分布在相互贯通的导电网络和电荷传输微通道中。此复合材料结构强健，在电化学过程中能稳定存在。用气凝胶复合材料作为负极的锂离子电池在循环 130 圈后仍具有极高的比容量（1129 mA·h/g），电流密度为 0.2 A/g，并且在 5 A/g 的电流密度下循环 1200 圈后容量保持率高达 98%，表现出极好的循环稳定性。

石墨烯也可与金属（Sn）或半金属（Si 和 Ge）制成复合材料用作锂离子电池的负极材料。金属（Sn）或半金属（Si 和 Ge）可与锂在电解液（含锂离子）中发生电化学反应生成合金，从而具有存储锂的能力（式 8-7）。完全锂化的硅（$Li_{4.4}Si$）、锗（$Li_{4.4}Ge$）和锡（$Li_{4.4}Sn$）都具有较高的比容量，分别约为 4200 mA·h/g、1624 mA·h/g 和 994 mA·h/g。因此，它们可被用作高容量的锂离子电池负极材料。

$$M + n\,Li^+ + ne^- \leftrightarrow Li_n M \tag{8-7}$$

然而,由于充电锂化过程中,这些金属(Sn)或半金属(Si 和 Ge)因嵌入锂原子体积膨胀较大,使得这些活性物质被粉碎。电极破碎断裂以及 SEI 不稳定,会造成负极容量保持率较低、循环稳定性差以及可逆性差。石墨烯与这些高储锂容量材料制成的复合材料可抑制这些材料的体积膨胀破碎问题,并且石墨烯的高比表面积能提供更多可结合锂的活性位点,使电解液更易进入复合负极材料,最终提高复合负极的循环稳定性、比容量和倍率性能。例如,用单层石墨烯保护硅薄膜,可提高硅负极材料的性能。如图 8-30 所示,利用直流溅射法在碳纳米管微膜集流体上制备出硅薄膜(约为 200 nm 或约为 2 μm),再将由 CVD 法制得的单层石墨烯覆盖在硅膜上,制成二维石墨烯/硅/碳纳米管复合膜(Gr-Si-CNM)。在此复合膜中,电化学循环时硅因嵌锂体积膨胀产生的应力由碳纳米管释放,再加上石墨烯的包裹,使得硅膜不会破损。此外,石墨烯的覆盖还能稳定 SEI 膜。因此,此石墨烯/硅/碳纳米管复合膜具有长循环寿命(大于 1000 圈循环,平均比容量约为 806 mA·h/g)。在 1000 圈循环后,此复合材料的体积比容量仍约高达 2821 mA·h/cm³,是已报道的硅纳米颗粒负极体积比容量的 2～5 倍。

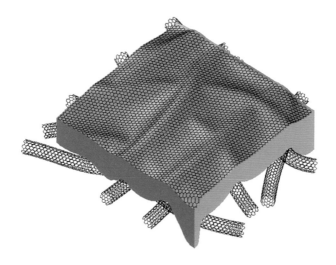

图 8-30　石墨烯覆盖的硅薄膜/碳纳米管微膜

2. 正极(阴极)材料

在锂离子电池中,正极材料是充/放电过程中锂离子嵌入/脱嵌的主体,通常

功能化石墨烯材料及应用

由金属氧化物组成，如 VO_2、$Li_3V_2(PO_4)_3$、$LiMnPO_4$、Li_2FeSiO_4、$LiNi_{0.5}Mn_{1.5}O_4$ 和 $LiMn_2O_4$ 等。其中三元材料（指含有三种金属氧化物）包括镍钴铝氧化物（NCA，如 $LiNi_{0.8}Co_{0.15}Al_{0.05}O_2$）或镍钴锰氧化物（NCM，如 $LiNi_{0.6}Co_{0.2}Mn_{0.2}O_2$ 或 $LiNi_{0.8}Co_{0.1}Mn_{0.1}O_2$）等的比容量较高，具有更大的发展前景。正极材料的一些性质，例如，其发生锂交换所需的电压、所含可进行可逆插层的锂总量、所含金属的稳定性、传输电子的能力以及锂离子在其中的扩散能力等，决定了其性能。正极材料的能量密度取决于锂交换所需的电压和可逆插层的锂总量，而其倍率性能和寿命则受其他因素的影响。目前，在实际应用中，金属氧化物正极材料的性能受限于导电性较差、锂离子较低的扩散速率、较大的体积膨胀、不可逆的相转变和内部颗粒的聚集等材料本身的不足。

为了提升金属氧化物正极材料的性能，常将金属氧化物与其他材料（如石墨烯）混合制成复合材料。未经修饰的石墨烯是不能直接用于提升电池的锂离子存储容量的。然而，可用石墨烯作为金属氧化物正极材料的添加剂来提高正极材料的性能，比如，石墨烯较大的比表面积可有效地固定和分隔金属氧化物；高导电性可提高材料的导电能力；优异的柔韧性可提高电极的机械性能。

石墨烯和金属氧化物复合材料的制备方法包括共沉淀法、水热法、溶剂热法、喷雾干燥法、热处理法、溶胶-凝胶法以及光热法等。与负极石墨烯复合材料类似，石墨烯在正极材料中可通过包裹、负载、包覆、混合、形成层状结构以及三明治结构等方式与金属氧化物复合。例如，石墨烯纳米片作为添加剂可提高氧化物正极材料的性能。如图 8-31 所示，石墨烯纳米片和锂锰氧化物纳米颗粒在乙基纤维素（ethyl cellulose）的稳定下可制成复合正极材料。在复合物中，石墨烯纳米片作为导电添加剂可改善金属氧化物的导电能力、机械弹性以及表面积和体积比等。如图 8-31(b) 所示，石墨烯包覆在锂锰氧化物纳米颗粒上。在充放电过程中，石墨烯层上生成薄的稳定 SEI 膜，稳定了锂锰氧化物纳米颗粒与电解液的界面，防止电解液/电极有害副反应的发生，并抑制 Mn 的溶解，最终提升了正极材料的循环稳定性。此外，在复合材料中石墨烯高导电网络增强了正极材料的导电能力，使得器件具有优异的倍率性能（在 20 C 倍率下，约有 75% 的容量保持率）以及在低温（-20℃）下具有优异的电化学性能（低温下，比容量几乎没

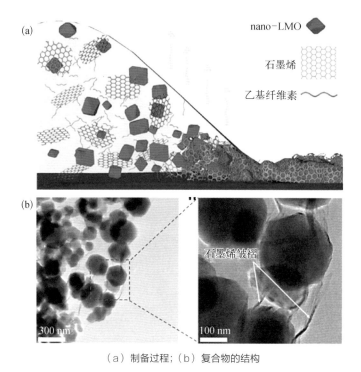

图 8-31 乙基纤维素稳定的石墨烯纳米片和纳米锂锰氧化物（nano-LMO）复合物

（a）制备过程；（b）复合物的结构

有衰减）。

　　功能化石墨烯材料也可作为锂离子电池的正极活性材料。研究表明石墨烯上的含氧基团，如羟基、羧基和羰基等，可作为锂化的活性位点。因此，由 GO 还原制得的 rGO 带有含氧基团，因而具有储锂活性，可被用于锂离子电池的正极活性材料。如负极材料部分所述的全石墨烯锂离子电池就采用部分还原的氧化石墨烯作为正极活性材料。将氧化石墨烯在较低的温度（120℃）下热处理，就得到部分还原的氧化石墨烯 GO。在 1.5～4.5 V 电压范围内，此 GO 正极在平均放电电压为 2.5 V 条件下的比容量可达 150 mA·h/g（电流密度为 0.1 A/g）。循环 100 圈后，含氧功能基团被逐渐激活，GO 正极材料的比容量会升高到约 200 mA·h/g。

　　研究分析表明 GO 上的 C＝O 键可作为储存锂离子的氧化/还原活性中心——与锂离子反应生成 Li—O—C。虽然氧化石墨烯带有较多的含氧基团，但是其导电性极差，因而氧化石墨烯没有表现出令人满意的电化学活性，也就不能被直接用作正极活性材料。在低温处理后，氧化石墨烯被部分还原，改善了 GO

的导电性,并使其保留较为丰富的含氧基团(图 8-32),可使其作为正极活性材料。C=O/C—O 键的表面法拉第反应可以为电池器件提供赝电容,但又不会像金属氧化物正极活性材料那样发生晶格的膨胀和塌缩。因此,此 GO 正极活性材料在循环测试中表现出较高的比容量,并且还具有较高的库仑效率(约为93%)。得益于 C=O 键与锂离子的快速反应,GO 正极活性材料具有优良的倍率性能,在 3 A/g 电流密度下仍具有 100 mA·h/g 的比容量。

图 8-32　部分还原的氧化石墨烯正极活性材料

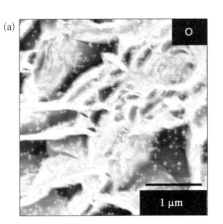 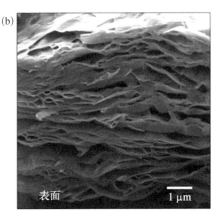

（a）场致发射扫描电子显微镜（FE-SEM）下的氧元素;（b）表面 SEM 照片

3. 其他金属离子二次电池

锂离子电池虽然已经广泛应用于各个领域,但是锂离子电池的安全性以及锂成本高等因素限制了其发展。为克服锂离子电池的这些缺点,其他金属离子二次电池,如锌离子电池、镁离子电池以及铝离子电池,被相继研发出来。这些金属离子二次电池的结构和工作原理与锂离子电池类似,只是将工作离子由锂离子换为相应的锌离子、镁离子和铝离子,并调整相应的正、负极材料和电解液。目前,这些新型的金属离子二次电池的研究还处于起步阶段,实际性能和实用性还不如较为成熟的锂离子电池。目前的研究主要集中在提升这些电池性能以及增强其实用性方面。石墨烯功能材料也可用作这些新型金属离子电池的电极材料,以提高其性能。在这些新型电池中,石墨烯材料起的作用与其在锂离子电池中类似,此处不再赘述。

8.2.3 其他二次电池

1. 锂硫电池

锂硫电池(Li-S)是一种高能量密度电化学能量存储系统。如图 8-33 所示,锂硫电池的基本结构和锂离子电池类似,都由正极、负极、隔膜、电解液和集流体组成。然而,锂硫电池的各部分材料和储能机理是不同于锂离子电池的。其负极是金属锂单质,正极活性材料通常是硫单质。在放电过程中,正极的硫单质得到电子与电解液中的锂离子主要结合生成 Li_2S(易生成多硫化物 Li_2S_n, $4<n<8$),而负极金属锂单质失去电子形成 Li^+ 进入电解液;在充电过程中, Li_2S 中的硫失去电子被氧化成硫单质,而与负极接触的电解液中的锂离子从负极得到电子被还原成金属锂单质[式(8-8)]。基于这一原理,锂硫电池具有 1672 mA·h/g 的理论比容量和 2600 W·h/kg 的理论能量密度,理论性能远高于锂离子电池。除此之外,锂硫电池中的活性物质硫还具有储量丰富、成本较低以及毒性较小等优点。因此,锂硫电池被认为是下一代高性能锂电池的主流。

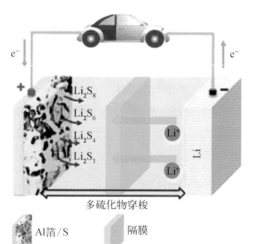

图 8-33 经典锂硫电池的结构

$$S_8 + 16Li \leftrightarrow 8 Li_2S \qquad (8-8)$$

然而,锂硫电池的固有缺点限制了其进一步发展:① 单质硫和固态硫化物(Li_2S 及 Li_2S_2)传导电子和锂离子的能力差,使得电池内阻较大,降低了电池的倍率性能;② 在放电过程中,S 转变为 Li_2S 时体积膨胀(约增大 80%)使得电极机械性能变差;③ 在充放电过程中,形成的多硫化物易溶于电解液,并在电池循环过程中会迁移到锂金属负极,最终被还原成不溶物,造成活性物质(硫)损失。

目前,碳材料包覆硫的策略被认为是克服以上缺点的有效方法之一。碳材料包覆硫能提高硫的导电性,固定易溶解的多硫化物中间体 Li_2S_n 以及调控硫正极在循环过程中的体积变化。因其固有的性质(二维结构、高导电性以及优秀的柔韧性等),石墨烯是一种较为理想的碳包覆材料,已被用于制备锂硫电池的硫正极、隔膜和集流体。

利用硫和碳之间较强的作用力,石墨烯或功能化石墨烯材料可与硫复合制成锂硫电池的正极。基于石墨烯材料的硫正极具有较高的导电能力,并且能抑制硫聚合物在正负极间的穿梭效应。由于未经修饰的石墨烯是非极性的,与极性的硫化物 Li_2S/Li_2S_2(放电产物)相容性较差,造成循环过程中石墨烯与 Li_2S 分离,使得电池容量快速地衰退。因此,常将石墨烯功能化——杂原子掺杂、羟基化及胺化等,使其带有极性位点或基团,如氮原子、羟基或氨基等。功能化后,石墨烯材料与硫/多硫化物间的作用力得到增强,有效抑制了石墨烯材料与硫活性材料的分离,改善了电池的循环性能。

在氮掺杂的石墨烯中,碳原子的自旋密度和电荷分布受到相邻氮掺杂剂的影响,形成化学吸附硫的活性中心,增强了对硫的吸附能力。氮原子掺杂能增强石墨烯碳骨架与硫链在加热负载硫过程中的相互作用力,能使硫在初始负载时和循环过程中都均匀地分布在碳骨架上,进而改善电池的循环性能。氮原子掺杂还能增强石墨烯材料对易溶解的多硫化物的吸附能力,能有效地将多硫化物束缚在正极中,并抑制其扩散,最终增强电池的循环稳定性和库仑效率。此外,氮原子掺杂吸附活性位点位于高导电性的碳骨架中,因此当多硫化物被活性位点吸附时,其电化学氧化/还原反应也会同时发生。例如,利用高度褶皱的氮掺杂石墨烯纳米片改善硫正极的性能。如图 8-34 所示,以 GO 为前体、以氨氰作为氮源,再辅以造孔剂通过热致膨胀的方法制得高度褶皱的氮掺杂石墨烯片。此氮掺杂石墨烯片具有极高的孔体积($5.4 \ cm^3/g$)和比表面积($1158 \ m^2/g$),并且具有较宽的孔分布($2 \sim 50 \ nm$)。结构上的优势使得此氮掺杂石墨烯具有较高的硫负载量(质量分数为 80%)、高比容量($1227 \ mA \cdot h/g$)和较长的循环寿命(300 圈循环后,容量保持率为 75%)。得益于高比容量和硫负载量,其面容量可达 $5 \ mA \cdot h/cm^2$。

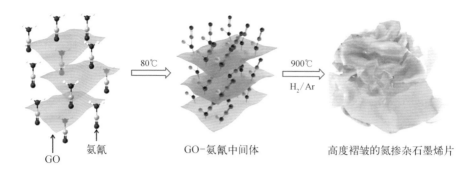

图 8-34　高度褶皱的氮掺杂纳米石墨烯片合成过程

80℃　GO-氨氰中间体　900℃ H₂/Ar

GO　氨氰　　高度褶皱的氮掺杂石墨烯片

微孔或介孔结构的石墨烯具有更大的比表面积、更高的机械强度以及更快的传质作用和电荷传输能力,能进一步提升硫正极的导电性,更好地调节硫的体积膨胀和抑制多硫化物的扩散。此外,由于具有较好的导电性、柔韧性以及与硫的相容性,石墨烯可与硫直接制成电极,而无须金属集流体和聚合物黏合剂。基于此种电极的锂硫电池因去除了金属集流体和黏合剂,得以减重,进而能获得更高的能量密度。

不同种类的功能化石墨烯可制成全石墨烯结构的硫正极(图 8-35)。在这一硫正极中,多孔石墨烯(highly porous graphene,HPG)作为活性材料硫的载体。HPG 是一种还原的氧化石墨烯,其具有较高的比表面积(771 m²/g)和孔体积(3.51 cm³/g),且其孔径分布较宽(1～60 nm)。这一结构使其具有较高的硫负载量(S/HPG 复合物中硫的质量百分数为 80%)。

POG-多硫化物吸附层
HPG-硫寄主
HCG-集流体

30 μm

图 8-35　全石墨烯结构的硫正极组成

部分还原的氧化石墨烯(partially oxygenated graphene,POG)在具有较好的导电性(面电阻为 25 Ω/sq)的同时,还带有部分含氧基团,可在此硫正极中作为多硫化物的吸附层。此外,POG 层厚度较薄,面密度远低于硫负载层(0.2 mg/cm² vs 5 mg/cm²),有利于提升硫正极的能量密度。

插层剥离法制得的高电导石墨烯(highly conductive graphene,HCG)的导电能力较强（面电阻为 3 Ω/sq），在硫正极中作为集流体。HCG 层表面粗糙，因而能与硫很好地黏附在一起，进而降低锂硫电池的内阻和极化。同时，HCG 层质量较轻（12 μm 厚，面密度为 1 mg/cm²），有助于增加电池的能量密度。由于具有结构上的优势，这一全石墨烯的硫正极具有较高的初始质量比容量（1500 mA · h/g，电流密度为 0.34 A/g）和面积比容量（7.5 mA · h/cm，电流密度为 0.34 A/g），并且在循环 400 圈后仍具有 841 mA · h/g 的比容量（循环时，电流密度为 0.34 A/g）。

在锂硫电池中，商用的聚合物隔膜（如聚丙烯，polypropylene，PP）的孔径较大，不能阻止多硫化物由硫正极向锂负极扩散，导致电池性能下降。可将功能化的石墨烯材料作为硫正极和隔膜的隔层，通过物理或化学的方法来抑制多硫化物穿过隔膜扩散到负极。功能化的石墨烯隔层具有适宜的孔结构，不会影响电解液离子向硫活性材料的扩散，可用作硫正极和隔膜的隔层。此外，石墨烯隔层还可用作额外的快速电子传输位点，以增强电池的倍率性能。如前文所述的褶皱氮掺杂石墨烯（图 8-34）对多硫化物就有较强的吸附能力，可被用作硫正极和隔膜的隔层。以 PVDF 为黏合剂，将氮掺杂石墨烯片涂覆在隔膜（Celgrad 2325）上就制得氮掺杂石墨烯的隔膜（图 8-36）。将氮掺杂石墨烯层的厚度控制在 10 μm，当负载量为 0.4 mg/cm² 时，可得到较优的隔层结构。此时，引入的隔层既可以束缚多硫化物以增强电池性能，又可避免因隔层引入造成电池质量增加的问题。

图 8-36　涂覆氮掺杂石墨烯的隔膜

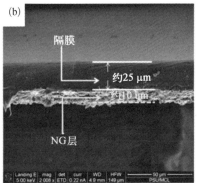

（a）俯视 SEM 图；（b）截面 SEM 图

将具有电化学活性的石墨烯功能材料用作隔层,不仅可有效束缚多硫化物,还可通过提供额外的容量来减弱因引入隔层而降低电池能量密度的损失。如图8-37所示,氮-硫掺杂的石墨烯海绵不仅可用作硫正极和隔膜的隔层,同时还能提供额外的容量。以硫代对称二氨基脲为还原剂,通过原位氧化/还原过程还原GO可制得氮-硫掺杂的石墨烯海绵。氮-硫掺杂的石墨烯海绵表面的硫、氧及氮活性位点使石墨烯材料对多硫化物的吸附能力得到增强,从而提升电池的循环性能。氮-硫掺杂的石墨烯海绵是一种 rGO,具有较强的导电能力,能提升电池的倍率性能。此外,氮-硫掺杂的石墨烯海绵因掺杂或包裹硫元素,为电池提供了额外的容量(约占总容量的 30%)。因具有上述优点,此氮-硫掺杂的石墨烯海绵在用作锂硫电池的隔层时,电池在 0.2 C 的可逆容量可达 2193 mA·h/g,甚至在 6 C 的高倍率下仍具有 829 mA·h/g 的比容量。

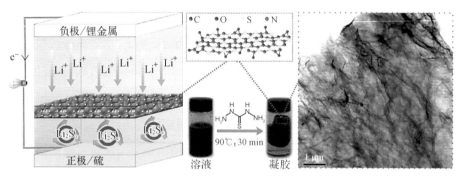

图8-37 氮-硫掺杂的石墨烯:合成过程、微结构和作为隔层用于锂硫电池的示意图(x = 3~8)

2. 锂-空气(氧气)电池

锂-空气(氧气)电池[lithium-air(oxygen)batteries]是一种具有超高理论比能量的电化学能量存储装置,具有很大的应用潜力和发展前景。其以锂金属作为负极(anode)材料,以空气中的氧气为正极(cathode)反应物。理论上,由于空气中的氧气取之不尽,锂-空气电池的容量只受限于金属锂电极。其理论比容量极高(约为 5200 W·h/kg,包含活性物质氧气,或约为 11400 W·h/kg,不计活性物质氧气)。典型的锂-空气电池主要由锂金属负极、隔膜、电解质和多孔结构的负极四部分组成。按电解质类型不同,其可分为四类:水系、非水系(有机系)、杂合(有机-水双体系)和全固态电池。其中,非水系锂-空气电池是这几类中研究

功能化石墨烯材料及应用

最多、相关技术相对最为成熟的。

　　非水系锂-空气电池通过如图8-38所示的机理工作：在放电过程中，正极发生氧化还原反应(oxygen reduction reaction，ORR)，氧气得到电子被还原，在电解液/多孔正极界面的 Li^+ 与还原的氧气结合生成 Li_2O_2，并沉积到正极表面，与电解液接触的负极锂金属失去电子，生成 Li^+ 进入电解液中；在充电过程，正极发生析氧反应(oxygen evolution reaction，OER)，放电时生成的 Li_2O_2 失去电子，生成氧气，并向电解液中释放 Li^+，在锂金属/电解液界面处，Li^+ 得到电子生成锂金属，并沉积到锂负极表面。基于这一工作机制，非水系锂-空气电池的理论比容量约可达 3500 W·h/kg。

图 8-38　典型的非水系锂-空气电池及正负极反应

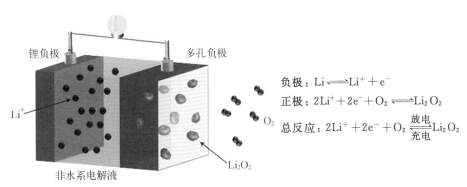

负极：$Li \rightleftharpoons Li^+ + e^-$

正极：$2Li^+ + 2e^- + O_2 \rightleftharpoons Li_2O_2$

总反应：$2Li^+ + 2e^- + O_2 \underset{充电}{\overset{放电}{\rightleftharpoons}} Li_2O_2$

　　然而，在实际应用中，受材料体系的影响，锂-空气电池的性能远达不到其理论值。在充放电过程中，正极处发生 OER/ORR 的活性不高，并且反应时的过电势过高，致使能量效率较低。较高的过电势可能会使电解液分解，进而降低电池的寿命。因此，为提高锂-空气电池的性能，必须增加正极材料的 OER/ORR 活性，并降低过电势。

　　此外，正极材料的组成和孔结构对提升锂-空气电池的性能也至关重要。多孔正极材料为锂-空气电池的电极反应提供了三相(气-液-固)的场所，并能容纳放电产生的产物 Li_2O_2。具有高电子/离子导电性、氧气扩散速率快以及结构稳定等性质的多孔正极材料有助于提升锂-空气电池的性能。

　　合适的孔结构也是必需的。研究表明介孔(2~50 nm)有助于氧气还原反应的发生，过大或过小的孔都不利于氧化还原反应的发生——过小的孔会被反应

生成的 Li_2O_2 堵塞,使氧气不能扩散到孔内;过大的孔会被电解液充满,也会使氧气不能扩散到孔内。由此可以看出,高性能的正极材料需要具有高比表面积、高导电性以及较强的 OER/ORR 活性等性质。因此,由于具有高化学稳定性、优秀的导电能力以及极高的比表面积,石墨烯材料是锂-空气电池正极材料的理想选择。目前,石墨烯及其衍生物已被广泛应用于锂-空气电池中。

3. 正极支撑材料

在锂-空气电池中,常将石墨烯材料与高催化活性的贵金属及金属氧化物复合物用作正极材料。在复合材料中,石墨烯作为金属或金属氧化物的支撑材料和导电层,使得金属或金属氧化物更好地分散,并增强充放电过程中的电荷传递。石墨烯具有极高的比表面积和导电性,能有效改善负载在其上的催化剂的活性。石墨烯具有开放的表面,因此可通过原位生长技术极为方便地将催化活性材料负载在石墨烯上。这一过程使得石墨烯与活性材料以较强的共价键连接或在两者间生成氧原子桥,能极大地改善充放电时电子的传输过程。

功能化石墨烯,如 rGO 可用来负载 Pt、Pd 和 Ru 纳米颗粒,以增强这些金属在充电过程中的析氧能力。rGO 带有含氧功能基团和缺陷,使得其和这些贵金属能以较强的作用力复合在一起。复合石墨烯后,所有贵金属在充电过程中析氧反应的过电势都明显降低,其中 Ru-rGO 复合物的过电势降低最为明显(由 4.3 V 降为 3.5 V),并且复合物中 Ru 纳米颗粒使得在放电过程中生成的 Li_2O_2 以薄膜或纳米颗粒的形式存在。在充电过程中,这种类型的 Li_2O_2 能在较低的过电势下分解。因此,Ru-rGO 复合物正极在锂-空气电池循环过程中表现出较高的稳定性。

三维结构的功能化石墨烯材料不仅具有高导电性及较好的柔韧性,还具有更高的比表面积和更多暴露的活性位点。因此,这类石墨烯材料作为支撑材料能显著提高金属或金属氧化物的导电性,进而提高正极材料的性能。例如,三维结构的氧化镍-石墨烯海绵复合物(NiO-GF)和镍石墨烯海绵复合物(Ni-GF)作为锂-空气电池的正极材料时,表现出极高的比容量,分别为 25986 mA·h/g 和 22035 mA·h/g(电流密度为 0.1 A/g)。此复合材料可由 GO、$Ni(NO_3)_2 \cdot 6H_2O$ 和 $CO(NH_2)_2$ 通过水热法及热处理合成。在此复合物中,石墨烯为海绵状的三维结构,并均匀地负载 NiO 或 Ni 纳米颗粒(图 8-39)。海绵状的石墨烯能提升复合物的电子传输效率,并为 NiO 或 Ni 纳米颗粒的生长提供更大的表面积,使得复合材料具有更多的反应活性位点。石墨烯负载的 NiO 或 Ni 纳米颗粒能有效地降低 Li 和 O_2 向 Li_2O_2 转化的能垒,提高这一反应的转化效率。因此,三维结构的 NiO-GF 和 Ni-GF 结合了石墨烯、NiO 及 Ni 纳米颗粒的优点,是一种较为高效的锂-空气正极材料。

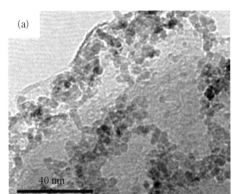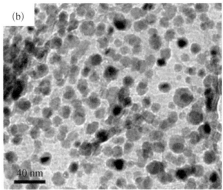

(a) NiO-GF;(b) Ni-GF

4. 正极活性材料

化学法制得的石墨烯含有很多边缘和缺陷位点。这些位点可作为 ORR 和 OER 的催化活性位点。石墨烯边缘和缺陷细微结构的调节可通过制备过程来控制。带有丰富边缘和缺陷结构的石墨烯材料可作为无金属(metal-free)ORR/OER 催化剂,因此,其常被用作锂-空气电池的正极材料。

此外,化学掺杂石墨烯能有效调节石墨烯的电荷密度和表面化学性质,使其电化学活性显著提高。例如,氮掺杂的石墨烯具有催化 ORR 的活性。氮原子具有强吸电子能力,能使其附近碳原子成为吸附 Li/O_2 的活性位点,因而有利于 Li_2O_2 在石墨烯表面成核。含有氧功能基团(羟基、环氧基、羰基及羧基)的石墨烯也具有 ORR 和 OER 催化活性。多级次的多孔石墨烯可作为无金属的正极活性材料用于锂-空气电池。例如,通过热膨胀和同步还原的方法可得到富含缺陷和氧功能基团(羟基、环氧基和羧基)的石墨烯纳米片[图 8-40(a)]。

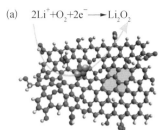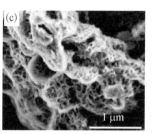

图 8-40　功能化石墨烯作为锂-空气（氧气）电池正极活性材料示例

（a）功能化石墨烯的结构（碳原子：灰色；氧原子：红色；氢原子：白色；黄色及紫色区域为缺陷位点）及催化反应示意图；（b）功能化石墨烯的透射电图及（c）高分辨透射电镜图

以此功能化石墨烯与黏合剂材料［binder materials（氟聚合物树脂水分散液，DuPont Teflon PTFE-TE3859，质量分数为 60%）］为原料，通过胶体微乳液法可制得多孔的多级次功能化石墨烯电极。如图 8-40（b）（c）所示，在此电极中，功能化石墨烯聚集较为松散，形成"破损蛋"型的结构，并密布内联通深入电极深处的通道。在放电过程中，这些坚韧的通道成为氧气分子进入电极内部的"高速公路"。材料中的纳米孔洞为氧还原反应提供了三相（固-液-气）反应区域。密度泛函理论（density functional theory，DFT）表明：氧化还原反应的产物 Li_2O_2 与石墨烯的缺陷位点［图 8-40（a）］具有较强的相互作用，因而 Li_2O_2 易于在缺陷处成核生长；而在缺陷位点附近区域，Li_2O_2 团簇的聚集在能量上是不利的。因此，在功能化石墨烯表面形成纳米尺寸的 Li_2O_2"孤岛"。这些小尺寸或厚度有限的 Li_2O_2 团簇能有效抑制放电过程中正极电阻持续升高，并有利于放电过程中氧气传输。得益于这一多级次的多孔结构和缺陷作用，此石墨烯正极在放电过程中展现出极高的比电容（15000 mA·h/g）。

8.2.4　小结

综上所述，功能化石墨烯材料已经广泛地应用于各种电化学能量存储装置，如超级电容器、锂离子电池、锂硫电池和锂-空气电池等。在这些装置中，功能化石墨烯材料主要用于制作电极。功能化石墨烯材料引入的目的是进一步提升储能装置的能量密度、功率密度及循环稳定性等。为了达到以上目的，多种手段和策略相继被开发出来,如石墨烯功能化方法的开发、石墨烯功能材料的形貌结构控制、石墨烯复合材料以及基于功能化石墨烯材料的器件结构设计等。由以上讨论分析可以看出,高性能的石墨烯电极材料需要具有高比表面积、高导电性、高存储密度、适宜的缺陷/功能基团以及优化的复合物结构和形貌等性质。

虽然功能化石墨烯材料在储能领域已取得了一些进展,但是其在此领域的应用仍处于起步阶段。要想有更大的突破和进展,还需进一步努力:① 继续发展原位表征和检测技术,深入研究在功能化石墨烯材料中电荷转移和存储的机理;② 采用功能化或引入复合材料等手段,抑制石墨烯材料在使用过程中的聚集和重新堆积;③ 从系统层面设计和优化石墨烯复合材料的形貌和微结构。此外,基于石墨烯材料的器件结构和器件中各组分与石墨烯材料的匹配等问题也必须加以考虑。

8.3　生物医学

功能化石墨烯材料因具有多样的性质,在生物医学领域也表现出极大的应用潜力。功能化石墨烯材料具有极高的比表面积和多种功能化的基团,因而能高效吸附或连接多种分子和功能化聚合物,用于药物传输或基因传递以及医疗等。功能化石墨烯还具有多种声、光、电、磁以及半导体性质,可用来制作不同种类的生物传感器或用于生物造影等。一些功能化石墨烯还具有近红外(near-infrared,NIR)吸收的特性,可被用于光热疗法杀灭癌细胞。

由于制备方法和结构组成不同,石墨烯可分为氧化石墨烯(GO)、还原氧化石墨烯(rGO)和CVD法制备的石墨烯。这些不同种类的石墨烯因结构和所含基团的不同在生物医学领域的应用也不相同。

氧化石墨烯在片层边缘和缺陷部位带有丰富的亲水基团(羧基、环氧基和羟基),又含有 sp^2 和 sp^3 杂化的疏水碳骨架,这一特殊结构使得 GO 表现出两亲性质。丰富的亲水基团使其能在水中或极性溶剂中高度分散。疏水的碳骨架又能使其通过疏水作用或 π-π 作用络合疏水或芳香分子。GO 上多种含氧基团(羧基、环氧基和羟基)不仅使其能通过静电作用和氢键作用络合阳离子(如金属阳离子)和含氢键给/受体分子,还为其提供了丰富的化学反应位点以通过共价键连接其他分子。此外,在 GO 制备过程中产生的缺陷位点可用于吸附蛋白和 DNA/RNA 等。

还原的氧化石墨烯由 GO 通过热处理、电化学和化学等方法还原制得。相较于 GO,其具有较为完好的芳香骨架;相较于 CVD 法制得的石墨烯,rGO 含有一些含氧基团(羧基、环氧基和羟基)。因此,rGO 在三类石墨烯材料中具有较为平衡的物理和化学性质——其表面有化学反应位点,在具有溶剂分散性的同时,又表现出不错的光电和机械性能。

得益于较为完好的共轭芳香骨架,缺陷较少且没有含氧基团,CVD 法制备的石墨烯具有较高的导电性。加之其富含 π 电子的芳香骨架,使其常被用于制作生物传感器。然而,CVD 法制备的石墨烯不能在水中分散,因而不适于用作纳米药物和纳米载体。

通过对这三种石墨烯功能化,还可制备结构多样、功能丰富的功能化石墨烯材料。这些功能化材料在具有石墨烯本身优点的同时,又具有较好的生物相容性和丰富的生物功能性。

要想将石墨烯类材料用于生物医学领域,就不得不考虑其生物相容性和细胞毒性。近年来的研究表明,石墨烯及石墨烯复合材料对人体有潜在的毒性。这主要表现在两个方面:细胞毒性和基因毒性。研究表明石墨烯类材料可破坏细胞壁:① 对细胞壁物理破坏或抽取细胞壁中的磷脂;② 石墨烯复合材料可与 DNA/RNA 作用或破坏 DNA/RNA,进而影响正常的人体生理活动。石墨烯复合材料表现出毒性与否或毒性大小依赖石墨烯的种类(GO、rGO 和 G)、纳米片的大小、功能化基团、注入方式、使用剂量和浓度等。通过调节这些因素,石墨烯复合物在生物医学应用中的毒性风险是可控的。然而,为进一步理解石墨烯及其复合材料在生物医学应用中的运行机制和对人体的影响,必须对它们的生物相容性和潜在毒性进行深入、长期的研究。

8.3.1 药物传输

由于具有高比表面积、可控的生物相容性和丰富的化学修饰方法,石墨烯类

材料已被当作载体用于药物传输。常用的石墨烯载体材料是基于 GO 和 rGO
的。这是因为 GO 和 rGO 易于大量制取,在片层的边缘和表面缺陷处存在含氧
基团使得它们不仅表现出较好的水溶液分散性,而且也为功能化提供了丰富的
反应位点。相较于 rGO,GO 带有数量更多的含氧基团,使得其具有更好的水系
分散性、更多的功能化位点且更易功能化。GO 疏水的 sp^2 和 sp^3 区域使其可通
过疏水作用或 π-π 作用吸附药物分子。

通过共价或非共价的方法功能化 GO 或 rGO,能极大地改善它们在水系中
的分散性和生物相容性,并提高其细胞膜渗透性及降低细胞毒性等。共价功能
化方法是通过 GO 上的含氧基团与生物相容性好的聚合物(如聚乙二醇、壳聚糖
和聚乙烯亚胺等)反应制成的;非共价功能化是通过功能分子与石墨烯类材料间
的疏水作用力和 π-π 作用实现的。

功能化石墨烯材料可作为药物分子和基因的运输平台,将它们从细胞外输
送到细胞内。当药物分子被石墨烯功能材料运输到细胞内后,通过改变材料所
处的环境或者外界刺激(如改变环境 pH 或光照等),使得药物分子被释放出来。
药物释放的控制通常在目标细胞位置施加,以使得尽可能多的药物分子作用于
目标细胞,降低药物副作用。石墨烯功能材料作为载体传输药物的完整过程如
图 8-41 所示:① GO 或 rGO 功能化;② 负载靶向分子(使载体定位到目标细胞,

图 8-41 GO 或
rGO 作为载体用于
药物传输的过程

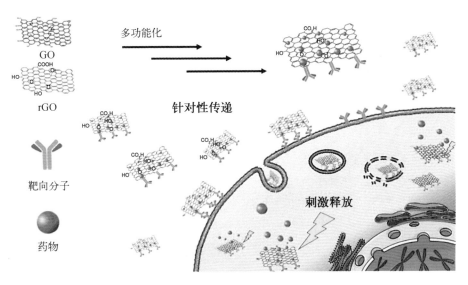

不是必需的);③ 负载药物分子;④ 通过细胞内吞作用,负载药物分子的复合物被转移到细胞内;⑤ 在外界条件刺激下释放药物分子。

例如,用多巴胺(dopamine,DA)修饰的 GO 能输送抗癌药物甲氨蝶呤(methotrexate,MTX)分子到多巴胺靶向受体阳性人乳腺癌细胞系。多巴胺是阳性人乳腺癌细胞系的靶向分子,将其通过共价键连接到 GO 上制成石墨烯复合物后,就能通过多巴胺的靶向作用将复合物定位到阳性人乳腺癌细胞系(图 8-42)。再利用药物分子甲氨蝶呤分子与 GO 复合物间的静电作用和疏水作用,将甲氨蝶呤分子负载到多巴胺/GO 复合物上。甲氨蝶呤的 pKa 约为 4.7,当环境 pH 低于 4.7 时,甲氨蝶呤上的—NH$_2$ 质子化生成—NH$_3^+$,此时,因 GO 的 pKa 约为 3.5,GO 上的羧基为阴离子形式(—COO$^-$)。因此,甲氨蝶呤分子的—NH$_3^+$ 和 GO 的—COO$^-$ 间存在较强的静电作用。此外,GO 的分子骨架和甲氨蝶呤分子的芳香环间存在疏水作用。在这两种作用力的驱动下,甲氨蝶呤分子被负载到多巴胺修饰的 GO 复合物上。当负载药物分子的复合物运动到目标细胞(阳性人乳腺癌细胞系)后,再将其所处环境的 pH 变为中性。此 pH 将甲氨蝶呤分子的—NH$_3^+$ 转变为—NH$_2$,致使甲氨蝶呤分子与复合物间的静电作用减弱,

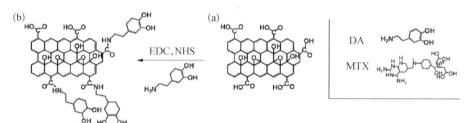

图 8-42 多巴胺修饰的氧化石墨烯(DA-nGO)制备过程及负载抗癌药物甲氨蝶呤分子

使得甲氨蝶呤分子从复合物上释放出来。至此,完成了抗癌药物甲氨蝶呤的传输及释放。

石墨烯功能材料除可用于传输药物外,也可传输基因到病变细胞,用于基因治疗。基因疗法可治疗由基因错乱引起的疾病,运输到病变细胞的基因可使病变细胞转染,达到治疗目的。功能化石墨烯材料传输基因的方式与药物的传输类似。基因负载到功能材料上的驱动力主要是基因阴离子磷酸骨架与复合物阳离子表面间的静电作用力。然而,值得注意的是,基因在传输过程中有可能被酶分解,并且基因自身不能高效穿透细胞膜。因此,为了提高细胞转染效率,必须抑制基因在传输过程中的分解并提高其透膜能力。研究表明 GO 复合物可提高基因(如 siRNA 或质粒 DNA)穿透进入细胞中的能力,并且可有效保护基因防止其分解。

例如,聚赖氨酸(poly-L-lysine,PLL)和四肽(Arg-Gly-Asp-Ser,RGDS)修饰的 GO(GO-PLL-RGDS)可传输血管内皮生长因子(vascular endothelial growth factor,VEGF)的干扰 RNA(small interfering RNAs, siRNAs)VEGF-siRNA 到肿瘤细胞,以抑制 VEGF 蛋白的过表达(图 8-43)。聚赖氨酸是生物相容性极好的水溶性阳离子聚合物,可提高复合物的水溶性和生物相容性;四肽(RGDS)能通过与癌细胞细胞膜上过表达的整合素 $\alpha_v\beta_3$ 的相互作用靶向定位到肿瘤细胞,因而其增强 GO-PLL-RGDS 复合物的肿瘤细胞靶向定位效率。研究表明 10 μg GO-PLL-RGDS 复合物就能负载 1 μgVEGF-siRNA,并能缓慢持续

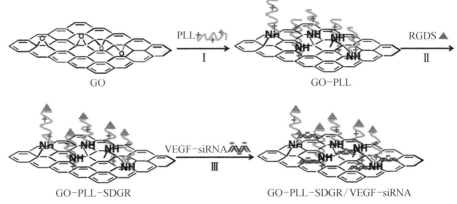

图 8-43 多巴胺修饰的聚赖氨酸和四肽修饰的 GO 复合物传输 VEGF-siRNA

地释放 VEGF-siRNA。这一高效的 VEGF-siRNA 传输系统对肿瘤细胞的抑制率可达 51.74%。此外,GO-PLL-RGDS 复合物没有表现出明显的细胞毒性。

8.3.2　生物传感器

在生物医学领域,快速灵敏地检测生物分子和生物组织对医学诊断和医疗保健意义重大。在活体细胞中或人体内,对特定的细胞或组织实时成像,以及可视化地实时观测活体细胞内分子活动和生物过程是研究细胞和组织生理活动的重要手段,对生物医学和生物科学影响深远。为了实现以上目的,开发高效灵敏的生物传感器和生物成像技术是关键。这两种技术基本的运作机理是将对目标物(分子、细胞或生物组织等)的特定识别转化为光、电和磁等可探测的信号。

在众多生物传感和生物成像材料(有机/无机纳米粒子、碳纳米管和金属氧化物纳米片等)中,石墨烯类材料有着独特的优势,在这两个领域极具应用潜力:① 石墨烯具有极高的载流子迁移率、高载流子浓度和高比表面积,使得其适用于高信噪比检测;② 石墨烯二维平面结构使得每个原子都暴露在外,使其对局部的化学或电扰动非常敏感,从而使得其对被分析物具有极高的灵敏度;③ 石墨烯二维平面结构还提供了更大的检测面积,并为高效统一的功能化提供了均一表面;④ 功能化石墨烯(如 GO)中一些 sp^2 杂化碳嵌在 sp^3 骨架上,为电子-空穴对的融合提供了场所,使得功能化石墨烯表现出光致发光的特性,可作为荧光标记物用于生物成像;⑤ 石墨烯材料的荧光波长范围极广(紫外光-近红外);⑥ 石墨烯材料中 sp^2 杂化碳使其也可像其他石墨材料一样能猝灭附近的荧光物质,且猝灭效率远高于常用的有机猝灭剂;⑦ GO 的荧光发光和荧光猝灭双重特性使 GO 既可作为能量给体,又可作为能量受体用于荧光共振能量转移(fluorescence resonance energy transfer,FRET)传感器以及生物成像;⑧ 石墨烯具有特殊的拉曼谱学特征,特征振动为 $1000 \sim 3000$ cm^{-1},表现为 D 峰、G 峰和 2D 峰,因此石墨烯也可用于拉曼成像。此外,石墨烯还具有较好的生物相容性,适用于细胞检测。

1. 生物传感器

一个完整的石墨烯类生物传感器系统通常包括三部分：① 目标物；② 受体；③ 传感器。其中，目标物是被分析物质（如小分子、蛋白质、细胞和核苷酸等）；受体通常是生物活性物质（如酶、抗体或核苷酸等），用于识别目标物，能与目标物发生相互作用；传感器是能将受体对目标物特定识别的化学信号转变为可探测信号（如光、电或磁等）的石墨烯功能材料。在一些生物传感器中，目标物能直接与石墨烯材料接触作用，因而单独的受体常被省去，由石墨烯材料既作为传感器又作为受体。

2. 细胞内检测

石墨烯生物传感器进入细胞内识别目标物，并将识别的化学信号转化为可探测的信号，如光或磁信号等。如图 8-44 所示，染料标记肽核酸（PNA）/氧化石墨烯复合物（PNA-GO）生物传感器可在活体细胞内检测 miRNA。在此生物传感器中，miRNA 是目标物；染料标记的肽核酸既作为受体，又作为荧光指示剂；GO 既作为载体又作为荧光猝灭剂。将能发射荧光的染料标记的肽核酸与 GO 复合制成生物传感器后，肽核酸的荧光会被 GO 猝灭。此生物传感器跨越细胞膜进入细胞内后，肽核酸会特异性识别目标物 miRNA，生成复合物，并从 GO 上解离出来。由于肽核酸被从 GO 上释放，GO 的猝灭作用消失，染料标记的肽核酸荧光得到恢复，即染料标记的肽核酸和目标 miRNA 复合物发射荧光。此生物传感器组成有多种考量，肽核酸骨架是由非离子化的氨基酸组成，而不是磷酸骨架，这不仅有助于提高肽核酸在 GO 上的负载量，还有助于其与 GO 生成较为牢固的键合。肽核酸与 DNA 或 RNA 复合体的热稳定性高于传统识别物（DNA 或 RNA）与目标 RNA 生成的复合物，并且其对目标 RNA 有较高的特异识别。此肽核酸也具有很好的稳定性，不会在运输和识别过程中被酶降解。此外，PNA-GO 生物传感器本身具有极高的跨膜传输效率，并不需要其他转染剂辅助跨膜。得益于这些优点，此 PNA-GO 传感器对目标 miRNA 在活体细胞内的检出限可达 1 pmol/L。

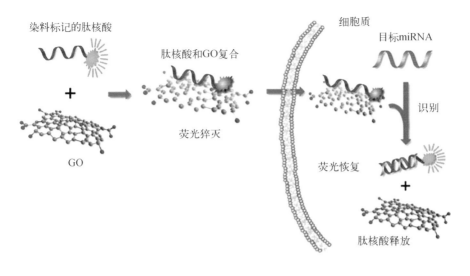

图 8-44 染料标记肽核酸/GO复合物生物传感器在活体细胞内检测miRNA

染料标记的肽核酸

肽核酸和GO复合

荧光猝灭

GO

细胞质

目标miRNA

识别

荧光恢复

肽核酸释放

3. 体外检测

用于体外的石墨烯类生物传感器通常是基于石墨烯的电子器件。其中,最常用的是基于石墨烯的场效应晶体管(field effect transistors,FETs)。如图8-45所示,基于石墨烯的场效应晶体(GFETs)通常由以下几部分组成:① 源极(source);② 漏极(drain);③ 栅极(gates);④ 沟道(channel);⑤ 衬底(substrates)。石墨烯材料常用作沟道材料。石墨烯材料的一些特性使其作为沟道材料具有很大优势:① 因高表面积-体积比及优异的电子传导特性而具有高信噪比;② 宽的电化学工作窗口,使其适用的电压范围较广;③ 高迁移率和传导性,使其反应灵敏以及能通过多种方式与目标物作用。

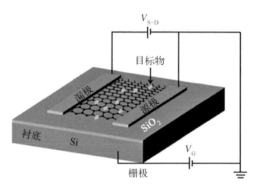

图 8-45 基于石墨烯的场效应晶体结构

GFETs的运作机理是改变石墨烯材料沟道层的传导性,从而引起源极和漏极间电流发生变化。影响石墨烯材料沟道层传导性的因素主要有器件栅极电压的变化、石墨烯材料的掺杂、载流子的散射以及局部介电性的变化等。当石墨烯材料沟道与目标物接触时,两者间通过以下方式作用使得石墨烯沟道的电学性质发生变化,从而影响器件电学信号的变化。

(1) 栅极电压变化

当被测物质带有电荷时,其在石墨烯材料表面形成离子双电层,并产生双电层电容,从而影响石墨烯材料的传导性。

(2) 掺杂影响

很多分子,特别是带有芳香环的分子,能被吸附在石墨烯表面并与石墨烯产生较强的相互作用,两者之间直接发生电荷转移,从而改变石墨烯的电子结构,即掺杂,掺杂使得石墨烯的电学性质发生改变。

(3) 局部介电性的变化

石墨烯络合目标物会改变石墨烯的局部介电常数和局部离子强度,从而引起石墨烯载流子强度发生变化。

(4) 载流子的散射

被吸附物质能够引发载流子(电子或空穴)散射,致使石墨烯载流子的迁移率降低,使得其传导性发生变化。此外,对目标物的检测也会引起环境 pH 变化或使得石墨烯晶格发生变化等。以上这些作用都会影响石墨烯材料的电学性质,而被器件探测到。

如图 8-46 所示,基于石墨烯的 GFETs 通过目标物回收和自组装放大作用检测 DNA。用 CVD 法制成的石墨烯作为沟道材料通过 π-π 作用负载 N-羟基琥珀酰亚胺酯 1-芘丁酸(1-pyrenebutyric acid N-hydroxysuccinimide ester,PBASE)。胺化的发夹 DNA(hairpin DNA)通过酯化反应连接到 1-芘丁酸上作为探针[图 8-46(b)]。发夹 DNA(H1)在 95℃ 是亚稳态的,能被目标 DNA(T)通过自组装作用及碱基配对打开,生成复合物 H1·T。当器件工作时,负载 H1 的器件暴露在目标 DNA(T)和三种辅助 DNA(H2、H3 和 H4)中。目标 DNA(T)引发发夹 DNA(H1)开环解螺旋,生成复合 H1·T。复合 H1·T 的突出部被绑缚到辅助 DNA(H2)的支点,引发经典的置换反应,生成 H1·H2,并释放目标 DNA(T)。被释放的 T 被回收复用,再次引发另一个发夹 DNA 开环解螺旋,并生成复合物 H1·H2。复合物 H1·H2 又能引发 H3 或 H4 的杂化连锁反应,生成更复杂的复合物 H1·H2·H3·H4。这样目标 DNA(T)被用作引发剂,循环

图 8-46 基于石墨烯的 GFETs 检测DNA

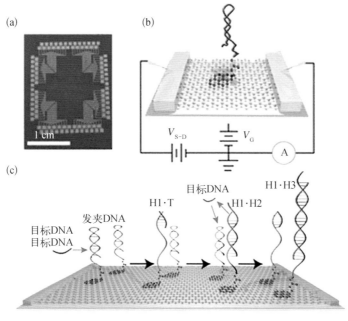

（a）器件照片；（b）器件结构；（c）检测机理

往复地引发连锁杂化反应，使得发夹 DNA(H1)对 T 特异性识别被不断放大，并被 FET 器件探测。得益于这一连锁杂化反应，相较于传统的基于单链核苷酸的 GFET 器件，此 GFET 器件对目标 DNA 的检测灵敏度提高了约 20000 倍。

除场效应晶体管外，用于体外检测的传感器还包括利用识别引发的电化学信息作为响应信号的电化学生物传感器，如循环伏安生物传感器、微分脉冲伏安法传感器、方波伏安传感器以及电化学阻抗谱传感器等。也有利用识别产生的力学变化作为检测信号的力学传感器。总之，无论哪一种传感器都是将功能化石墨烯材料对目标物的特异性识别产生转化为光、电和力等可被检测的信号。

4. 可穿戴医疗检测设备

近年来，用于监测人类生理信息和运动行为的可穿戴、柔性及可拉伸电子设备发展迅速。持续地监测人体血压、脉搏及肢体运动对疾病诊断、治疗和术后康复意义重大。压力传感器是最为重要的可穿戴设备之一。石墨烯材料因具有柔性、机械性能好及重量轻等特点，在可穿戴压力传感器领域具有很大的应用潜力。通过仿生学原理,受人体上皮组织微结构启发,制备的具有随机分布微棘的石墨烯压力传感器可实现高灵敏性(25.1 kPa⁻¹)和宽线性范围(0~2.6 kPa)的压力检测。人体网状的真皮组织具有棘状表面,还含有接触/压力受体,因此能对外界微小的刺激做出灵敏的反应。仿照这一微结构,可制备高灵敏的石墨烯压力传感器。如图 8-47(a)所示,以表面粗糙的纸为模板,制备表面凹凸的聚二甲基硅氧烷(PDMS)薄膜;在 PDMS 薄膜表面涂覆 GO,经高温还原后,得到表面负载 rGO 的 PDMS 薄膜。将两片薄膜的 rGO 面相对制成面对面堆叠的双层膜,用铜导线连接上下两层材料就制成石墨烯压力传感器。对器件施加不同压力,双层膜间距就会发生变化,使得两层材料间接触点不同,进而改变两层材料间的电阻——不同的压力导致不同的电阻变化,把力学信号转换成电学信号,就可实现

图 8-47　石墨烯力学传感器

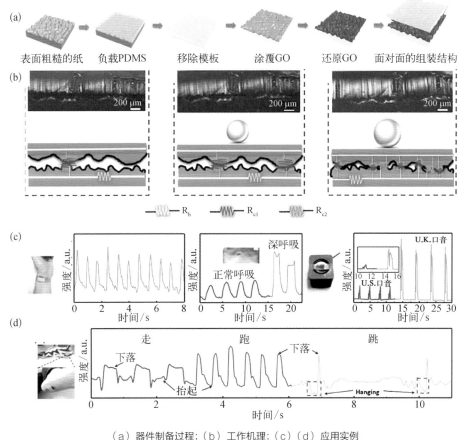

(a) 器件制备过程;(b) 工作机理;(c)(d) 应用实例

对压力的检测[图 8-47(b)]。这一传感器用途广泛[图 8-47(c)(d)]，例如，将其放置在手腕，可测量脉搏；放置在胸口，可测量呼吸；放置在扬声器口，可测量声音；放置在脚后跟，可测量人在运动过程(走、跑和跳)中，脚踝的运动状态。

8.3.3　生物造影和光照疗法

1. 生物造影

人体内众多生理活动，如生物质吸附和扩散、细胞增殖及凋亡和新陈代谢等，都与生物体的生物及生理学状态密切相关。因此，可视化观测及区分不同组织和不同状态的细胞在临床诊断中意义重大。生物显影材料可与癌细胞结合。癌细胞的新陈代谢活跃程度明显高于正常细胞，可使得显影材料在癌细胞中富集。相较于生物体内其他细胞，显影材料的富集使得癌细胞能突出显示。基于这一原理可实现癌细胞的生物造影。石墨烯类功能材料具有高比表面积且易于功能化，因此易被染料小分子、高分子、纳米颗粒、药物分子及生物分子修饰，并用于细胞生物造影。

2. 荧光标记成像

光照时，荧光石墨烯类材料因在肿瘤细胞中(石墨烯材料的靶向作用或肿瘤细胞的富集作用)的浓度高于在正常细胞中的浓度，能发出更强的荧光而被突出显示出来。聚乙二醇(PEG)和近红外荧光染料(Cy7)修饰的石墨烯材料能在小鼠体内的肿瘤细胞中富集，用于荧光成像。纳米氧化石墨烯先与末端带有氨基的聚乙二醇反应，生成聚乙二醇/氧化石墨烯复合物，再通过聚乙二醇上的氨基与带有羧基的菁类荧光染料 Cy7 反应，得到聚乙二醇和荧光标记的石墨烯复合物(NGS-PEG-Cy7)[图 8-48(a)]。其中，氧化石墨烯用作近红外吸光材料和载体。聚乙二醇的引入用于增强复合物在生理环境中的溶解性和稳定性。菁类荧光染料 Cy7 用于荧光成像。当此石墨烯复合材料注射入小鼠静脉后，由于肿瘤细胞的高活跃性新陈代谢和此材料对肿瘤细胞高渗透性及保留性，复合材料在小鼠肿瘤细胞中富集。当用 704 nm 的激光照射时，此石墨烯复合材料因在肿瘤

　　　　　　　　　　　　　　　功能化石墨烯材料及应用

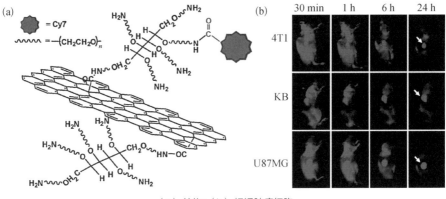

图 8-48 聚乙二醇和近红外荧光染料（Cy7）修饰的GO用于生物体内成像

（a）结构；（b）标记肿瘤细胞

细胞中的浓度高，而发出强度更高的荧光（740～790 nm），被突出显示出来［图8-48(b)］。

3. 表面增强拉曼成像

荧光成像是最为常用的生物医学造影方法，但是其较高的激发能量、光退色作用以及较宽的激发/吸收峰限制了其应用。相反，利用基于分子振动和转动散射光的拉曼光谱技术则不需要较高能量的入射光。当其用于生物成像时，只需较低能量的入射光就可工作。与其他材料相比，石墨烯具有特殊的拉曼散射信号：D 峰、G 峰和 2G 峰，并且拉曼散射的强度可通过与金属纳米颗粒复合显著增强。因此，石墨烯类复合材料已被用于高灵敏性检测生物分子及生物成像。将 Hummer 法制得的 GO 包裹在金纳米颗粒外制成金纳米颗粒/石墨烯复合物（Au@NGO），其能用于人宫颈癌细胞（Hela）的表面增强拉曼（surface-enhanced Raman scattering，SERS）成像（图 8-49）。在此复合物中，具有特征拉曼吸收的GO 用于成像；具有表面等离子体共振性质的金纳米颗粒用于增强 GO 的拉曼信号。Au@NGO 复合物主要通过细胞内吞作用进入 Hela 细胞内，且大部分分散在细胞质中，少量存在于细胞膜中。含有 Au@NGO 复合物的细胞表现出较强的拉曼散射，且其信号强度远高于只含有纳米 GO（NGO）的细胞。此外，由于 Au@NGO 复合物能高效地深入癌细胞中，其也能作为载体传输阿霉素（doxorubicin，Dox）到癌细胞中，用于阿霉素的传输和控制释放。

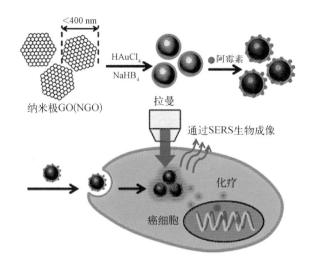

图 8-49 金纳米粒子和氧化石墨烯复合物（Au@NGO）用于表面增强拉曼成像及药物传输

4. 光照疗法

因在近红外区（near infrared，NIR）具有较强的吸收，石墨烯类材料也常被用于光热疗法（photothermal therapy，PTT）和光动力学疗法（photodynamic therapy，PDT）。

光热疗法是利用将光能转化为热能杀死癌细胞的方法。首先将光热转换效率高的材料注入人体，材料在肿瘤细胞中富集，再用光源（通常是近红外光）照射肿瘤部位。材料吸收光能，并将其转化成热能，来杀死癌细胞。前文提及的 NGS-PEG 就是一种能用于光热疗法的材料。向带有 4T1 肿瘤细胞的小鼠体内注射 NGS-PEG（注射剂量为 20 mg/kg）后，用波长为 808 nm 的激光（功率为 2 W/cm²）照射 24 h。射注 NGS-PEG 的小鼠的表面温度在激光照射后可达到 50℃，而未注射 NGS-PEG 的小鼠的表面温度只升高了约 2℃。在照射一天后，小鼠体内所有肿瘤细胞都消失了，只留下黑色的瘢痕，一周后，黑色瘢痕也消失了。在治疗 40 天后，小鼠体内癌细胞没有重新生长，这说明 NGS-PEG 能用于光热疗法高效地杀死小鼠体内 4T1 肿瘤细胞。值得一提的是，这种复合没有表现出细胞毒性，对小鼠的组织没有破坏作用。

光动力学疗法是将光敏剂导入肿瘤组织，随后用适宜波长的光照射肿瘤组织，激发光敏剂，产生单线态氧（$^1O_2$），特异性破坏肿瘤细胞及肿瘤新生血管的过程。激发的光敏剂能将能量传给周围的氧,产生活性很高的单线态氧。单线态氧再和相邻癌细胞中的分子发生氧化反应,产生细胞毒作用致使细胞受损乃至死亡。上转换材料稀土氧化物纳米粒子(upconversion nanoparticles,UCNPs)、聚乙二醇功能化的氧化石墨烯(NGO)和酞菁锌(ZnPc)的复合物已被用于光动力学疗法杀死小鼠体内的人宫颈癌细胞。其制备过程如图 8-50 所示,具有上转换性质的稀土金属氧化物纳米粒子通过共价键负载聚乙二醇修饰的氧化石墨烯上,再与酞菁锌复合,就制成了功能复合物(UCNPs-NGO/ZnPc)。UCNPs 具有荧光性质,可使功能复合物用作生物体内荧光成像;纳米氧化石墨烯能吸收近红外光,并放出热,可使功能复合物用于光热疗法;酞菁锌作为光敏剂,可使功能复合物用于光动力学疗法。在 630 nm 激光(功率为 50 mW/cm²)照射 24 h 后,注射有 UCNPs-NGO/ZnPc 复合物的癌细胞生存能力显著降低。这是由于在光照下复合材料产生了单线态氧。高活性的单线态氧与癌细胞发生氧化反应,杀死了癌细胞。

图 8-50 上转换材料-聚乙二醇功能化的纳米氧化石墨烯-酞菁锌复合物

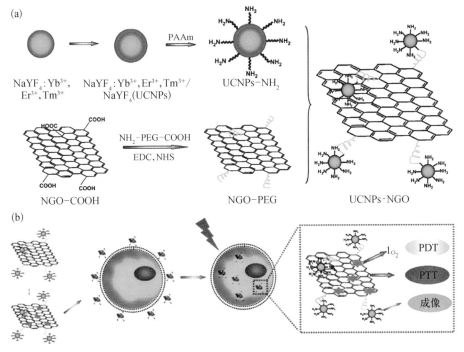

(a)制备;(b)用于光动力学疗法、光热疗法和成像

8.3.4 小结

虽然功能化石墨烯材料在生物医学领域的研究已取得了一定的成果,但这些研究还处于起步阶段。要想推动石墨烯类复合材料在生物医学领域应用的发展,取得更大的成果,以至于达到实用阶段,还需更深层次的研究。首先,要进一步研究功能化石墨烯材料的生物毒性、细胞毒性以及生物相容性;其次,进一步明确石墨烯复合物在体内靶向定位的机理,并研发出更多性能更好的靶向定位材料;与此同时,进一步明确功能化石墨烯材料与生物分子和细胞作用的机理;最后,还要发展出可控的和便捷的规模化制备石墨烯复合材料的方法,并研发出低成本、高灵敏度及反应迅速的石墨烯类便携传感器等。

8.4 环境

如前文所述,氧化石墨烯可通过 π-π 作用、氢键作用、疏水作用及静电作用等吸附污水中的有机/无机污染物,以达到净化污水的目的。工业、农业和生活污水中的污染物种类繁多,主要分为化学性污染、物理性污染和生物性污染三大类(图 8-51)。面对种类如此多的污染物,单纯用氧化石墨烯材料处理显得力不从心,这就需要发展处理能力更强的功能化石墨烯材料。功能化石墨烯材料主要处理水体的化学性污染和生物性污染,特别是有机物污染和重金属污染。污水中主要的有机污染物包括有机农药、多氯联苯、卤代芳香烃、醚类、单环芳香族化合物、苯酚类、多环芳烃类以及亚硝酸等;重金属污染物主要有镉、汞、铅、砷、铬、铜、锌、铊、镍和铍等。

功能化石墨烯材料处理污水的机理除了已经提到的 π-π 作用、氢键作用、疏水作用和静电作用外,还包括磁场作用和螯合作用(图 8-52)。石墨烯材料利用磁场处理污染物的主要过程为:石墨烯和磁性物质制成的复合材料利用石墨烯通过各种作用(π-π 作用、氢键作用、疏水作用和静电作用)吸附污染物,再向吸附

图 8-51 水体污染的种类以及石墨烯类材料主要处理的污染物

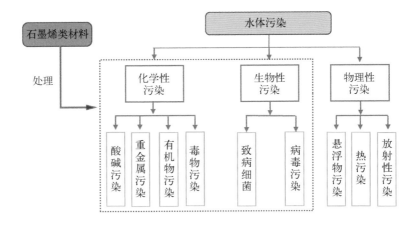

图 8-52 功能化石墨烯类材料净化水体中污染物的主要途径

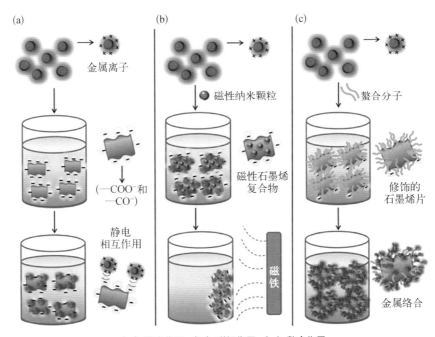

（a）静电作用；（b）磁场作用；（c）螯合作用

污染物的复合材料中施加磁场,将复合物从水体中移除。功能化石墨烯材料利用螯合作用处理污染通过以下过程实现：带有螯合分子的功能化石墨烯材料能通过螯合作用络合水体中的金属离子,形成金属-配体复合物,达到从水体中去除金属离子的目的。此外,带有催化剂的功能化石墨烯材料能够催化污水中有机污染物进行光降解,以分解有机污染物的方式达到净化水体的目的。对于油性物质,高比表面积的石墨烯材料能通过吸附作用,将其从水中去除。水体中的无机污染物,可被功能性石墨烯催化分解,生成对环境基本没有危害的化合物。

8.4.1　染料的去除

污水中的染料分子一般是含有共轭基团或带有阴阳离子的有机分子。如前文所述,GO 具有多种活性位点:阴离子化的功能基团(—OH 和—COOH)、电子离域的 π 体系、疏水区域以及环氧基团等。这些活性位点能够与水体中不同种类的染料分子间产生静电作用、π-π 作用、疏水作用及氢键作用等。加之功能化石墨烯材料大都具有极高的比表面积,所以染料分子能被大量地吸附到石墨烯材料上。然而,石墨烯等碳材料虽能够有效吸附水中的染料分子,但吸附后的材料大都呈微小颗粒状,很难有效地从水体中去除。如任其遗留在水体中,可能会给环境带来不利的影响。因此,需要将吸附后的石墨烯材料从水中有效分离。在众多方法中,磁性分离是一种快速有效地从水中分离纳米颗粒的方法。石墨烯和磁性物质(如 Fe_3O_4)制成的复合材料不仅能吸附染料分子,还具有磁性。复合物吸附污染物后,通过施加磁场能将复合材料从水中去除。例如,磁性 Fe_3O_4/rGO 复合材料能有效地吸附染料分子甲基绿和甲基蓝,并能够在磁场作用下从水体中分离(图 8-53)。

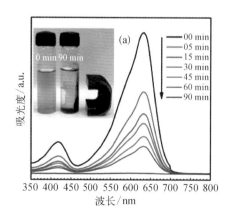 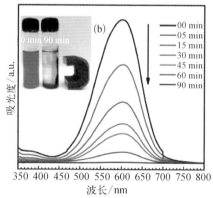

图 8-53　磁性 Fe_3O_4/rGO 复合材料去除染料分子

(a)甲基绿;(b)甲基蓝

应注意的是,这种组成的复合材料较难连续使用,因为材料中的磁性物质在使用过程中,特别是在酸性环境中极易被氧化或分解。因此,常用化学稳定性好的导电高分子材料,如聚苯胺(polyaniline,PANI),包裹石墨烯和磁性物质制成多组分的复合物,以增强复合物的机械强度和吸附性能,例如,氧化石墨烯/四氧化三铁/聚苯胺(GOs/Fe$_3$O$_4$/PANI)复合材料。水热法合成的 GO/Fe$_3$O$_4$,通过高度稀释聚合得到 GOs/Fe$_3$O$_4$/PANI 复合材料(图 8-54)。聚苯胺富含氮功能基团,能为复合物提供更多的吸附位点,同时能保护 Fe$_3$O$_4$ 纳米粒子不被水体分解,增强了复合材料的稳定性,最终实现材料的复用。研究表明此材料对甲基橙(mehyl orange,MO)的吸附容量达 585.02 mg/g。

图 8-54 GOs/Fe$_3$O$_4$/PANI 复合材料的制备

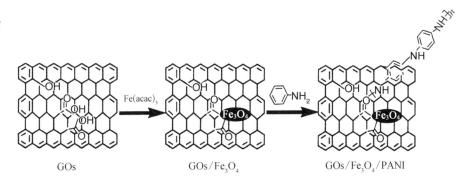

氧化石墨烯含有羧基阴离子,与阴离子型染料分子间存在静电排斥作用,所以其对阴离子型染料分子的吸收较弱。为了使得石墨烯复合材料具有广谱的吸附能力,可将其与能吸附阴离子的物质复合,比如壳聚糖(chitosan,CS)。壳聚糖富含氨基和羟基两种螯合基团(图 8-55),能够通过静电作用吸附水中的阴离子。此外,壳聚糖还具有优异的生物相容性、生物降解性以及抗菌性。

图 8-55 壳聚糖结构

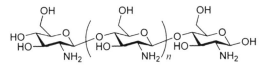

将壳聚糖与氧化石墨烯复合可制成氧化石墨烯/壳聚糖(GO/CS)复合物凝胶。壳聚糖与氧化石墨烯之间有较强的静电作用,因此壳聚糖能作为连接剂将氧化石墨烯连接起来。在此凝胶中,氧化石墨烯很少聚集,表现出较大的比表面积。同时,凝胶中含有大量连通的孔洞,使得被吸附物易扩散到复合物内。将凝

胶填充到柱子中,可用于过滤水中的污染物。此过滤柱不仅能够有效地滤除水中的阳离子染料甲基蓝(methylene blue,MB),还能滤除阴离子型染料曙红(eosin),对这两种染料分子的吸附容量都高于 300 mg/g(图 8-56)。研究发现当提高复合材料中 GO 的比例时,材料对甲基蓝的吸附容量会提高;反之,当提高壳聚糖的比例时,材料对曙红的吸附容量会提高。这是因为氧化石墨烯易络合阳离子,而壳聚糖易络合阴离子。除此之外,这种复合物凝胶还能有效去除水中的 Cu(Ⅱ)和 Pb(Ⅱ)等重金属离子,对这两种重金属离子的吸附容量分别为 70 mg/g 和 90 mg/g。这也是由于氧化石墨烯和壳聚糖能够络合金属离子。

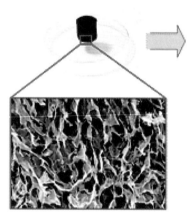
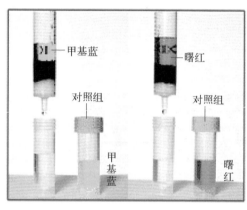

图 8-56 氧化石墨烯/壳聚糖(GO/CS)凝胶滤除水中的甲基蓝和曙红

除用以上吸附方式去除水中的污染物外,石墨烯复合材料还可作为光催化剂降解染料等有机分子。光催化剂具有半导体的性质——催化剂的价带(所有价电子所处的能带)和导带(比价带能量更高的能带,大多数能级是空的)存在能量差(带隙)。当光催化剂吸收与其带隙差相符的特定波长光的能量后,催化剂价带中的电子就会被激发到导带中成为自由电子,并在价带中留下相同数量的空穴(图 8-57)。这样就产生了带负电的电子和带正电的空穴,它们被称为载流子。激发产生的自由电子和相应的空穴被称为"电子-空穴对"。它们或复合,或继续分别向导带和价带移

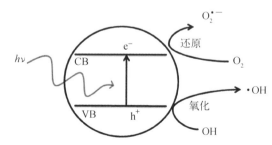

图 8-57 光催化剂吸光激发产生自由电子及空穴的示意图

功能化石墨烯材料及应用

动。移动到催化剂表面的电子和空穴就能分别引发被吸附到催化剂表面的反应物发生还原/氧化反应。自由电子用于还原反应,而正电空穴用于氧化反应。此外,催化剂在水中光激发时,会产生羟基自由基($\cdot OH$)。羟基自由基常用于水体中有害污染物氧化分解。

催化剂催化效率受限于光激发产生的自由电子和空穴的复合效率,自由电子和空穴复合效率越高,能用于催化的自由电子和空穴就越少,催化效率就越低。因此,提高催化效率的关键是增强催化剂载流子的分离和传输。石墨烯类材料能在满足这一要求的同时还能大量吸附污染物,并且其具有较大的吸光范围。因此,石墨烯常用于制备光催化复合材料。在复合材料中,石墨烯作为半导体的载体、污染物的吸附体以及载流子的受体。例如,在还原氧化石墨烯/银纳米粒子/铁掺杂的二氧化钛纳米颗粒(rGO/Ag/Fe-doped TiO_2)中,rGO 不仅作为银纳米粒子及铁掺杂的二氧化钛纳米颗粒的载体,还作为污染物主要的吸附体。

在可见光照射下,铁掺杂的二氧化钛纳米颗粒吸收光激发,产生自由电子和空穴(图 8-58)。导带中的自由电子与吸附到材料表面的氧分子结合生成超氧自由基(O_2^-);价带中的空穴与材料表面的羟基结合生成 $\cdot OH$。导带中的自由电子、价带中的空穴以及产生的自由基(O_2^- 和 $\cdot OH$)都可与污染物结合,使得污染物降解。催化剂表面的 Ag^0 纳米粒子作为自由电子的受体,能防止光激发产生的

图 8-58 rGO/Ag/Fe-doped TiO_2光催化降解染料分子的原理

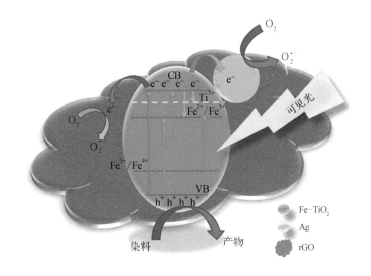

自由电子和空穴重新复合。此外,rGO 的费米能级低于 TiO$_2$ 导带的能级,因此在催化过程中 rGO 也可能接受激发的电子。实验研究表明在 35W 氙电弧灯产生的可见光照射下,rGO/Ag/Fe-doped TiO$_2$ 在 150 min 内光催化降解甲基蓝的效率为 95.33%。

8.4.2 重金属离子的去除

重工业、采矿及冶金等行业会引起水体重金属污染。废水中的 Cd^{2+}、Hg^{2+}、Pb^{2+}、As^{2+}、Mn^{2+}、Ag$^+$、Cu^{2+}、Co^{2+} 以及 Mn^{2+} 等重金属离子严重威胁着人体健康以及生态环境。因此,治理水体中重金属污染是环境保护领域亟待解决的问题之一。常用的处理重金属污染的方法是用吸附剂吸附污水中的金属离子。碳材料,特别是石墨烯材料,具有高比表面积、耐腐蚀、稳定性好、富含含氧基团、可调控的表面化学性质以及易于大规模生产等优点,是较为理想的吸附剂。

在石墨烯类吸附材料中最常用的是氧化石墨烯类材料。氧化石墨烯含有大量的含氧基团(—OH$^-$、—COO$^-$ 和—O—)。这些含氧基团不仅赋予氧化石墨烯极好的亲水性,使其能在水中分散,而且也可作为活性位点络合金属离子。石墨烯类材料吸附金属离子及对应阴离子的机理主要有以下几种:① 石墨烯材料上含氧阴离子基团和金属阳离子间的静电作用。② 石墨烯上富含离域 π 电子的 sp^2 骨架能向金属阳离子给出电子,其可视为路易斯碱,而金属阳离子可视为路易斯酸。两者之间有酸碱相互作用。③ 石墨烯复合材料引入的功能化基团,如氨基和羟基等,与被吸附离子间的作用。④ 磷酸根(PO$_4^-$)、高氯酸根(ClO$_4^-$)以及卤素离子(F$^-$、Cl$^-$ 和 Br$^-$)等阴离子或带有孤对电子的离子与石墨烯层缺电子芳香环间的阴离子-π 相互作用。⑤ 石墨烯类催化剂催化无机阴离子发生分解反应。

例如,rGO 与十二烷基磺酸钠(sodium dodecyl sulfate,SDS)在水中能自组装成以 rGO 为核表面的富含磺酸钠基团的两亲复合物(图 8-59)。组装的驱动力是 SDS 烷基部分和 rGO 疏水表面间的疏水作用力。复合物外围磺酸根阴离子和金属阳离子通过静电作用力络合,形成复合物,达到吸附去除水体中重金属

功能化石墨烯材料及应用

图 8 - 59　rGO/
SDS 自组装复合物
对金属离子的吸附

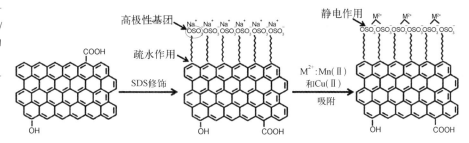

离子的目的。此外,rGO 富含 π 电子的表面也可通过阳离子-π 作用络合金属阳

离子。实验数据表明此 rGO 与 SDS 复合物对 Cu^{2+} 和 Mn^{2+} 的最大吸附量分别可

达 369.16 mg/g(pH = 5)和 223.67mg/g(pH = 6)。

　　将能与重金属离子作用的功能化高分子与氧化石墨烯复合,可制得吸附能力

更好的石墨烯吸附材料。将聚 3-氨基丙基三乙氧基硅烷与氧化石墨烯交联可制

备对重金属离子具有更高吸附能力的聚 3-氨基丙基三乙氧基硅烷-氧化石墨烯

(PAS-GO)复合材料(图 8-60)。三维的 PAS 高分子阻止了 GO 在复合材料中的聚

集,使得被吸附物质更容易到达 GO 材料表面,增强了复合材料的吸附能力。此

外,PAS 高分子含有大量氨基,为络合重金属离子提供了更多活性位点。PAS-GO

复合材料在 303 K 温度下对 Pb^{2+} 的吸附容量可达 312.5 mg/g,并且随着吸附温度

升高,吸附容量会有进一步的提升。值得一提的是,PAS-GO 复合材料适用的 pH

范围较宽(4.0~7.0)。吸附作用的机理主要为 GO 上阴离子基团(—COOH 及

—OH)与金属阳离子间的静电作用力以及富电子的 GO 上含氧基团和 PAS 上氨基

与金属离子间的配位作用(也称"螯合作用")。氨基上氮原子的孤对电子能与金属阳

离子共享孤对电子形成配合物(或"螯合物"),从而吸附金属离子。由于 PAS 与不同

金属离子间的耦合作用力不同,PAS-GO 复合物可选择性地吸附 Pb^{2+} 和 Cu^{2+} 。

图 8 - 60　PAS-
GO 复合材料制备
及吸附重金属离子
过程

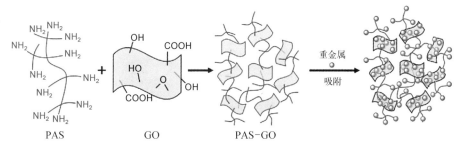

将 GO 和磁性材料（如 Fe_3O_4）复合可制成磁性石墨烯类复合材料，用于去除污水中的重金属离子。将废弃洋葱片热处理可得到二维片层状类氧化石墨烯碳材料，接着在该碳材料表面复合 Fe_3O_4 纳米粒子，就制成磁性 Fe_3O_4-二维碳复合材料（Fe_3O_4@2D-CF）（图 8-61）。此复合材料对 As(Ⅲ)(H_3AsO_3) 的吸附容量可达 57.47 mg/g。吸附机理可能为亚砷酸与复合材料中 Fe_3O_4 上的羟基（—OH）反应，生成复合物。复合物吸附亚砷酸后，在磁场的作用下，从水体中移除。

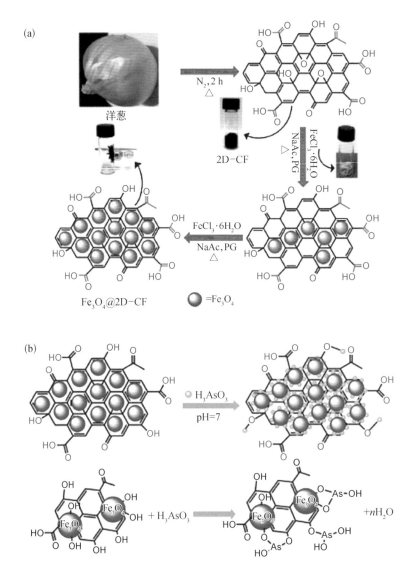

图 8-61 Fe_3O_4@2D-CF 复合物制备及吸附亚砷酸的机理

功能化石墨烯材料及应用

离子液体/壳聚糖/氧化石墨烯磁性(MCGO-IL)复合物可高效地去除水体中的重金属铬(图8-62)。将壳聚糖包裹的 Fe_3O_4 与氧化石墨烯混合制得磁性的壳聚糖/氧化石墨烯复合物(MCGO),再将此复合物浸入离子液体中制得磁性离子液体/壳聚糖/氧化石墨烯(MCGO-IL复合物)。离子液体的引入不仅可增强复合物的水溶性,还可以提供额外的金属离子络合位点。此复合物对铬酸氢根($HCrO_4^-$)的吸附容量达 145.35 mg/g。吸附机制主要是通过复合材料与金属离子间的静电作用和氢键作用。研究表明 $HCrO_4^-$ 可能通过以下机制从水中去除:
① 在酸性环境下,复合物上的羟基(—OH)质子化生成—OH_2^+,并通过静电作用吸附 $HCrO_4^-$;② 壳聚糖上质子化的氨基(NH_3^+)及离子液体上的 But_4N^+ 以静电作用吸附 $HCrO_4^-$;③ $HCrO_4^-$ 在复合物富含 π 电子的芳香环作用下被还原成 Cr^{3+},生成的 Cr^{3+} 被含有阴离子—COO^- 的复合物吸附。

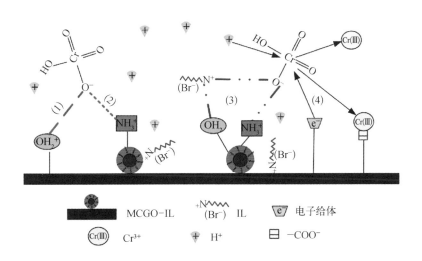

图 8-62 MCGO-IL 吸附 $HCrO_4^-$ 的机理

阴离子(如 NO_3^- 和 NO_2^-)常伴随金属离子存在于水体中。水体中的硝酸根(NO_3^-)本身对人体来说是无毒的,但是其可在环境中被还原成 NO_2^- 或被肠胃中的细菌还原成 NO_2^-。NO_2^- 可诱发多种疾病,如蓝色婴儿综合征及癌症等,对人体的危害极大。因此,有效去除水体中的 NO_3^- 和 NO_2^- 是水处理中必须关注的问题。由石墨烯纳米片负载零价铁原子制成的复合材料(ZVINP/NG)能将 NO_3^- 转化成 NH_4^+ 和 N_2,其是一种处理水中 NO_3^- 和 NO_2^- 的理想材料(图8-63)。复合

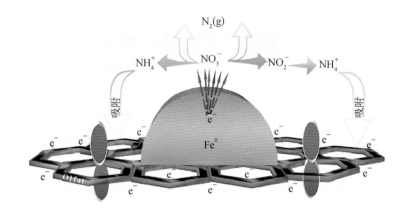

材料中的纳米石墨烯是零价铁原子的载体，不仅能稳定零价铁原子，还能增强其催化活性。

NO_3^- 转化成 NH_4^+ 和 N_2 可能通过以下途径实现：① Fe^0 将 NO_3^- 转化为 NO_2^- [式(8-9)]，再被 Fe^0 转化为 NH_4^+ [式(8-10)]；② NO_3^- 直接被氢气还原成 NH_4^+ [式(8-11)]；③ NO_3^- 直接被 Fe^0 还原成 NH_4^+ [式(8-12)、式(8-13)]；④ NO_3^- 直接被 Fe^0 还原成 $N_2(g)$ [式(8-14)]；⑤ NO_2^- 被 Fe^0 还原成 $N_2(g)$ [式(8-15)]。

$$NO_3^- + Fe^0 + 2H^+ \longrightarrow Fe_2^+ + NO_2^- + H_2O \tag{8-9}$$

$$NO_2^- + 3Fe^0 + 8H^+ \longrightarrow 3Fe_2^+ + NH_4^+ + 2H_2O \tag{8-10}$$

$$NO_3^- + 4H_2 + 2H^+ \longrightarrow NH_4^+ + 3H_2O \tag{8-11}$$

$$4Fe^0 + NO_3^- + 7H_2O \longrightarrow 4Fe(OH)_2 + NH_4^+ + 2OH^- \tag{8-12}$$

$$3Fe^0 + NO_3^- + H_2O \longrightarrow Fe_3O_4 + NH_4^+ + 2OH^- \tag{8-13}$$

$$5Fe^0 + 2NO_3^- + 6H_2O \longrightarrow 5Fe_2^+ + N_2(g) + 12OH^- \tag{8-14}$$

$$3Fe^0 + 2NO_2^- + 8H^+ \longrightarrow 3Fe_2^+ + 2H_2O + N_2(g) \tag{8-15}$$

影响石墨烯类吸附剂吸附水体中金属离子效率的因素有很多种，比如：水中的离子强度、pH 以及 GO 上含氧基团的数量等。水体中离子强度对吸附效率的影响主要是由水体中电解质（NaCl、KCl 和 $NaClO_4$ 等）与重金属离子在 GO 表面吸附竞争引起的。一般情况下，水体中高浓度的电解质会降低石墨烯类材料对重金属离子的吸附效率，但也有例外情况，比如：GO 对 Pb^{2+} 的吸附就不受

NaClO$_4$的影响。这可能是由于 GO 上吸附位点与 Pb^{2+} 的作用力要远高于吸附位点与 NaClO$_4$ 电解质间的作用力。

pH 是影响 GO 类材料吸附能力的主要因素。GO 的吸附行为取决于其等电点（pH$_{pzc}$，pzc：point of zero charge）。当溶液的 pH 高于 GO 等电点（pH＞pH$_{pzc}$）时，GO 上的羟基和羧基被阴离子化，赋予 GO 材料阴离子化的表面。这增强了其与金属阳离子间的静电作用。反之，当溶液 pH 低于 GO 等电点（pH＜pH$_{pzc}$）时，GO 上的羟基和羧基被质子化，即使 GO 表面阳离子化，也减弱了 GO 对金属阳离子的吸附能力。此外，溶液的 pH 也影响被吸附的金属阳离子，当 pH 较高时，金属离子可能生成氢氧根形式，如 Me(OH)$^+$、Me(OH)$_2$ 或 Me(OH)$_3^-$。此类金属离子与 GO 间的作用力较弱，不易被 GO 吸附，这就会降低 GO 对金属离子的吸附能力。因此，在用 GO 类材料吸附重金属离子时，需要调节溶液的 pH，使 GO 表面阴离子化，且金属离子以 Me$^+$ 的形式存在。pH 并不是定值，不同金属离子和不同石墨烯材料，吸附适宜的 pH 也不同。

8.4.3 药物分子的去除

药物的生产过程、生活垃圾和人类代谢物会向水体中引入药物分子，特别是抗生素药物。抗生素是一个伟大的发现，其能够抑制或杀死人体中多种病菌，起到预防或治疗疾病的作用。然而，抗生素的滥用会使人体免疫系统抵抗力下降，产生一些对人体有害的副作用以及增强细菌的耐药性。若水环境中含有大量的抗生素，人体安全就会受到危害。因此，处理水体中的药物分子，尤其是抗生素分子，是水处理和水体净化必须要面对的问题。

如图 8-64 所示，常用的抗生素多为有机小分子，大都含有一种或几种氨基、亚氨基、羟基、羰基、羧基以及芳环等功能基团，易被质子化或阴离子化进而带有正负电荷，因此也就易于同其他分子或材料间发生氢键作用、π-π 作用、静电作用及疏水作用等。因此，水体中抗生素分子的处理方式与前文所述有机染料分子的处理方式相同，都可被石墨烯材料通过多种作用方式吸附或降解。

GO 用海藻酸钠（sodium alginate，SA）包裹制得的 GO-海藻酸钠复合物水

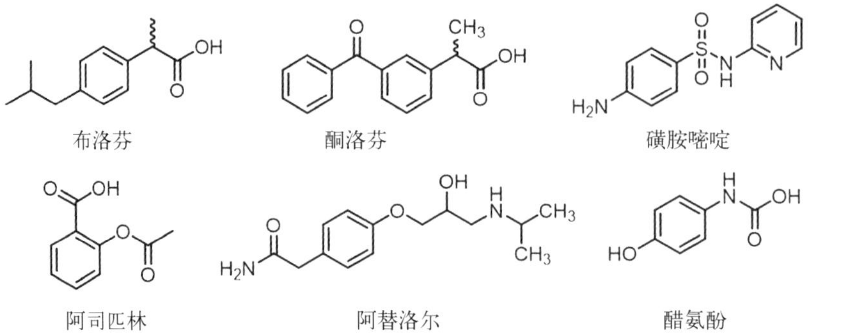

布洛芬　　　　　　酮洛芬　　　　　　磺胺嘧啶

图 8-64　一些常用的抗生素分子结构

阿司匹林　　　　　　阿替洛尔　　　　　　醋氨酚

凝胶（GO-SA-H）或气凝胶（GO-SA-A），可用于去除水中的环丙沙星（ciprofloxacin，CIP，一种抗生素）。复合物水凝胶和气凝胶对环丙沙星的吸附容量分别为 86.12 mg/g 和 55.55 mg/g。吸附的驱动力主要是海藻酸钠和 GO 上的含氧基团（—OH 和—COOH 等）与环丙沙星间的静电作用，以及 GO 与环丙沙星间的 π-π 作用。GO 的引入增强了凝胶中孔的均一性，并减小了孔体积。此外，GO 上丰富的含氧基团和含有 π 电子的共轭结构为复合物凝胶提供了更多的吸附位点。这几种因素都有利于提高凝胶的吸附能力。

rGO 和磁性纳米粒子原位反应制备的复合材料可吸附水中的氟喹诺酮（fluoroquinolone）、环丙沙星和诺氟沙星（norfloxacin，NOR）。对环丙沙星和诺氟沙星的吸附容量分别为 18.22 mg/g 和 22.2 mg/g。吸附的作用力主要是抗生素分子与复合材料间的静电作用和 π-π 作用。热力学实验表明此吸附是自发放热反应。由于复合物具有 12.0 emu/g 的饱和磁化强度，可以方便快速地在外电场作用下从水体中分离。

8.4.4　油性物质的去除

工业含油性物质的废水、不溶于水的有机物（如甲苯、苯、二氯甲烷和氯仿等）以及泄漏的原油等极大地危害生态环境和公共健康。其中原油泄漏问题最为突出。原油是当今社会最主要的能源，是工业的血脉。原油的开采、运输和加工处理无时无刻不在进行着。这就造成在这些过程中，原油泄漏事故多发，对生态环境，尤其是水环境造成很难有效恢复的破坏。为了解决这些污染问题，开发出能够处理水体中有机物污染和原油污染的技术与材料是当务之急。

　　常用的污染处理方法有用分散剂或固化剂处理、焚烧、生物降解或物理吸附等。在这些方法中，物理吸附能从水体表面有效地吸附油性污染物，且不对环境产生不利的影响。因此，物理吸附是一种较为有效便利地处理此类污染的方法。理想的物理吸附材料应具有高疏水性、亲油性、高吸油容量以及造价低等特点。在众多吸油材料中，石墨烯类材料的吸附性能表现尤为突出。石墨烯天然具有疏水性和亲油性，并且基于石墨烯的材料通常具有极低的密度。这些特点赋予了石墨烯材料较强的油性物质吸附能力和突出的吸附容量。

　　优化石墨烯类吸附材料的外形、内部的孔结构和机械性能，可有效增强石墨烯材料的吸附性能——rGO修饰的三聚氰胺海绵复合材料具有超疏水性和亲油性，能在水中很好地吸附油类及有机溶剂，比如大豆油和氯仿（图8-65）。吸附质量是其本身质量的112倍，这得益于其多孔状的内部结构[图8-65(g)]，以及被疏水的rGO完全覆盖三聚氰胺骨架。在循环使用20次后，其吸附能力并不衰

图8-65　rGO修饰的三聚氰胺复合材料吸附大豆油（已用油红染色）（a）~（c）和氯仿（已用油红染色）（d）~（f）的外观照片及微观结构（g）（h）

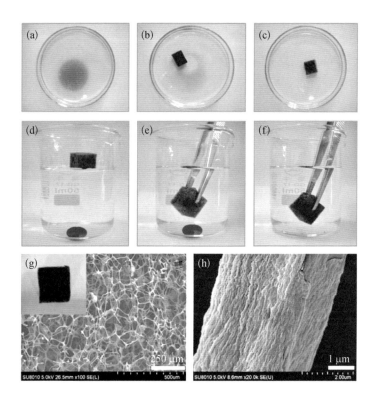

减,并且对气蚀和腐蚀液体表现极好的耐受性。

吸附材料吸满油性物质(如原油)后,可通过挤压或蒸馏的方法将吸附的原油分离出来,达到复用吸附材料的目的(图8-66)。基于这些吸油材料的吸附装置能在外力作用下不断地从水面收集油性物质,并将吸附的油性物质从吸附材料上分离。这就同时实现了油污的清理和油性物质的回收。

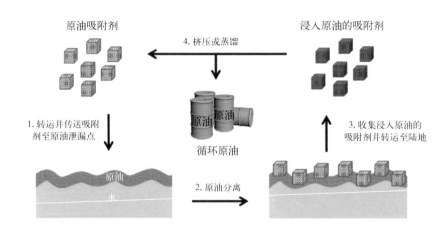

图 8-66 原油的吸附清理及回收复用过程

值得注意的是,虽然大多吸附材料对低黏度的油性物质表现出较高的吸附性能,但对于高黏度油类(如原油)的吸附速率却比较低(原油具有较高黏度,致使其渗入吸附材料的速率较低)。为了提高吸附材料对原油的吸附速率,一些特殊的吸附材料和装置被研发出来。焦耳加热石墨烯包裹的海绵复合材料就是一种能高效除去原油的材料。在此材料中,多孔的海绵骨架被石墨烯包裹,赋予此复合材料高疏水性及导电性。高疏水性及多孔的结构使得材料能够从水面吸附原油,但是由于原油的高黏性使得吸附速率较低[图8-67(a)]。当对复合材料施加外电压时,电流流过复合材料中的石墨烯层,产生焦耳热,这会快速地加热复合材料,而热的复合材料会加热其周围的原油,使得原油的黏度降低。低黏度的原油能以较快的速率渗入复合材料,从而提高复合材料对原油的吸附速率[图8-68(b)]。相较于未加热的吸附过程,焦耳加热的吸附时间降低了94.6%。

石墨烯复合材料的油/水分离效率依赖其表面浸润性。研究表明具有低表面能及粗糙表面的材料具有较好的疏水性和亲油性。除此之外,优秀的吸油材料还应具有密度低、柔韧性好、吸油容量高、化学惰性和耐火性高等性质。基于

图 8-67　石墨烯包裹的海绵复合材料清理原油的过程

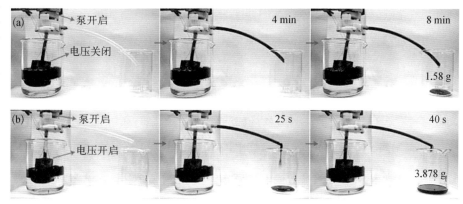

（a）不加热;（b）加热

这些材料的吸油装置不仅能有效减少吸附材料的用量,而且能简化且加快油类回收过程。对于像原油这样高黏度的油类,需研发能提高吸附和回收效率的材料与技术。此外,要想增强原油吸附材料的实用性,还要研发能耐强风和大浪的高机械强度的材料与装置。

8.4.5　有毒有害气体的吸附

温室气体(如 CO_2、CH_4 及氟利昂等)的大量排放,会造成全球气候变暖,并且氟利昂等会造成大气中臭氧层破坏,使得地面受到过量的紫外线辐射,危及人类健康。此外,工业生产或化学使用过程中泄漏的有毒有害气体(如 NH_4、CO、H_2S、SO_2、NO_x 及 N_2O_4 等)排放到环境中,会危害环境及人类健康。因此,需要采取有效的措施处理这些有害气体,而用石墨烯类材料吸附处理这些有害气体是一种便捷可靠的方式。

石墨烯类材料都具有多孔的结构,并且具有较高的比表面积,这使得其具有对气体较高的吸附容量。除此之外,石墨烯易于化学功能化。功能化石墨烯材料带有多种功能基团,这些功能基团能和被吸附的气体分子产生作用力或发生反应,进而增强石墨烯材料的吸附性能。例如,功能化石墨烯材料中的氮原子、硫原子和氧原子能与二氧化碳分子作用,这一额外的作用力就增大了石墨烯材料对二氧化碳的吸附能力,—COOH、—OH 和 NH₃ 等极性基团能与二氧化碳或甲烷作用,进而增强石墨烯材料对二氧化碳或甲烷的吸附能力。

SO₂、H₂S、NO₂ 和 NH₃ 等高活性气体易于与一些化合物发生反应,生成较为稳定的共价键。利用这一原理,将石墨烯与活性物质混合,制得的功能化石墨烯复合材料对这些高活性气体具有较高的吸附能力。例如,在氧化石墨烯与氢氧化铝-锆聚阳离子表面活性剂的复合物中,氢氧化铝-锆聚阳离子表面活性剂附着在氧化石墨烯的表面,防止氧化石墨烯片层的聚集,使得片层之间都具有间隙。这一结构使得氨气分子能渗入氧化石墨烯层间隙,并与 Al/Zr 酸性位点发生反应,生成稳定的化学键。此外,间隙间的水分子也能作为结合位点与氨气分子作用,达到增强氨气吸附的目的。

优化石墨烯材料的纳米结构也能增强其对气体分子的吸附能力,如上文所述的利用聚阳离子表面活性剂插层氧化石墨烯,可使得氧化石墨烯片层之间具有稳定的间隙。此外,将其他吸附材料引入石墨烯材料中制成的复合物还能通过石墨烯与其他吸附材料的协同作用吸附气体分子,而表现出更高的吸附能力。这些吸附材料可以选择金属有机框架(metal organic framework,MOF)、共价键有机框架(covalent organic framework,COF)或沸石颗粒等。多种材料的组合可提供更多的气体分子吸附位点以及更丰富的纳米结构,可赋予复合材料更强的吸附能力和更高的吸附容量。

8.4.6 小结

综上所述,除以上谈到的环境应用外,功能化石墨烯材料还可用于污水中微生物和细菌的处理以及环境监测等。虽然功能化石墨烯材料在环境保护中的研究已经取得了一些成果,但是在这一领域还存在一些问题亟待解决:① 进一步降低石墨烯生产及功能化的成本;② 理解功能化石墨烯材料制备过程中基团和结构转化的详细机制;③ 抑制功能化石墨烯材料在应用过程中聚集,以提高其比表面积;④ 提高 rGO 的质量,以提高基于它的复合材料的性能;⑤ 进一步研究石墨烯类材料的毒性,明确此类材料是否对人体和环境造成危害等。如果这些问题能逐一得到解决,石墨烯在环境领域将会拥有更大的应用前景。

8.5　催化

目前,除酸碱催化外,均相催化和非均相催化已在工业生产中得到广泛应用。特别是非均相催化,近年来在能源转化、制药、材料科学以及环境保护等领域已被广泛应用。当前应用最为广泛的是铂、钯、钌、钴、铁以及镍等金属催化剂。其中具有高催化活性的主要是铂系等贵金属,但它们都是稀有金属,地球储量少、应用成本高。因此,需要开发原材料丰富、高效及使用成本低的新型催化剂。石墨烯作为一种新型的二维碳材料,其在非均相催化领域具有极大的应用潜力。石墨烯具有单原子厚度的二维晶体结构骨架,能向环境提供两个间隔极小的表面,易于与反应底物作用,表面活性高。石墨烯在室温下的电子迁移率高达约 $10000\ cm^2/(V\cdot s)$,有利于催化过程中的电子传输。石墨烯具有 $2630\ m^2/g$ 的理论比表面积,在催化过程中能吸附更多的底物分子。石墨烯易于衍生化,通过掺杂和修饰等方法能方便地引入催化反应的活性位点。石墨烯的二维平面能为其他高活性催化剂提供一个很好的支持平台,可以作为载体制备复合催化剂。综上所述,石墨烯本身可作为高活性催化剂应用于催化反应中,也可与其他催化剂配合制备复合催化剂,还可作为其他催化剂的载体。如图 8-68 所示,石墨烯以缺陷或杂原子为活性中心催化反应,同时作为支撑材料负载其他活性材料。

图 8-68　石墨烯在非均相催化中的应用: 高效催化剂及活性材料载体

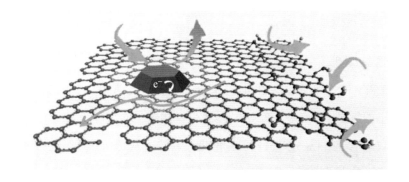

8.5.1 石墨烯作为催化活性材料

石墨烯具有 sp^2 杂化的碳骨架,因此在石墨烯片层边缘(或缺陷处)的碳原子含有悬挂键。这些悬挂键都处于高能态,除了能与氢或其他杂原子结合外,还可催化某些反应。除此之外,石墨烯及其衍生物上的功能基团及掺杂结构都可以改变石墨烯的物理/化学性质,使其在一些化学反应中表现出高催化活性。将具有给电子或吸电子性质的杂原子,如 N、P、B、S、O 或 F 等,引入石墨烯后,会改变石墨烯碳骨架的电子性质,能极大地增强其电化学或化学催化性能。如图 8-69 所示,石墨烯及其衍生物主要的催化活性位点有以下几种:含氧基团(主要包括羰基、羧基、羟基、环氧基和苄醇基团)、边缘碳(椅式及锯齿结构)以及杂原子(N、P、B、S、O 或 F 等)。

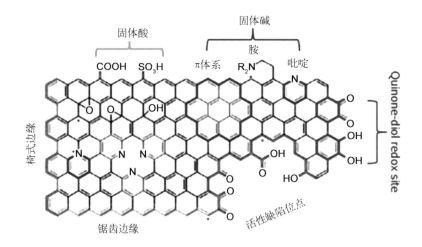

图 8-69 石墨烯及其衍生物的催化活性位点

1. 含氧基团

GO 和 rGO 带有含氧基团,如羰基、羧基、羟基、环氧基和苄醇基团。由于这些基团上的氧原子带有一对孤对电子,这些基团在化学反应中表现出亲核活性,能够进攻缺电子中心,从而引发反应的进行。这些基团亲核活性的强弱依赖基团氧原子上的电子密度。电子密度高则亲核活性强;反之则弱。理论计算表明:

　功能化石墨烯材料及应用

相较于其他含氧基团,醌基上的氧原子电子密度最高,因此其亲核活性要高于其他基团中的氧原子。此外,含氧基团的亲和活性还受其所在的石墨烯边缘结构影响,例如,相较于椅式边缘结构处的基团,锯齿边缘处的二酮活性表现出更高的催化活性。

由于具有较高的催化活性,带有含氧基团的石墨烯及其衍生物已经被广泛地应用于各种C—H活化、氧化还原反应、开环聚合、缩醛基聚合以及脱水反应等催化反应中。例如,高负载量(20%～200%)的氧化石墨烯可选择性地催化氧化苄醇生成苯甲醛(图8-70)。理论计算表明,催化的活性位点为氧化石墨烯上的环氧基。然而,实验发现此催化剂在重复使用后会失活。傅里叶变换红外光谱、元素分析和粉末导电性测试表明氧化石墨烯在催化反应过程中被逐渐还原成石墨烯。理论分析表明,催化过程中氢原子从苄醇上传递到氧化石墨烯表面的环氧基上。环氧基接受氢后,发生开环反应,最后脱去一分子水,形成双键。在水中,氧分子会使形成的双键重新被氧化。催化活性降低说明生成的双键被氧分子重新氧化并不彻底,这表明双键重新被氧化使得氧化石墨烯恢复最初的状态,才能重新作为催化剂使用。

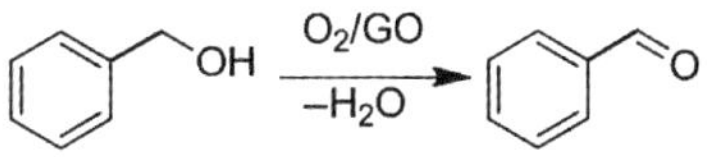

图 8-70 氧化石墨烯作为催化剂氧化苄醇成苯甲醛

2. 氮原子掺杂

具有给电子或吸电子性质的杂原子掺杂石墨烯后,会改变石墨烯碳骨架的电子性质,使得掺杂区域具有催化活性。在众多石墨烯掺杂原子中,氮原子是最常用的。例如,氮掺杂石墨烯常用于氧化还原反应(oxygen reduction reaction, ORR)。ORR 是燃料电池以及其他可再生能源技术(如金属-空气电池及染料敏化电池等)中的关键反应。氮掺杂石墨烯表现出很高的催化活性以及耐久性,是铂等贵金属催化剂很好的替代品。通过热解或"自下而上"策略等,可制备氮掺杂石墨烯材料。在氮掺杂石墨烯中,氮原子有三种形态:吡啶氮、石墨氮及吡咯氮(图8-71)。由于碳骨架的连接方式不同,三种形态的氮原子对石墨烯碳骨架电子结构的影响是不同的。因此,它们在催化反应中的作用也是不同的。

实验及理论分析表明氮掺杂石墨烯的催化活性大都来源于石墨烯上的吡啶

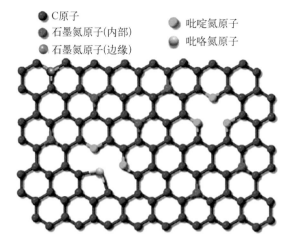

- ● C原子
- ● 石墨氮原子(内部)
- ● 石墨氮原子(边缘)
- ● 吡啶氮原子
- ● 吡咯氮原子

图 8-71　氮掺杂石墨烯中氮原子的三种形态

氮。扫描隧道显微镜测试及密度泛函理论(DFT)分析表明,与吡啶氮相连的碳原子在导带中的定域态密度接近费米能级,这表明此碳原子易于给出电子对,可作为路易斯碱。氮原子的电负性(3.04)远大于碳原子的电负性(2.55),因此与氮原子相连的碳原子被正电荷化,并在 ORR 中作为活性中心催化反应的进行。如图 8-72 所示,此催化过程可能通过两种途径进行:一种是四电子过程[式(8-16)],另一种是两电子过程[式(8-17)]。

$$四电子过程: O_2 + 4H^+ + 4e^- \longrightarrow H_2O \qquad (8-16)$$

$$两电子过程: O_2 + 2H^+ + 2e^- \longrightarrow H_2O_2 \qquad (8-17)$$

这两种反应途径的起始过程是相同的,即一个氧分子被与吡啶氮相连的碳原子吸附,并失去一个电子,得到一个氢离子,发生质子化[图 8-72(c)]。在四电子过程中,质子化的氧分子再接受两个质子,并失去两个电子,随着 O—OH 键的断裂生成一分子水和吸附在碳原子上的 OH[图 8-72(d)],然后,此 OH 与另外一个质子反应并失去一个电子,生成一个水分子,再从碳原子上解吸附,使得催化剂复原,完成一个催化过程[图 8-72(e)];在两电子过程中,第一步生成的质子化氧分子失去一个电子并质子化,生成 H_2O_2,从碳原子上解吸附。生成的 H_2O_2 还可再重新被吸附到与吡啶氮相连的碳原子上,失去两个电子并质子化[图 8-72(f)],生成两个水分子,再从碳原子上解吸附,完成催化反应。从以上分析可以看出,与吡啶氮相连的碳原子是路易斯碱,在 ORR 中作为活性位点催化反应。

图 8-72 氮掺杂
石墨烯催化氧化还
原反应的机理

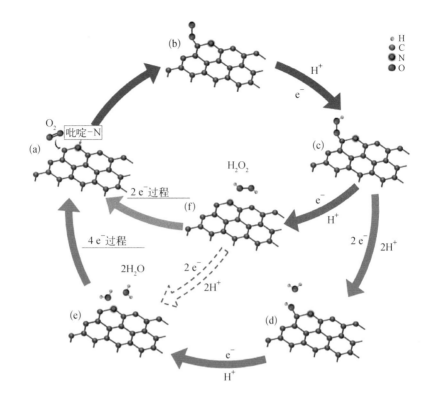

3. 硼原子掺杂

硼原子的电负性(2.04)小于碳原子的电负性(2.55),因此硼原子掺杂石墨烯后,石墨烯共轭碳原子骨架的电子排布被改变,在硼原子掺杂处形成缺电子中心。这一缺电子中心在催化反应中会吸附富电子的反应底物,并催化反应的进行,是催化反应的活性中心。例如,在 ORR 中石墨烯上掺杂的硼原子会化学吸附阴离子化的氧原子,并促使 O—O 键解离。此外,硼掺杂石墨烯在碱性环境中能催化析氧反应;在低过电势下,其能电催化二氧化碳的还原。

如图 8-73 所示,BC$_3$ 形态的硼掺杂石墨烯能在温和的条件下高效催化氮气电化学还原生成氨气。虽然硼原子掺杂没有改变石墨烯 sp^2 杂化的共轭碳骨架,但由于硼原子和碳原子电负性的差异,硼原子正电荷化(+0.59e)。正电荷化的硼原子吸附氮气分子的能力更强,并且能够降低 N$_2$ 电化学还原成 NH$_3$ 的反应能垒。此外,在酸性环境下,此缺电子的硼原子能有效抑制活性位点吸附路易斯酸 H$^+$,从而提升氮气还原反应的法拉第效率,并有效地抑制产氢

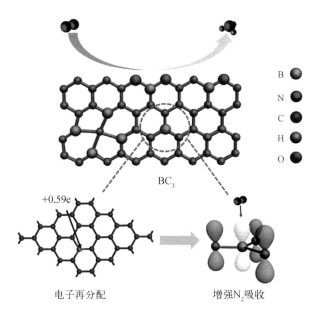

图 8-73 硼掺杂石墨烯结构、能级及吸附氮分子过程示意图

B
N
C
H
O

BC₃

+0.59e

电子再分配 增强N₂吸收

副反应的发生。硼原子掺杂率为 6.2% 的石墨烯催化氮气还原为氨气的产率为 9.8 μg/(h·cm²)，并且在参照的标准氢电极电势为 -0.5 V 时，此硼掺杂石墨烯在温和水系条件下的法拉第效率可达 10.8%。

4. 磷原子掺杂

与硼原子类似，磷原子电负性（2.19）也小于碳原子的电负性（2.55），且具有较高的给电子能力，因此磷原子也能够破坏石墨烯电中性的共轭骨架，产生能强烈吸附氧气分子的正电荷化活性中心，从而加速 ORR 的进行。例如，通过热处理氧化石墨烯和三苯基膦就可制得磷掺杂石墨烯。此功能化石墨烯材料在 ORR 中表现出极高的催化活性、优异的稳定性和对甲醇的高耐受性。催化的活性中心是正电荷化的磷原子。

5. 硫原子掺杂

由以上论述可知，由于 B 或 P 的电负性小于碳原子的电负性，以这些原子掺杂石墨烯后，杂原子掺杂处会产生正电荷化的缺电子中心。在 ORR 中，这些缺电子中心对氧气分子具有很强的吸附能力，是催化 ORR 的活性位点。与 B 或 P

不同,虽然硫原子的电负性(2.58)与碳原子电负性(2.55)接近,但是硫掺杂的石墨烯在 ORR 中也表现出很高的催化活性。例如,在氩气条件下热处理 GO 和二苄基二硫醚,就得到硫掺杂石墨烯(图 8-74)。结构分子表明硫原子以—C—S—C—和—C—SO$_x$—C—($x = 2 \sim 4$)两种形式存在于石墨烯的边缘和缺陷处。这一材料在 ORR 中表现出较高的催化活性、优异的稳定性以及很好的甲醇耐受性。分析表明此硫掺杂石墨烯也以四电子过程催化 ORR。此催化反应的活性中心可能是 C—S。然而,由于硫原子的电负性与碳原子的电负性接近,硫原子掺杂并不会大幅改变掺杂石墨烯碳骨架的电荷分布。因此,硫掺杂石墨烯催化 ORR 的作用机制与 N 或 B 掺杂石墨烯的催化机制是不同的。密度泛函理论(DFT)表明,相较于原子电荷密度,原子的电子自旋密度更能影响活性位点的催化性能。因此,此硫掺杂石墨烯上硫原子的电子自旋密度决定了此材料在 ORR 中的催化活性。

图 8-74 硫掺杂石墨烯反应及催化 ORR 过程示意图

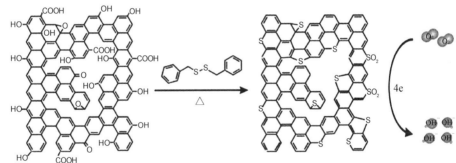

6. 多原子共掺杂

为了进一步提高杂原子掺杂石墨烯的催化性能,多原子共掺杂石墨烯材料被开发出来。这种材料将多种上述杂原子(N、P、B、S、O 或 F 等)同时引入石墨烯中,利用这些杂原子的优势,在它们的协同作用下进一步提升催化性能。例如,利用不同电负性杂原子(N 和 B)的协同作用,N 和 B 共掺杂的石墨烯相较于单一杂原子掺杂石墨烯表现出更高的催化性能;将六氟磷酸铵和涂覆聚苯胺的氧化石墨烯热处理制得的 N、P 和 F 三原子掺杂石墨烯在 ORR、OER 和析氢(HER)中都表现出很好的催化活性;再比如,以纳米多孔镍为模板生长的石墨烯与吡啶和噻吩一起热处理,可制得氮硫共掺杂石墨烯,其结构如图8-75所示。由于多种形态的氮硫掺杂,此共掺杂材料在 HER 中表现出极高的催化活性——表现出可与性能最好的无金属催化剂(二维 MoS_2)相当的低反应过电势。

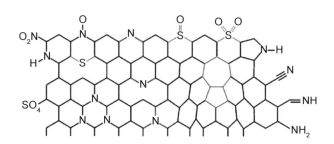

图8-75 氮硫共掺杂多孔石墨烯的可能结构

7. 缺陷/边缘催化

缺陷在石墨烯中是普遍存在的,但又是非常重要的。它们能够改变其所处区域的石墨烯电子结构以及向石墨烯 sp^2 共轭碳体系注入电荷,进而改变石墨烯的物理化学性质。缺陷是在石墨烯生产过程中产生的,也可由后期引入。研究表明,石墨烯中的缺陷存在两大类:点缺陷和线缺陷。点缺陷包括:Stone-Wales 缺陷[图8-76(b)]、单空位[图8-76(c)]、双空位[图8-76(d)]、锯齿边缘处五元环[图8-76(e)];线缺陷包括:含奇数八元环和融合的五元环线缺陷[图8-76(f)]、含偶数八元环和融合的五元环线缺陷[图8-76(g)]、含奇数七元环及五元环对的线缺陷[图8-76(h)]和含偶数七元环及五元环对的线缺陷[图8-76(i)]。这些缺陷位点由于结构和位置不同,它们在催化反应中的表现也

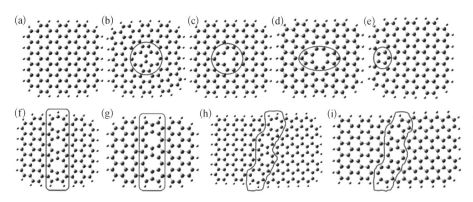

图8-76 完美石墨烯(a)和含缺陷的石墨烯(b)~(i)的结构示意图

是不同的。例如,理论计算表明只有锯齿边缘处五元环具有 ORR 催化活性,而其他的点缺陷,如 Stone-Wales 缺陷、单空位和双空位都没有 ORR 催化活性;在线缺陷中,只有含奇数七元环和奇数八元环的线缺陷具有 ORR 催化活性。

由于具有较高的催化活性,含缺陷的石墨烯已经替代铂贵金属被广泛地应用于多种反应中。例如,通过移除氮掺杂石墨烯中的氮原子制得的缺陷石墨烯(DG,图 8-77(a))在 ORR、OER 和 HER 三种反应中都表现出极高的催化活性。研究表明此石墨烯材料中缺陷位点主要集中于石墨烯的边缘,主要含有三种缺陷——边缘五元环、边缘 5-8-5 环状结构和边缘 7-55-7 环状结构[图 8-77(b)~(d)]。这些缺陷能够调节其所在区域的局部电子结构,从而增强材料的催化活性。此外,这些缺陷位点还可以改变石墨烯表面性质,引入其他的催化位点,如改变石墨烯比表面积及表面疏水性。这些表面性质的变动有利于在水系电解液中的传质活动,从而提高缺陷石墨烯材料的催化活性。

图 8-77 含缺陷石墨烯示例

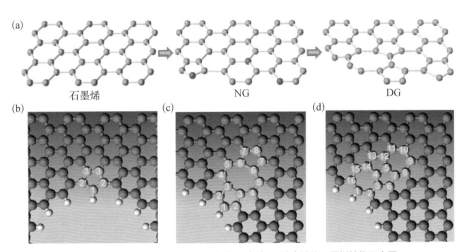

(a) 含缺陷石墨烯的制备过程;(b)~(d) 三种含缺陷石墨烯结构示意图

8.5.2 石墨烯作为催化剂载体

负载型的催化剂是非均相催化领域最重要的一种催化剂。在这类催化剂中,载体对催化活性发挥着至关重要的作用。在多种载体中,碳材料因其特殊的物理、化学性质而被广泛应用。如它们具有极高的比表面积和出色的化学稳定性。这使得它们能够负载更多的催化活性材料,并且在酸碱环境中不会分解,稳定性好。此外,由于碳材料具有出色的热稳定性,碳负载的催化剂——特别是碳负载的贵金属催化剂,可通过简单的煅烧来恢复催化活性。作为碳材料的一种,石墨烯作为催化剂载体不仅具有上述优点,而且由于其特殊的物理、化学性质,其作为催化剂载体还具有其他方面的优势。

1. 与催化活性物质的作用力强

负载型催化剂的活性、选择性和稳定性不仅与它的组成、结构、大小及形貌等因素有关,还依赖活性物质与载体之间的作用。特别是在负载型金属催化剂中,如果金属纳米颗粒和载体界面的化学键合和电荷传输能够用于调控催化活性位点的电子和化学性质,那么催化剂的选择性和催化活性还能进一步提高。此外,活性物质与载体间较强的作用还有利于活性纳米颗粒的分散以及增强其在载体上的稳定性。石墨烯碳骨架上的碳原子由强 sp^2 键共价连接,使得石墨烯呈化学惰性,但是通过机械力拉伸及引入缺陷或功能基团等手段能有效地增强石墨烯与活性材料间的作用。

第一性原理计算表明,适宜的拉伸应力能有效增强石墨烯对不同金属团簇的吸附能。此外,研究表明,在石墨烯负载金纳米粒子催化 CO 氧化反应中,拉伸使得金属与石墨烯之间的电荷传输可逆,从而降低此反应的能垒。

向石墨烯中引入缺陷是增强石墨烯与活性物质之间作用的更为有效的手段。如上所述,石墨烯中的缺陷能够改变其所在处局部电子结构,向 sp^2 体系注入电荷以及改变石墨烯表面性质。因此,缺陷是石墨烯结合活性物质,尤其是金属纳米颗粒的有效位点。例如,铂原子能与石墨烯缺陷处的碳原子形成强 Pt—C 键,使得铂金属纳米团簇被强力地吸附在含缺陷的石墨烯上,并且增强催化剂体系与底物间的电荷传输。研究表明,金属原子在缺陷石墨烯上的扩散能垒普遍高于其在原始石墨烯上的扩散能垒。

向石墨烯中引入功能基团是另一种增强其与活性物质间作用的有效手段。例如,氧化石墨烯带有多种含氧官能团以及拓扑结构不同的缺陷,能为活性材料的键合提供更多的键合位点和亲和中心。这使得氧化石墨烯被广泛地用作负载型催化剂的载体。相较于结构完美的石墨烯，氧化石墨烯具有如下几个优点：① 易于制取，价格低；② 具有两亲性质，在水系和有机溶剂中分散性好，有利于活性材料的负载；③ 表面带有大量含氧官能团，能强有力地结合活性金属原子，提高金属在载体上的稳定性，并使得相应电荷传输的改善能降低反应的能垒；④ 共价键合位点由表面修饰可方便地得到；⑤ 氧化石墨烯与金属离子间的氧化还原反应能够自发地将金属纳米颗粒沉积到石墨烯表面。

值得注意的是，由于常用作载体的三种石墨烯：石墨烯、GO 和 rGO，具有不同的组分和结构，因此，它们作为载体的使用、在体系中的表现以及对催化活性的影响是各不相同的。以上论述了 GO 作为载体的优点，但也应看到其不足以及其他两类石墨烯的长处。大量的官能团和缺陷会显著降低石墨烯的电子迁移率，从而影响活性位点的电子传输。特别是在贵金属电化学催化剂中，载体材料不仅需要能够很好地固定和分散金属纳米颗粒，还要能够为体系提供电子传输网络，从而降低体系电子传输的欧姆损失。这就需要石墨烯载体具有较低的缺陷密度和较少的官能团，具有极高的导电性。因此，相较于氧化石墨烯，高导电性石墨烯，如 CVD 法制备的石墨烯或溶剂剥离的石墨烯，是更好的选择。在 8.4 节石墨烯负载的半导体纳米颗粒应用于光降解有机污染物部分（图 8-58），石墨烯作为光激发电子的受体，接受光激发电子，而在半导体纳米颗粒上留下空穴。这就增强了激子（空穴和电子）的有效分离，抑制了它们复合，从而增强了光降解反应的效率。

2. 增强反应体系的传质作用

在非均相催化中，传质作用也是影响催化活性的重要因素之一。在传统的负载型多孔催化剂中，反应底物只有接触到活性位点时，才发生反应，而这些位点大都位于催化剂的孔洞中。一个典型的非均相催化反应通常包含如下几个步骤：① 反应底物从体相扩散到催化剂外表面；② 底物从催化剂孔洞内扩散到邻近的活性位点；③ 底物吸附到催化剂的内表面；④ 底物在特定位点发生反应；⑤ 反应的产物从催化剂表面解吸附；⑥ 产物从催化剂内部扩散到其表面；⑦ 产物从催化剂外表面扩散到体相中。因此,催化反应的反应速率和选择性依赖传质过程。许多反应都是由传质扩散控制的,特别是液相反应。

因此,为了增强负载型催化剂性能,载体材料的选择及其结构的优化就成为至关重要的因素。石墨烯载体材料具有极高的比表面积和丰富的表面化学性质,不仅能够实现活性材料的高负载,还能有效增强反应的传质过程。此外,石墨烯载体的形貌也对提升催化活性至关重要。相较于二维石墨烯载体,三维石墨烯载体往往在催化反应中更有优势。三维石墨烯载体不仅能负载更多的活性物质,还有利于底物、产物和电解液在反应过程中快速传输,进一步提高催化剂的性能。

3. 单原子催化

负载型金属纳米颗粒已被广泛应用于工业非均相催化。大量研究表明催化剂的活性取决于纳米颗粒大小。相较于大颗粒,纳米颗粒具有高比表面积和量子尺寸效应。当纳米颗粒体积不断减小时,暴露的表面原子逐渐增多,同时纳米颗粒的表面原子结构、电子结构和表面曲率也随之变化。这些裸露的低配位金属原子的比活性随着纳米颗粒的体积减小而不断增大(图 8-78)。金属纳米颗粒的体积减小到极限,就得到单原子催化剂(sing-atom catalyst,SAC)——在载体上分散的相互分离的单个原子。随着金属纳米颗粒体积不断减小,其表

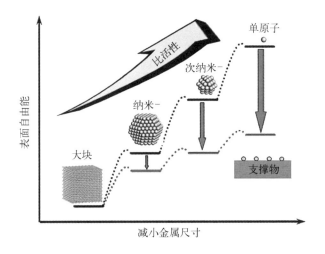

图 8-78 单金属原子的表面自由能和比活性随纳米颗粒体积变化示意图以及载体稳定单原子的作用

面自由能不断增大,也变得越来越活泼。当纳米颗粒体积减小到单原子时,由于含有高活性价电子、电子量子限域效应和稀疏的量子能级,金属原子的表面自由能达到极大值,比活性也达到极大值,最终赋予其单原子催化剂独特的性质——均一的活性位点、低配位环境的金属原子(高活性)以及最大的金属原子利用率。常用于单原子催化的金属主要包括 Ir、Ag、Cu、Fe、Rh、Ni、Pt、Pd 和 Co 等。

然而,随着金属原子表面自由能的升高,它们变得越来越活泼,也易于聚集成大的团簇,不能再保持相互分离的单原子结构。因此,载体在催化剂体系中的作用就变得至关重要。与金属原子间有强相互作用的载体,能够将单个金属原子固定在原位,从而有效地抑制金属原子的聚集。除了能够稳定单个金属原子外,载体还能与单个金属原子进行电荷转移,进而影响催化剂体系的催化性能。因此,优化载体的表面原子、电子结构以及形貌,能够有效改善载体与单个金属原子间的相互作用,最终提高整个催化剂体系的活性和选择性。

如图 8-79 所示,目前常用的单原子催化剂载体主要包括金属氧化物(FeO_x、Al_2O_3、ZnO 和 MoS_2 等)、金属(Au、Cu 等)和石墨烯及其类似物(如 C_3N_4 等)。其中石墨烯类载体具有二维 sp^2 杂化碳原子平面,因此越来越多地被用于单原子催化的研究。相应的催化剂被广泛地应用于氧化还原反应、催化加氢、光催化以及电化学反应。

图 8-79 单金属原子催化剂结构示意图

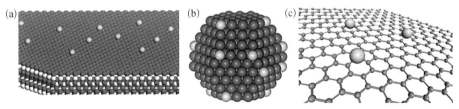

单金属原子负载到(a)金属氧化物载体;(b)金属载体;(c)石墨烯载体

无缺陷的石墨烯可通过边缘和 sp^2 杂化的二维共轭平面吸附金属原子(图 8-80)。石墨烯边缘的碳原子含有未成对的电子,具有很高的活性,能够结合金属原子。根据边缘碳原子构型不同,石墨烯边缘活性炭原子可分为两类:锯齿结构

中的卡宾型（carbene-like）和扶手
椅结构中的碳炔型（carbyne-like）；
石墨烯 sp^2 碳杂化表面吸附金属原
子的活性位点包括：T 型（在碳原
子正上方）、B 型（C—C 键）和 H 型
（六个碳原子围成的六边形中心）。
然而，在实际应用中，石墨烯载体通
常含有缺陷位点。因此，石墨烯的

图 8-80　无缺陷
石墨烯表面吸附金
属原子的位点

边缘和活性表面与缺陷位点共同与金属原子作用，成为催化活性位点，例如，石
墨烯负载的单原子镍作为催化剂催化析氢反应。

　　这种石墨烯负载的单原子镍催化剂制备过程较为简便——以 CVD 法在泡
沫镍上生长石墨烯，再用盐酸刻蚀去除镍模板，得到镍掺杂的石墨烯。理论上，
镍原子以三种方式负载到石墨烯上：吸附于六元碳环中心（Ni_{ab}）、取代碳原子
位于石墨烯晶格中（Ni_{sub}）以及位于石墨烯的缺陷位点（Ni_{def}）。密度泛函理论表
明这三种结合方式的结合能分别为 $-0.94\ eV$、$-7.54\ eV$ 和 $-8.97\ eV$。显然后
两种结合方式是更优的，因为它们的结合能甚至低于镍颗粒的内聚能
（$-4.44\ eV$）。高角环形暗场扫描透射电子显微镜（STEM）照片显示在此材料中
镍原子取代了碳原子位于石墨烯晶格中。理论计算表明，在催化产氢反应过程
中，以三种不同方式负载镍的石墨烯催化剂使得过渡态氢原子表现出不同的吉
布斯自由能。其中在 Ni_{sub}/G 催化的反应中，过渡态氢吉布斯自由能 $|\Delta G_{H^·}|$
为 $0.10\ eV$，最接近零[图 8-81（c）]。因此，理论上镍原子取代碳原子位于石墨
烯晶格中的方式掺杂的石墨烯在 HER 中具有更高的活性，是此催化剂高活性
的主要原因。

　　功能化石墨烯能通过其碳骨架上的缺陷、空位和杂原子掺杂以及表面官能
团等位点，与单个金属原子间形成共价键和配位键，来固定单个金属原子。石墨
烯上的点缺陷和线缺陷能够改变局部 sp^2 碳骨架的电子结构，从而改变石墨烯对
金属原子的吸附性质。如 8.5.1 所述，杂原子掺杂也能改变石墨烯碳骨架的电子
性质，进而影响其吸附金属原子的能力。此外，氮原子含有未成对的电子，是路

图 8-81 功能化
石墨烯作为金属单
原子载体示例

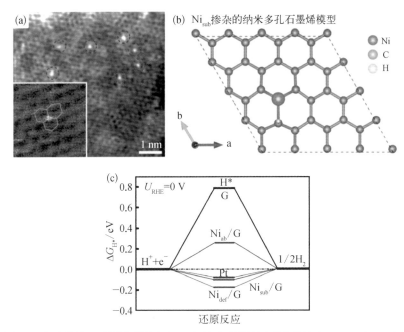

（a）石墨烯负载单原子镍催化剂的高角环形暗场扫描透射电子显微镜（HAADF-STEM）照片；
（b）氢吸附位点模型以及不同镍负载的石墨烯催化析氢反应的吉布斯自由能

易斯碱。因此氮原子掺杂的石墨烯能够强力地吸附金属原子，同时氮原子还能
够改变吸附金属原子的电子结构，进一步优化催化剂的性能。理论计算表明氮
掺杂石墨烯吸附金属原子的形式有多种（图 8-82），其中被吸附的金属原子与四
个氮原子形成 4N 中心型结构的结合力最强，其结合能高于 7 eV。

氮掺杂石墨烯作为载体已经被广泛地应用于单原子催化领域，例如，氮掺杂石墨

图 8-82 氮掺杂
石墨烯结合金属原
子结构最优的形式

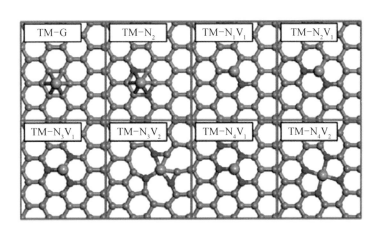

烯负载的单原子钴催化剂。将氧化石墨烯与$CoCl_2 \cdot 6H_2O$在水中混合均匀（质量比为GO/Co＝135∶1）后，冻干，再在氨气氛围下煅烧得到氮掺杂石墨烯负载的单原子钴催化剂[图8-83(a)]。扫描透射电子显微镜(STEM)照片显示此氮掺杂石墨烯碳骨架含有缺陷且呈无序状。HAADF-STEM分析显示，钴原子分散在氮掺杂石墨烯碳骨架上[图8-83(c)(d)]。图中明亮的点代表钴原子，其大小在2～3 Å，说明是单原子钴，并且其位于原子(C、N或O)的中心。通过多种手段分析表明，钴原子以单原子形式分散在氮掺杂石墨烯骨架中，并且以离子态与石墨烯上的氮配位。无论是在酸性介质中还是在碱性介质中，此单原子催化剂都表现出极高的HER催化活性。

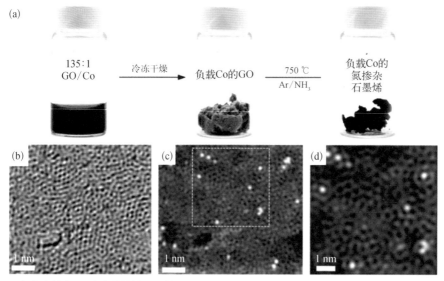

图 8-83 氮原子掺杂石墨烯负载金属单原子示例

（a）氮掺杂石墨烯负载钴单原子催化剂 Co-NG 制备过程；（b）Co-NG 亮场像差校正扫描透射电子显微镜照片；（c）HAADF-STEM 照片；（d）局部放大 HAADF-STEM 照片

8.5.3　小结

综上所述，功能化石墨烯材料因其独特的性质可作为非均相催化剂以及负载型催化剂的载体材料，特别是单原子催化剂的载体。功能化石墨烯材料的催化活性及负载能力来源于其边缘/缺陷、功能基团以及掺杂结构。基于石墨烯的催化剂虽然已经在多种催化反应中得到应用，并表现出不错的性能，但是这一领域仍处于起步阶段,要想实现实际应用,仍有许多问题需要解决。例如,相较于商用的催化剂,石墨烯类催化剂在性能和稳定性上仍有待提高。由于石墨烯类催化剂结构的复杂性,其实际的催化位点还很难明确,有待进一步研究。此外,此类催化剂的催化机理和影响因素还不是很明确,仍需深入研究。

8.6　电磁干扰屏蔽

当今社会,电子技术和信息技术发展日新月异。各种各样的电子设备已经深入人类社会的各个领域,如家庭生活、医疗、农业生产、机械制造业、航空航天及通信等。可以说人们被各种各样的电子、电力设备所包围。这就造成了人类生存的空间中充斥着各种电磁波——其是由同相且互相垂直的电场和磁场在空间中衍生发射的震荡粒子波,是以波动的形式传播的电磁场,具有波粒二象性。无处不在的电磁波可能会损坏一些高精密的电子仪器设备,甚至对人类的生存环境产生不利的影响。1821 年,法拉第首次发现封闭导体内部的电磁场为零。这就是广为人知的"法拉第笼"。为了消除电磁波的危害,各种基于这一原理的电磁屏蔽材料便应运而生。利用电磁屏蔽材料将仪器设备等包围起来,防止其受到外界电磁场的干扰或抑制其对其他区域的干扰。电磁屏蔽效应(electromagnetic interference shielding effectiveness,EMISE)定义为输入电磁波功率(P_i)与输出电磁波功率(P_o)之比的对数,以 dB 为单位。电磁屏蔽的机理主要有三种,分别为反射(SE_R),吸收(SE_A)以及多重反射(SE_M)。由于电磁波的反射是由屏蔽材料的载流子实现的,因此,屏蔽材料一般导电性较好。屏蔽材料的电偶极子或磁偶极子会与电磁波相互作用以实现对电磁波的吸收。因此,材料的导电性和导磁性越好,材料的屏蔽效能越高。屏蔽材料内的散射中心、两相界面或缺陷位点致使电磁波被材料吸收或在材料内发生多重散射。电磁屏蔽效应为三者共同作用的结果,可表示为

$$SE_T = SE_R + SE_A + SE_M = 10 \log_{10}\left(\frac{P_i}{P_o}\right) \tag{8-18}$$

电磁屏蔽效率值越大,则穿过屏蔽材料的越弱,即电磁干扰屏蔽(electromagnetic interference,EMI)效应越强。也就是说,大部分电磁辐射被屏蔽材料吸收或者反射,只有少量的能量穿过屏蔽材料。理想的电磁干扰屏蔽材料要具有较高的电磁干扰屏蔽效能、较宽的工作频率范围和较轻的质量,同时具有较高的吸波能力以及对电磁波的二次反射较弱。常用的电磁屏蔽材料为铜和铝等金属材料。

8.6.1 石墨烯用作电磁干扰屏蔽材料

石墨烯是一种新型的电磁屏蔽材料。如前文所述,石墨烯具有极高的比表面积、高导电性以及优异的导热性能等。这些性质都有利于提高其电磁屏蔽性能。此外,相较于传统的金属屏蔽材料,石墨烯类材料具有密度小、柔韧性好和耐腐蚀等优点。当前,基于石墨烯的电磁屏蔽材料已被大量报道。

向石墨烯中引入功能化基团,如掺杂,是制备石墨烯电磁屏蔽材料的方法之一。掺杂能提高石墨烯的导电性,以提高石墨烯材料对电磁波的反射与吸收,最终提高石墨烯材料的电磁屏蔽效能。同时,优化石墨烯屏蔽材料的组织结构也能提高材料的电磁屏蔽效能。片层状硫掺杂的还原氧化石墨烯就是一个很好的例子。将氧化石墨烯与硫化氢反应制得层状结构的硫掺杂还原氧化石墨烯(图8-84)。硫原子掺杂是 n 型掺杂,使得掺杂石墨烯材料的导电性相较于未掺杂的石墨烯提高了 47%。导电性的提高能显著增强石墨烯材料对电磁波的反射与吸收效能。同时,此石墨烯功能材料的层状结构能增强电磁波在材料内部的多重散射,加之氧化石墨烯残留的 C—O 键及 C=O 键可作为极化的电磁波散射中心。多重作用下,硫掺杂还原氧化石墨烯材料的电磁效能被进一步加强。

将石墨烯与其他材料结合制成功能化石墨烯复合材料也是制备石墨烯电磁屏蔽材料的有效手段之一。高分子材料因具有质量轻、可塑性好及本身的导电性易于调节等优点而常被用于制作功能化石墨烯复合材料,例如,具有微蜂窝结构的聚醚酰亚胺(polyetherimide,PEI)/石墨烯纳米复合物海绵。如图 8-85 所示,入射电磁波穿过聚醚酰亚胺/石墨烯复合材料时,被复合材料以反射、吸收及

　　　　　　　　　　　　　　　　　　　　功能化石墨烯材料及应用

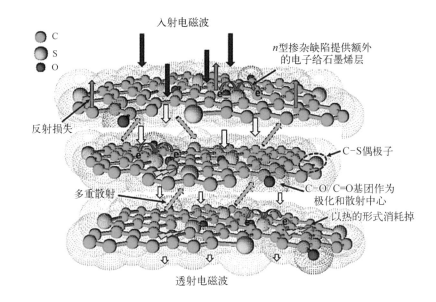

图 8-84 硫掺杂还原的氧化石墨烯的电磁屏蔽机理

图中标注:
- 入射电磁波
- C
- S
- O
- n型掺杂缺陷提供额外的电子给石墨烯层
- 反射损失
- C-S偶极子
- 多重散射
- C-O/C=O基团作为极化和散射中心
- 以热的形式消耗掉
- 透射电磁波

多重反射的方式削弱了能量。研究表明这种材料在 X 波段(8～12 GHz)具有 44.1 dB/(g/cm³)的电磁波屏蔽比效能(石墨烯载量为 10%)。

这得益于其高分子/石墨烯的复合成分以及微蜂窝结构。聚醚酰亚胺高分子具有出色的阻燃性、低产烟率和优异的机械性能,作为复合材料的主体材料。石墨烯作为复合材料的填充物以增强复合材料的导电性。微蜂窝结构形成过程中石墨烯纳米片富集以及定向密集排列进一步提高了复合材料的导电性,这使

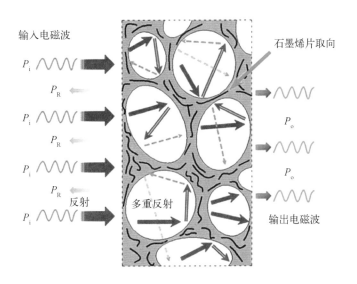

图 8-85 微波穿过聚醚酰亚胺/石墨烯复合物海绵传输的示意图

图中标注:
- 输入电磁波
- 石墨烯片取向
- P_i
- P_R
- P_o
- 反射
- 多重反射
- 输出电磁波

得复合材料能很好地吸收和反射电磁波。纳米微蜂窝结构能使进入复合材料的电磁波在蜂窝内壁和石墨烯之间反射及散射,从而被复合材料吸收并转化为热能。此外,复合材料的海绵状结构使其在具有较高机械强度(杨氏模量:180~290 MPa)的同时具有较低的密度(0.3 g/cm³)。

选择不同的高分子及优化复合物的结构能进一步提高电磁波屏蔽比效能。如图 8-86 所示,将聚(二甲基硅氧烷)涂覆到以海绵镍为骨架生长的石墨烯上,再用盐酸刻蚀掉镍就得到石墨烯/聚(二甲基硅氧烷)复合物海绵。这种石墨烯复合物能以极低的石墨烯载量(质量分数小于 0.8%)取得出色的电磁屏蔽比效能——30 dB(30 MHz~1.5 GHz)及 20 dB(X 波段)。得益于其极低的密度(0.06 g/cm³),其电磁波屏蔽比效能高达 500 dB/(g/cm³)。此外,将石墨烯与高导电性的高分子材料,如聚苯胺(polyaniline,PANI),制得导电性更好的石墨烯复合材料能提高材料对电磁波的反射及吸收性能,进而增强材料的电磁屏蔽效能。

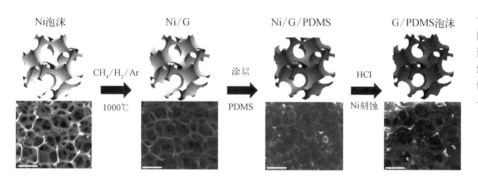

图 8-86 石墨烯/聚(二甲基硅氧烷)复合物海绵的制备及结构

如上文所述,提高材料导磁性能有效地提高石墨烯复合材料的电磁屏蔽效能。向石墨烯复合材料中添加 Fe₃O₄ 或 Fe₂O₃ 等磁性材料是提升复合材料电磁波吸收性能的有效手段之一。然而,当用电磁屏蔽材料保护高精密仪器时,由于磁场会影响高精密仪器的正常运作,就需要电磁屏蔽材料无磁性。由石墨烯纳米带与 MnO₂ 组成的纳米复合材料可满足这一要求。石墨烯纳米带/MnO₂ 对电磁波具有较强的吸收性能,表现出较好的电磁屏蔽效能,但 MnO₂ 和 Fe₃O₄ 不同,其并不具有磁性,这样在保护高精密仪器的同时,也不会因材料存在磁场而影响仪器运作。

功能化石墨烯材料及应用

8.6.2　小结

综上所述,虽然石墨烯类电磁屏蔽材料已经取得了一些成果,但是对此类的材料的研究毕竟处于起步阶段,还需更深入更广泛的研究,以促进该领域的进一步发展。提高此类材料的电磁屏蔽性能可从以下几个方面入手:① 优化石墨烯复合材料的结构,得到更利于电磁波反射的结构,如层状结构、纸型、线性排列、海绵状或多孔状结构;② 降低材料的密度,提高材料的工作频段范围以及提高其工作温度等;③ 结合材料的结构,进一步研究此类材料的电磁屏蔽机理。此外,提高此类材料对电磁波的吸收能力,降低其表面对电磁波的反射,以达到绿色应用的目的。

8.7　海水淡化

海水淡化是指去除海水中大量的盐分和各种杂质,分离出纯净的水。在海水淡化过程中,分离膜制备是至关重要的一步。分离膜的制作材料有多种,如高分子、沸石、有机硅、碳纳米管及石墨烯材料等。

8.7.1　氧化石墨烯用作海水淡化材料

在众多材料中,考虑分离膜的大小、表面性质和结构,氧化石墨烯是相对适宜且易生产的材料。此外,氧化石墨烯材料能耗低,生产成本相对更经济(由石墨生产石墨烯的能耗为 $500\sim1000$ MJ/kg,而碳纳米管的能耗高达 100000 MJ/kg)。

氧化石墨烯大量羧基质子化之后,在不同氧化石墨烯片层之间会产生静电排斥力。由于片层间的静电排斥力,氧化石墨烯片在水中不产生聚集,更易分散。这一特性使得可用水代替有机溶剂作为在氧化石墨烯材料生产中的介质。从技术应用层面来讲,氧化石墨烯的含氧官能团增加了它表面的亲水性及在水中的稳定性。更重要的是,氧化石墨烯可制成各种形状(如二维氧化石墨烯具有各种各样的褶皱),这些特殊形态包含纸球状的球体和布满褶皱表面(图8-87)。这使得其具有特殊的性质,比如抗团聚性能。此外,石墨烯(包括氧化石墨烯)材料具有抗菌性,常用于抗菌涂层或防污膜。可能导致细菌失活或细胞膜破坏的机制有多种,如物理破坏、氧化应激和细胞膜中磷脂的抽出。

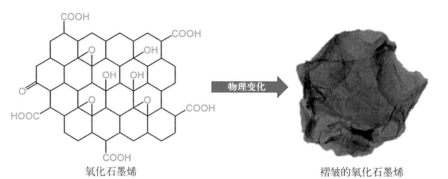

氧化石墨烯　　　　　　　　　　　褶皱的氧化石墨烯

图 8-87　二维氧化石墨烯材料

　　氧化石墨烯纸(自支撑且没有其他材料的氧化石墨烯)是一种重要的氧化石墨烯分离膜(图8-88)。氧化石墨烯纸由微米级的氧化石墨烯晶体沉积成互锁的层状结构。X射线分析表明其层间距约为 0.83 nm。这样小的空间有利于水的低阻传输,而排斥其他的气体分子,如氦气(水蒸气穿过膜的速度比氦气快 10^{10} 倍)。这种层状结构在干燥的状态下是真空密封的。当浸入水中时,它们会变成一种分子筛,半径大于 4.5 Å 的溶质都会被它们阻挡。有意思的是,更小的离子穿过膜的速度要比简单的扩散快几千倍,这可能是由于此结构形成如毛细管一样的高压。

　　再比如,用多孔材料支撑(聚砜类或聚醚砜类膜)可将氧化石墨烯纸制成一种功能化的氧化石墨烯膜[图8-89(a)]。采用真空抽滤或逐层沉积等方法在支撑薄膜(通常厚度大于 100 μm)上沉积一层氧化石墨烯或石墨烯纳米复合物(通常约为几纳米或几微米厚)可制成这种氧化石墨烯薄膜。沉积的这一层氧化石墨烯通常比氧化石墨烯纸的厚度要薄,这样沉积层可能会形成纳米通道,在更有利于水快速传输的同时保持选择性。

　　另外,少量的氧化石墨烯(通常质量分数为 0.1%～0.2%)也可作为传统高分子膜的填料,如聚砜、聚醚砜树脂、聚偏二氟乙烯和聚酰胺等超滤膜[图8-89(b)、图8-90]。在膜材料相反转过程中,氧化石墨烯可能会迁移到高分子膜的表面。滤

图 8-88　氧化石
墨烯纸结构

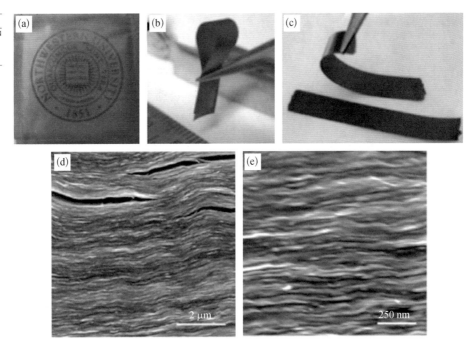

（a）1μm 厚照片；（b）5μm 厚照片；（c）25μm 厚照片；（d）中等分辨率 SEM 图；（e）高分辨率 SEM 图

图 8-89　氧化石
墨烯/高分子复合材
料用于海水淡化
示例

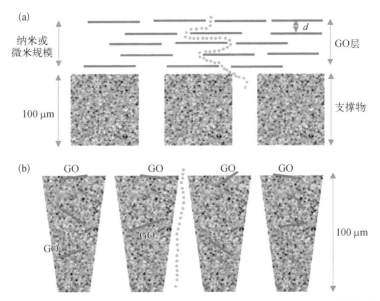

（a）多孔材料支撑的氧化石墨烯膜结构及净化水示意图；（b）氧化石墨烯纳米填料示意图

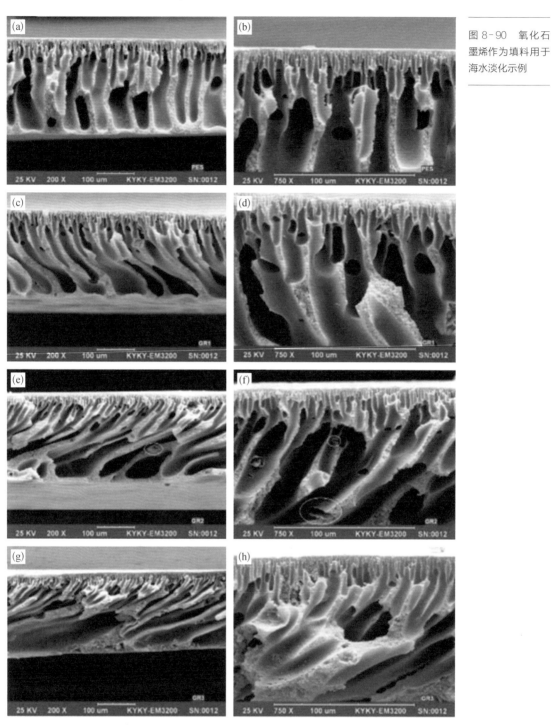

图 8-90　氧化石墨烯作为填料用于海水淡化示例

（a）（b）未填充的高分子；（c）（d）填充 0.1%的氧化石墨烯；（e）（f）填充 0.5%的氧化石墨烯；（g）（h）填充 1%的氧化石墨烯

膜表面水接触角实验发现,添加氧化石墨烯后膜的接触角降低了约20°,这表明氧化石墨烯的加入增加了滤膜表面的亲水性。氧化石墨烯在增加膜的亲水性的同时,也增加了膜的总孔隙率,这使得穿过膜的水流量增加了 2～20 倍。通过调节作为支撑材料的高分子种类、氧化石墨烯的百分比和测试用的污染物,复合膜对污染物的排阻能力会有约 3 倍的改善。值得注意的是,氧化石墨烯的含量是水渗透性和污物排阻率之间平衡的结果。例如,将尺寸分级的氧化石墨烯(10～200 nm)分散到间苯二胺水溶液中,然后通过表面聚合可制得氧化石墨烯修饰的聚酰胺膜。氧化石墨烯的加入使得这种高分子膜的水渗透率和防污性能分别提高了约 80% 和 98%,同时可保持对盐的排阻性能不受损失。

8.7.2　小结

氧化石墨烯作为滤膜填料的优势在于其制备简便、成本低,只需将氧化石墨烯添加到现有材料体系中即可实现复合膜的制备。然而,在此领域还存在一些问题需要解决,如须进一步明确氧化石墨烯性质(尺寸大小和表面性质等)和膜制备过程及性能之间的关系,以及如何更好地在聚合物溶液中分散氧化石墨烯等。总之,需深入地理解氧化石墨烯的加入对相反转和表面聚合过程热力学和动力学的影响。

第 9 章

总结与展望

自从 2004 年石墨烯被发现以来，短短十几年时间，石墨烯的研究和应用取得了长足的进步，并保持着强劲的发展势头，大量的研究成果不断涌现。需要注意的是，石墨烯不易分散于常规试剂，不便于直接加工应用，并且不能直接满足多样的应用需求。因此，需对石墨烯进行功能化，以使其便于应用且满足多种需求。事实上，目前大部分报道的石墨烯材料都是功能化后的石墨烯。由此可以看出，对石墨烯功能化是必要的，也是重要的。

本书结合作者本身在功能化石墨烯材料领域的研究和心得体会，对近年来功能化石墨烯材料领域的研究成果进行了系统总结和归纳，首次明确了功能化石墨烯材料的概念及分类，并梳理了各种功能化石墨烯材料，探讨了它们在各个重要领域的应用。

通过总结和探讨，我们可以发现功能化石墨烯材料还处于发展的初级阶段，相关概念还不很清晰，很多功能化方法也不成熟，一些功能化石墨烯材料还不能满足实际应用要求。未来，功能化石墨烯材料要取得良好发展，需要注意以下几个方面。

（1）概念明确化

当前，虽然功能化石墨烯材料种类繁多，但是有一些材料的概念并不明确，如石墨烯与功能化石墨烯材料有何区别，如何清晰界定石墨烯和功能化石墨烯材料，功能化石墨烯材料如何分类，等等。因此，为了更好地促进此领域良好的发展，需要业内对相关概念进行清晰界定。

（2）标准统一化

目前，虽然已有大量的功能化石墨烯材料，但是同类材料或用于同一领域的材料性能评价标准并不统一。如用于某一领域的功能化石墨烯材料具有哪些基本性能，性能评价方法是什么，需要达到什么标准，等等。这些需要整个行业根据理论研究和实际应用需求，制定相关的标准，统一对功能化石墨烯材料性能的评价。

（3）制备规范化

虽然功能化石墨烯材料的制备方法种类繁多，并且还有新的方法不断涌现，但是这些方法并不规范，造成材料质量不稳定、重复性差。因此，为了得到性能稳定、重复性好的功能化石墨烯材料，需要对制备方法进行规范。

（4）研究深入化

当前，对很多功能化石墨烯材料的研究都停留于简单的材料制备、方法描述和基本性能展示上，而对内在的机理研究并不充分。例如，在一器件中，功能化石墨烯材料到底起什么作用，如何起作用，相关的影响因素是什么，等等。这些深层次的问题的研究并不充分，未来需对这些方面投入更多的关注。

（5）性能特性化

当前一些功能化石墨烯材料在某些领域展现出的性能独特性不强，也就是说其他材料也能发挥同样或者更好的作用，功能化石墨烯材料在这些领域可有可无。很多功能化石墨烯材料只是其他材料的简单替换，并没有真正发挥其独特性。未来的研究，需要更多关注功能化石墨烯材料的独特性，进一步揭示其独有的性质。

（6）目标具体化

很多功能化石墨烯材料在研究中并没有具体的目标，很多研究是尝试性研究，导致相关研究针对性差，难以满足实际应用需求，更难以开展深入研究，体现不出研究的学术价值与经济价值。材料研究，需要具有明确的目标导向，在此基础上系统深入地开展相关的基础理论与应用基础研究，从而真正深入研究材料的结构性能关联性，进而解决材料应用中的关键科学问题。

虽然当前功能化石墨烯材料领域存在许多问题，但是我们也应该看到这一领域已经取得的巨大进步。相信通过更多学术界与产业界的参与，通过进一步规范这一领域的研究方法与研究策略，我们一定能逐步揭示其深藏的"秘密"，展现出石墨烯材料无穷的魅力。

功能化石墨烯材料是美丽迷人的！只是我们还没有充分领略。

参考文献

［1］Novoselov K S，Geim A K，Morozov S V，et al. Electric field effect in atomically thin carbon films[J]. Science，2004，306(5696)：666-669.

［2］Geim A K，Novoselov K S. The rise of graphene[J]. Nature Materials，2007，6(3)：183-191.

［3］Bottari G，Herranz M Á，Wibmer L，et al. Chemical functionalization and characterization of graphene-based materials[J]. Chemical Society Reviews，2017，46(15)：4464-4500.

［4］Shekhirev M，Sinitskii A. Solution synthesis of atomically precise graphene nanoribbons[J]. Physical Sciences Reviews，2017，2(5)：20160108.

［5］Servant A，Bianco A，Prato M，et al. Graphene for multi-functional synthetic biology：The last 'Zeitgeist' in nanomedicine[J]. Bioorganic & Medicinal Chemistry Letters，2014，24(7)：1638-1649.

［6］Sengupta J，Hussain C M. Graphene and its derivatives for Analytical Lab on Chip platforms[J]. TrAC Trends in Analytical Chemistry，2019，114：326-337.

［7］Park J，Yan M D. Covalent functionalization of graphene with reactive intermediates[J]. Accounts of Chemical Research，2013，46(1)：181-189.

［8］Ozaki K，Kawasumi K，Shibata M，et al. One-shot K-region-selective annulative π-extension for nanographene synthesis and functionalization［J］. Nature Communications，2015，6：6251.

［9］Narita A，Feng X L，Müllen K. Bottom-up synthesis of chemically precise graphene nanoribbons[J]. The Chemical Record，2015，15(1)：295-309.

［10］Narita A，Chen Z P，Chen Q，et al. Solution and on-surface synthesis of structurally defined graphene nanoribbons as a new family of semiconductors[J]. Chemical Science，2019，10(4)：964-975.

［11］Mondal T，Bhowmick A K，Krishnamoorti R. Butyl lithium assisted direct grafting of polyoligomeric silsesquioxane onto graphene[J]. RSC Advances，2014，4(17)：8649-8656.

［12］Majumder M，Thakur A K. Graphene and its modifications for supercapacitor applications ［M］//Carbon Nanostructures. Cham：Springer International

Publishing，2019：113-138.

[13] Ito H，Segawa Y，Murakami K，et al. Polycyclic Arene synthesis by annulative π-extension[J]. Journal of the American Chemical Society，2019，141(1)：3-10.

[14] Ito H，Ozaki K，Itami K. Annulative π-extension（APEX）：Rapid access to fused arenes，heteroarenes，and nanographenes[J]. Angewandte Chemie（International Edition），2017，56(37)：11144-11164.

[15] Gao W. Graphene oxide：Reduction recipes，spectroscopy，and applications[M]. Cham：Springer International Publishing，2015.

[16] Englert J M，Dotzer C，Yang G，et al. Covalent bulk functionalization of graphene [J]. Nature Chemistry，2011，3(4)：279-286.

[17] Hu H W，Xin J H，Hu H，et al. Metal-free graphene-based catalyst—Insight into the catalytic activity：A short review[J]. Applied Catalysis A：General，2015，492：1-9.

[18] Wang Y，Shao Y Y，Matson D W，et al. Nitrogen-doped graphene and its application in electrochemical biosensing[J]. ACS Nano，2010，4(4)：1790-1798.

[19] Xu Z，Gao C. Graphene fiber：A new trend in carbon fibers[J]. Materials Today，2015，18(9)：480-492.

[20] Wu Y P，Yi N B，Huang L，et al. Three-dimensionally bonded spongy graphene material with super compressive elasticity and near-zero Poisson's ratio[J]. Nature Communications，2015，6(1)：6141.

[21] Zhang Y Y，Gong S S，Zhang Q，et al. Graphene-based artificial nacre nanocomposites[J]. Chemical Society Reviews，2016，45(9)：2378-2395.

[22] Yang K，Feng L Z，Shi X Z，et al. Nano-graphene in biomedicine：Theranostic applications[J]. Chemical Society Reviews，2013，42(2)：530-547.

[23] Yan L，Zheng Y B，Zhao F，et al. Chemistry and physics of a single atomic layer：Strategies and challenges for functionalization of graphene and graphene-based materials[J]. Chemical Society Reviews，2012，41(1)：97-114.

[24] Wu D Q，Zhang F，Liang H W，et al. Nanocomposites and macroscopic materials：Assembly of chemically modified graphene sheets[J]. Chemical Society Reviews，2012，41(18)：6160-6177.

[25] Tuček J，Błoński P，Ugolotti J，et al. Emerging chemical strategies for imprinting magnetism in graphene and related 2D materials for spintronic and biomedical applications[J]. Chemical Society Reviews，2018，47(11)：3899-3990.

[26] Tang H J，Hessel C M，Wang J Y，et al. Two-dimensional carbon leading to new photoconversion processes[J]. Chemical Society Reviews，2014，43(13)：4281-4299.

[27] Solís-Fernández P，Bissett M，Ago H. Synthesis，structure and applications of graphene-based 2D heterostructures[J]. Chemical Society Reviews，2017，46(15)：4572-4613.

[28] Shao Y L，El-Kady M F，Wang L J，et al. Graphene-based materials for flexible

supercapacitors[J]. Chemical Society Reviews, 2015, 44(11): 3639-3665.

[29] Qiu B C, Xing M Y, Zhang J L. Recent advances in three-dimensional graphene based materials for catalysis applications[J]. Chemical Society Reviews, 2018, 47(6): 2165-2216.

[30] Pumera M, Sofer Z. Towards stoichiometric analogues of graphene: Graphane, fluorographene, graphol, graphene acid and others[J]. Chemical Society Reviews, 2017, 46(15): 4450-4463.

[31] Narita A, Wang X Y, Feng X L, et al. New advances in nanographene chemistry [J]. Chemical Society Reviews, 2015, 44(18): 6616-6643.

[32] Liu Z K, Lau S P, Yan F. Functionalized graphene and other two-dimensional materials for photovoltaic devices: Device design and processing[J]. Chemical Society Reviews, 2015, 44(15): 5638-5679.

[33] Liu G P, Jin W Q, Xu N P. Graphene-based membranes[J]. Chemical Society Reviews, 2015, 44(15): 5016-5030.

[34] Lin X H, Gai J G. Synthesis and applications of large-area single-layer graphene[J]. RSC Advances, 2016, 6(22): 17818-17844.

[35] Huang X, Qi X Y, Boey F, et al. Graphene-based composites[J]. Chemical Society Reviews, 2012, 41(2): 666-686.

[36] Dreyer D R, Todd A D, Bielawski C W. Harnessing the chemistry of graphene oxide[J]. Chemical Society Reviews, 2014, 43(15): 5288-5301.

[37] Dreyer D R, Park S, Bielawski C W, et al. The chemistry of graphene oxide[J]. Chemical Society Reviews, 2010, 39(1): 228-240.

[38] Dong L, Yang J, Chhowalla M, et al. Synthesis and reduction of large sized graphene oxide sheets[J]. Chemical Society Reviews, 2017, 46(23): 7306-7316.

[39] Cong H P, Chen J F, Yu S H. Graphene-based macroscopic assemblies and architectures: An emerging material system[J]. Chemical Society Reviews, 2014, 43(21): 7295-7325.

[40] Chua C K, Pumera M. Chemical reduction of graphene oxide: A synthetic chemistry viewpoint[J]. Chemical Society Reviews, 2014, 43(1): 291-312.

[41] Chua C K, Pumera M. Covalent chemistry on graphene[J]. Chemical Society Reviews, 2013, 42(8): 3222-3233.

[42] Chen K F, Song S Y, Liu F, et al. Structural design of graphene for use in electrochemical energy storage devices[J]. Chemical Society Reviews, 2015, 44(17): 6230-6257.

[43] Ambrosi A, Chua C K, Latiff N M, et al. Graphene and its electrochemistry — an update[J]. Chemical Society Reviews, 2016, 45(9): 2458-2493.

[44] Nardecchia S, Carriazo D, Ferrer M L, et al. Three dimensional macroporous architectures and aerogels built of carbon nanotubes and/or graphene: Synthesis and applications[J]. Chemical Society Reviews, 2013, 42(2): 794-830.

[45] Guo S J, Dong S J. Graphene nanosheet: Synthesis, molecular engineering, thin

film, hybrids, and energy and analytical applications [J]. Chemical Society Reviews, 2011, 40(5): 2644-2672.

[46] Kong X K, Chen C L, Chen Q W. Doped graphene for metal-free catalysis[J]. Chemical Society Reviews, 2014, 43(8): 2841-2857.

[47] Chen Y, Zhang B, Liu G, et al. Graphene and its derivatives: Switching ON and OFF[J]. Chemical Society Reviews, 2012, 41(13): 4688-4707.

[48] Sun Z, Ye Q, Chi C Y, et al. Low band gap polycyclic hydrocarbons: From closed-shell near infrared dyes and semiconductors to open-shell radicals[J]. Chemical Society Reviews, 2012, 41(23): 7857-7889.

[49] Ren W C, Cheng H M. The global growth of graphene[J]. Nature Nanotechnology, 2014, 9(10): 726-730.

[50] Compton O C, Nguyen S B T. Graphene oxide, highly reduced graphene oxide, and graphene: Versatile building blocks for carbon-based materials[J]. Small, 2010, 6 (6): 711-723.

[51] Yano Y, Mitoma N, Ito H, et al. A quest for structurally uniform graphene nanoribbons: Synthesis, properties, and applications [J]. The Journal of Organic Chemistry, 2020, 85(1): 4-33.

[52] Rao C N R, Sood A K, Subrahmanyam K S, et al. Graphene: The new two-dimensional nanomaterial[J]. Angewandte Chemie (International Edition), 2009, 48(42): 7752-7777.

[53] Zhang X Y, Huang Y, Wang Y, et al. Synthesis and characterization of a graphene-C$_{60}$ hybrid material[J]. Carbon, 2009, 47(1): 334-337.

[54] Zhang H J, Yan T, Xu S, et al. Graphene oxide-chitosan nanocomposites for intracellular delivery of immunostimulatory CpG oligodeoxynucleotides [J]. Materials Science and Engineering: C(Materials for Biological Applications), 2017, 73: 144-151.

[55] Vadukumpully S, Gupta J, Zhang Y P, et al. Functionalization of surfactant wrapped graphene nanosheets with alkylazides for enhanced dispersibility[J]. Nanoscale, 2011, 3(1): 303-308.

[56] Sulleiro M V, Quiroga S, Peña D, et al. Microwave-induced covalent functionalization of few-layer graphene with arynes under solvent-free conditions [J]. Chemical Communications, 2018, 54(17): 2086-2089.

[57] Stankovich S, Piner R D, Nguyen S T, et al. Synthesis and exfoliation of isocyanate-treated graphene oxide nanoplatelets[J]. Carbon, 2006, 44(15): 3342-3347.

[58] Salavagione H J, Gómez M A, Martínez G. Polymeric modification of graphene through esterification of graphite oxide and poly (vinyl alcohol) [J]. Macromolecules, 2009, 42(17): 6331-6334.

[59] Sainsbury T, Passarelli M, Naftaly M, et al. Covalent carbene functionalization of graphene: Toward chemical band-gap manipulation[J]. ACS Applied Materials & Interfaces, 2016, 8(7): 4870-4877.

[60] Quiles-Díaz S, Martínez G, Gómez-Fatou M A, et al. Anhydride-based chemistry on graphene for advanced polymeric materials[J]. RSC Advances, 2016, 6(43): 36656-36660.

[61] Nouri N, Rezaei M, Mayan Sofla R L, et al. Synthesis of reduced octadecyl isocyanate-functionalized graphene oxide nanosheets and investigation of their effect on physical, mechanical, and shape memory properties of polyurethane nanocomposites[J]. Composites Science and Technology, 2020, 194: 108170.

[62] Naebe M, Wang J, Amini A, et al. Mechanical property and structure of covalent functionalised graphene/epoxy nanocomposites[J]. Scientific Reports, 2014, 4: 4375.

[63] Hu Z, Song C H, Shao Q, et al. One-step functionalization of graphene by cycloaddition of diarylcarbene and its application as reinforcement in epoxy composites[J]. Composites Science and Technology, 2016, 135: 21-27.

[64] Criado A, Melchionna M, Marchesan S, et al. The covalent functionalization of graphene on substrates[J]. Angewandte Chemie (International Edition), 2015, 54(37): 10734-10750.

[65] Żyła-Karwowska M, Zhylitskaya H, Cybińska J, et al. An electron-deficient azacoronene obtained by radial π Extension[J]. Angewandte Chemie (International Edition), 2016, 128(47): 14878-14882.

[66] Zhu Y Q, Cao T, Cao C B, et al. A general synthetic strategy to monolayer graphene[J]. Nano Research, 2018, 11(6): 3088-3095.

[67] Zhou L, Jiang H J, Wei S H, et al. High-efficiency loading of hypocrellin B on graphene oxide for photodynamic therapy[J]. Carbon, 2012, 50(15): 5594-5604.

[68] Zhong X, Jin J, Li S W, et al. Aryne cycloaddition: Highly efficient chemical modification of graphene[J]. Chemical Communications, 2010, 46(39): 7340-7342.

[69] Xue Y H, Yu D S, Dai L M, et al. Three-dimensional B, N-doped graphene foam as a metal-free catalyst for oxygen reduction reaction[J]. Physical Chemistry Chemical Physics, 2013, 15(29): 12220-12226.

[70] Xia W, Tang J, Li J J, et al. Defect-rich graphene nanomesh produced by thermal exfoliation of metal-organic frameworks for the oxygen reduction reaction[J]. Angewandte Chemie, 2019, 131(38): 13488-13493.

[71] Wang A J, Yu W, Xiao Z G, et al. A 1, 3-dipolar cycloaddition protocol to porphyrin-functionalized reduced graphene oxide with a push-pull motif[J]. Nano Research, 2015, 8(3): 870-886.

[72] Tian L L, Wei X Y, Zhuang Q C, et al. Bottom-up synthesis of nitrogen-doped graphene sheets for ultrafast lithium storage[J]. Nanoscale, 2014, 6(11): 6075-6083.

[73] Shi L R, Chen K, Du R, et al. Scalable seashell-based chemical vapor deposition growth of three-dimensional graphene foams for oil-water separation[J]. Journal of the American Chemical Society, 2016, 138(20): 6360-6363.

[74] Romero J, Rodriguez-San-miguel D, Ribera A, et al. Metal-functionalized covalent organic frameworks as precursors of supercapacitive porous N-doped graphene[J]. Journal of Materials Chemistry A, 2017, 5(9): 4343-4351.

[75] Mo R W, Rooney D, Sun K N, et al. 3D nitrogen-doped graphene foam with encapsulated germanium/nitrogen-doped graphene yolk-shell nanoarchitecture for high-performance flexible Li-ion battery [J]. Nature Communications, 2017, 8: 13949.

[76] Ma X W, Li F, Wang Y F, et al. Functionalization of pristine graphene with conjugated polymers through diradical addition and propagation[J]. Chemistry — An Asian Journal, 2012, 7(11): 2547-2550.

[77] Lu L Q, De Hosson J T M, Pei Y T. Three-dimensional micron-porous graphene foams for lightweight current collectors of lithium-sulfur batteries[J]. Carbon, 2019, 144: 713-723.

[78] Kwon H J, Ha J M, Yoo S H, et al. Synthesis of flake-like graphene from nickel-coated polyacrylonitrile polymer[J]. Nanoscale Research Letters, 2014, 9(1): 618.

[79] Jin B, Shen J, Peng R F, et al. DMSO: an efficient catalyst for the cyclopropanation of C60, C70, SWNTs, and graphene through the bingel reaction [J]. Industrial & Engineering Chemistry Research, 2015, 54(11): 2879-2885.

[80] Jiang B P, Hu L F, Wang D J, et al. Graphene loading water-soluble phthalocyanine for dual-modality photothermal/photodynamic therapy via a one-step method[J]. Journal of Materials Chemistry B, 2014, 2(41): 7141-7148.

[81] Hao L, Zhang S S, Liu R J, et al. Bottom-up construction of triazine-based frameworks as metal-free electrocatalysts for oxygen reduction reaction [J]. Advanced Materials, 2015, 27(20): 3190-3195.

[82] Daukiya L, Mattioli C, Aubel D, et al. Covalent functionalization by cycloaddition reactions of pristine defect-free graphene[J]. ACS Nano, 2017, 11(1): 627-634.

[83] Chen Z P, Ren W C, Gao L B, et al. Three-dimensional flexible and conductive interconnected graphene networks grown by chemical vapour deposition[J]. Nature Materials, 2011, 10(6): 424-428.

[84] Yano Y, Wang F J, Mitoma N, et al. Step-growth annulative π-extension polymerization for synthesis of cove-type graphene nanoribbons[J]. Journal of the American Chemical Society, 2020, 142(4): 1686-1691.

[85] Yang W L, Lucotti A, Tommasini M, et al. Bottom-up synthesis of soluble and narrow graphene nanoribbons using alkyne benzannulations [J]. Journal of the American Chemical Society, 2016, 138(29): 9137-9144.

[86] Wang X Y, Urgel J I, Barin G B, et al. Bottom-up synthesis of heteroatom-doped chiral graphene nanoribbons[J]. Journal of the American Chemical Society, 2018, 140(29): 9104-9107.

[87] Vo T H, Shekhirev M, Kunkel D A, et al. Bottom-up solution synthesis of narrow nitrogen-doped graphene nanoribbons [J]. Chemical Communications, 2014, 50

(32): 4172-4174.

[88] Vo T H, Shekhirev M, Kunkel D A, et al. Large-scale solution synthesis of narrow graphene nanoribbons[J]. Nature Communications, 2014, 5: 3189.

[89] Schwab M G, Narita A, Osella S, et al. Bottom-up synthesis of necklace-like graphene nanoribbons[J]. Chemistry—An Asian Journal, 2015, 10(10): 2134-2138.

[90] Pachfule P, Shinde D, Majumder M, et al. Fabrication of carbon nanorods and graphene nanoribbons from a metal-organic framework[J]. Nature Chemistry, 2016, 8(7): 718-724.

[91] Nguyen G D, Toma F M, Cao T, et al. Bottom-up synthesis of N = 13 sulfur-doped graphene nanoribbons[J]. The Journal of Physical Chemistry C, 2016, 120(5): 2684-2687.

[92] Narita A, Verzhbitskiy I A, Frederickx W, et al. Bottom-up synthesis of liquid-phase-processable graphene nanoribbons with near-infrared absorption[J]. ACS Nano, 2014, 8(11): 11622-11630.

[93] Narita A, Feng X L, Hernandez Y, et al. Synthesis of structurally well-defined and liquid-phase-processable graphene nanoribbons[J]. Nature Chemistry, 2014, 6(2): 126-132.

[94] Moreno C, Vilas-Varela M, Kretz B, et al. Bottom-up synthesis of multifunctional nanoporous graphene[J]. Science, 2018, 360(6385): 199-203.

[95] Kawai S, Nakatsuka S, Hatakeyama T, et al. Multiple heteroatom substitution to graphene nanoribbon[J]. Science Advances, 2018, 4(4): eaar7181.

[96] Jiang L, Niu T C, Lu X Q, et al. Low-temperature, bottom-up synthesis of graphene via a radical-coupling reaction[J]. Journal of the American Chemical Society, 2013, 135(24): 9050-9054.

[97] Jacobse P H, McCurdy R D, Jiang J W, et al. Bottom-up assembly of nanoporous graphene with emergent electronic states[J]. Journal of the American Chemical Society, 2020, 142(31): 13507-13514.

[98] Han P, Akagi K, Federici Canova F, et al. Bottom-up graphene-nanoribbon fabrication reveals chiral edges and enantioselectivity[J]. ACS Nano, 2014, 8(9): 9181-9187.

[99] Chen Y C, Cao T, Chen C, et al. Molecular bandgap engineering of bottom-up synthesized graphene nanoribbon heterojunctions[J]. Nature Nanotechnology, 2015, 10(2): 156-160.

[100] Chen F, Yang J, Bai T, et al. Facile synthesis of few-layer graphene from biomass waste and its application in lithium ion batteries[J]. Journal of Electroanalytical Chemistry, 2016, 768: 18-26.

[101] Cai J M, Ruffieux P, Jaafar R, et al. Atomically precise bottom-up fabrication of graphene nanoribbons[J]. Nature, 2010, 466(7305): 470-473.

[102] Herrera-Reinoza N, dos Santos A C, de Lima L H, et al. Atomically precise bottom-up synthesis of h-BNC: Graphene doped with h-BN nanoclusters[J]. Chemistry of Materials, 2021, 33(8): 2871-2882.

[103] Cai J M, Pignedoli C A, Talirz L, et al. Graphene nanoribbon heterojunctions[J]. Nature Nanotechnology, 2014, 9(11): 896-900.

[104] Basagni A, Sedona F, Pignedoli C A, et al. Molecules-oligomers-nanowires-graphene nanoribbons: A bottom-up stepwise on-surface covalent synthesis preserving long-range order[J]. Journal of the American Chemical Society, 2015, 137(5): 1802-1808.

[105] Yano Y, Mitoma N, Matsushima K, et al. Living annulative π-extension polymerization for graphene nanoribbon synthesis[J]. Nature, 2019, 571(7765): 387-392.

[106] Wang X Y, Zhuang F D, Wang R B, et al. A straightforward strategy toward large BN-embedded π-systems: Synthesis, structure, and optoelectronic properties of extended BN heterosuperbenzenes[J]. Journal of the American Chemical Society, 2014, 136(10): 3764-3767.

[107] Scott L T. Conjugated belts and nanorings with radially oriented p orbitals[J]. Angewandte Chemie (International Edition), 2003, 42(35): 4133-4135.

[108] Pennetreau F, Riant O, Hermans S. One-step double covalent functionalization of reduced graphene oxide with xanthates and peroxides[J]. Chemistry — A European Journal, 2014, 20(46): 15009-15012.

[109] Ozaki K, Murai K, Matsuoka W, et al. One-step annulative π-extension of alkynes with dibenzosiloles or dibenzogermoles by palladium/o-chloranil catalysis[J]. Angewandte Chemie (International Edition), 2017, 56(5): 1361-1364.

[110] Ogawa N, Yamaoka Y, Takikawa H, et al. Helical nanographenes embedded with contiguous azulene units[J]. Journal of the American Chemical Society, 2020, 142 (31): 13322-13327.

[111] Matsuoka W, Ito H, Itami K. Rapid access to nanographenes and fused heteroaromatics by palladium-catalyzed annulative π-extension reaction of unfunctionalized aromatics with diiodobiaryls[J]. Angewandte Chemie (International Edition), 2017, 56(40): 12224-12228.

[112] Lohr T G, Urgel J I, Eimre K, et al. On-surface synthesis of non-benzenoid nanographenes by oxidative ring-closure and ring-rearrangement reactions[J]. Journal of the American Chemical Society, 2020, 142(31): 13565-13572.

[113] Liu R L, Wu D Q, Feng X L, et al. Bottom-up fabrication of photoluminescent graphene quantum dots with uniform morphology[J]. Journal of the American Chemical Society, 2011, 133(39): 15221-15223.

[114] Kitano H, Matsuoka W, Ito H, et al. Annulative π-extension of indoles and pyrroles with diiodobiaryls by Pd catalysis: Rapid synthesis of nitrogen-containing polycyclic aromatic compounds[J]. Chemical Science, 2018, 9(38): 7556-7561.

[115] Kawase T, Kurata H. Ball-, bowl-, and belt-shaped conjugated systems and their complexing abilities: Exploration of the concave-convex π-π interaction[J]. Chemical Reviews, 2006, 106(12): 5250-5273.

[116] Kashani H M, Madrakian T, Afkhami A, et al. Bottom-up and green-synthesis route of amino functionalized graphene quantum dot as a novel biocompatible and label-free fluorescence probe for *in vitro* cellular imaging of human ACHN cell lines[J]. Materials Science and Engineering: B, 2019, 251: 114452.

[117] Dervishi E, Ji Z Q, Htoon H, et al. Raman spectroscopy of bottom-up synthesized graphene quantum dots: Size and structure dependence[J]. Nanoscale, 2019, 11 (35): 16571-16581.

[118] Beser U, Kastler M, Maghsoumi A, et al. A C216-nanographene molecule with defined cavity as extended coronoid[J]. Journal of the American Chemical Society, 2016, 138(13): 4322-4325.

[119] Bacon M, Bradley S J, Nann T. Graphene quantum dots[J]. Particle & Particle Systems Characterization, 2014, 31(4): 415-428.

[120] Sakaguchi H, Kawagoe Y, Hirano Y, et al. Width-controlled sub-nanometer graphene nanoribbon films synthesized by radical-polymerized chemical vapor deposition[J]. Advanced Materials, 2014, 26(24): 4134-4138.

[121] Yu P, Lowe S E, Simon G P, et al. Electrochemical exfoliation of graphite and production of functional graphene[J]. Current Opinion in Colloid & Interface Science, 2015, 20(5-6): 329-338.

[122] Ye R Q, Xiang C S, Lin J, et al. Coal as an abundant source of graphene quantum dots[J]. Nature Communications, 2013, 4: 2943.

[123] Xu Y Y, Cao H Z, Xue Y Q, et al. Liquid-phase exfoliation of graphene: An overview on exfoliation media, techniques, and challenges[J]. Nanomaterials, 2018, 8(11): 942.

[124] Vallés C, Drummond C, Saadaoui H, et al. Solutions of negatively charged graphene sheets and ribbons[J]. Journal of the American Chemical Society, 2008, 130(47): 15802-15804.

[125] Sampath S, Basuray A N, Hartlieb K J, et al. Direct exfoliation of graphite to graphene in aqueous media with diazaperopyrenium dications [J]. Advanced Materials, 2013, 25(19): 2740-2745.

[126] Peng J, Gao W, Gupta B K, et al. Graphene quantum dots derived from carbon fibers[J]. Nano Letters, 2012, 12(2): 844-849.

[127] Pei S F, Wei Q W, Huang K, et al. Green synthesis of graphene oxide by seconds timescale water electrolytic oxidation [J]. Nature Communications, 2018, 9 (1): 145.

[128] Lu J, Yeo P S E, Gan C K, et al. Transforming C_{60} molecules into graphene quantum dots[J]. Nature Nanotechnology, 2011, 6(4): 247-252.

[129] Liu N, Luo F, Wu H X, et al. One-step ionic-liquid-assisted electrochemical synthesis of ionic-liquid-functionalized graphene sheets directly from graphite[J]. Advanced Functional Materials, 2008, 18(10): 1518-1525.

[130] Liang S S, Yi M, Shen Z G, et al. One-step green synthesis of graphene nanomesh

by fluid-based method[J]. RSC Advances, 2014, 4(31): 16127-16131.

[131] Li X L, Wang X R, Zhang L, et al. Chemically derived, ultrasmooth graphene nanoribbon semiconductors[J]. Science, 2008, 319(5867): 1229-1232.

[132] Li L H, Zheng X L, Wang J J, et al. Solvent-exfoliated and functionalized graphene with assistance of supercritical carbon dioxide[J]. ACS Sustainable Chemistry & Engineering, 2013, 1(1): 144-151.

[133] Kim W S, Moon S Y, Bang S Y, et al. Fabrication of graphene layers from multiwalled carbon nanotubes using high dc pulse[J]. Applied Physics Letters, 2009, 95(8): 083103.

[134] Kim S, Song Y, Takahashi T, et al. An aqueous single reactor arc discharge process for the synthesis of graphene nanospheres[J]. Small, 2015, 11(38): 5041-5046.

[135] Kim K, Sussman A, Zettl A. Graphene nanoribbons obtained by electrically unwrapping carbon nanotubes[J]. ACS Nano, 2010, 4(3): 1362-1366.

[136] Jiao L Y, Wang X R, Diankov G, et al. Facile synthesis of high-quality graphene nanoribbons[J]. Nature Nanotechnology, 2010, 5(5): 321-325.

[137] Jeon I Y, Shin Y R, Sohn G J, et al. Edge-carboxylated graphene nanosheets via ball milling[J]. Proceedings of the National Academy of Sciences, 2012, 109(15): 5588-5593.

[138] Jeon I Y, Bae S Y, Seo J M, et al. Scalable production of edge-functionalized graphene nanoplatelets via mechanochemical ball-milling[J]. Advanced Functional Materials, 2015, 25(45): 6961-6975.

[139] Dong Y Q, Chen C Q, Zheng X T, et al. One-step and high yield simultaneous preparation of single- and multi-layer graphene quantum dots from CX-72 carbon black[J]. Journal of Materials Chemistry, 2012, 22(18): 8764-8766.

[140] Ciesielski A, Samorì P. Graphene via sonication assisted liquid-phase exfoliation [J]. Chemical Society Reviews, 2014, 43(1): 381-398.

[141] Chua C K, Sofer Z, Šimek P, et al. Synthesis of strongly fluorescent graphene quantum dots by cage-opening buckminsterfullerene[J]. ACS Nano, 2015, 9(3): 2548-2555.

[142] Buzaglo M, Shtein M, Regev O. Graphene quantum dots produced by microfluidization[J]. Chemistry of Materials, 2016, 28(1): 21-24.

[143] Bepete G, Anglaret E, Ortolani L, et al. Surfactant-free single-layer graphene in water[J]. Nature Chemistry, 2017, 9(4): 347-352.

[144] Au H, Rubio N, Buckley D J, et al. Thermal decomposition of ternary sodium graphite intercalation compounds[J]. Chemistry — A European Journal, 2020, 26 (29): 6545-6553.

[145] Chen W F, Lv G, Hu W M, et al. Synthesis and applications of graphene quantum dots: a review[J]. Nanotechnology Reviews, 2018, 7(2): 157-185.

[146] Sinitskii A, Dimiev A, Corley D A, et al. Kinetics of diazonium functionalization

功能化石墨烯材料及应用

of chemically converted graphene nanoribbons[J]. ACS Nano, 2010, 4(4): 1949-1954.

[147] Bekyarova E, Itkis M E, Ramesh P, et al. Chemical modification of epitaxial graphene: Spontaneous grafting of aryl groups[J]. Journal of the American Chemical Society, 2009, 131(4): 1336-1337.

[148] Georgakilas V, Tiwari J N, Kemp K C, et al. Noncovalent functionalization of graphene and graphene oxide for energy materials, biosensing, catalytic, and biomedical applications[J]. Chemical Reviews, 2016, 116(9): 5464-5519.

[149] Sarkar S, Bekyarova E, Haddon R C. Reversible grafting of α-naphthylmethyl radicals to epitaxial graphene[J]. Angewandte Chemie (International Edition), 2012, 51(20): 4901-4904.

[150] Yoon S, In I. Role of poly(N-vinyl-2-pyrrolidone) as stabilizer for dispersion of graphene via hydrophobic interaction[J]. Journal of Materials Science, 2011, 46 (5): 1316-1321.

[151] Whalley A C, Plunkett K N, Gorodetsky A A, et al. Bending contorted hexabenzocoronene into a bowl[J]. Chemical Science, 2011, 2(1): 132-135.

[152] Kim K T, Jung J W, Jo W H. Synthesis of graphene nanoribbons with various widths and its application to thin-film transistor[J]. Carbon, 2013, 63: 202-209.

[153] Kang S J, Kim J B, Chiu C Y, et al. A supramolecular complex in small-molecule solar cells based on contorted aromatic molecules [J]. Angewandte Chemie (International Edition), 2012, 51(34): 8594-8597.

[154] He B, Pun A B, Klivansky L M, et al. Thiophene fused azacoronenes: Regioselective synthesis, self-organization, charge transport and its incorporation in conjugated polymers[J]. Chemistry of Materials, 2014, 26(13): 3920-3927.

[155] Genorio B, Znidarsic A. Functionalization of graphene nanoribbons[J]. Journal of Physics D: Applied Physics, 2014, 47(9): 094012.

[156] Bennett P B, Pedramrazi Z, Madani A, et al. Bottom-up graphene nanoribbon field-effect transistors[J]. Applied Physics Letters, 2013, 103(25): 253114.

[157] Navalon S, Dhakshinamoorthy A, Alvaro M, et al. Active sites on graphene-based materials as metal-free catalysts[J]. Chemical Society Reviews, 2017, 46(15): 4501-4529.

[158] Fan X B, Zhang G L, Zhang F B. Multiple roles of graphene in heterogeneous catalysis[J]. Chemical Society Reviews, 2015, 44(10): 3023-3035.

[159] Xiang Q J, Yu J G, Jaroniec M. Graphene-based semiconductor photocatalysts[J]. Chemical Society Reviews, 2012, 41(2): 782-796.

[160] You Y, Sahajwalla V, Yoshimura M, et al. Graphene and graphene oxide for desalination[J]. Nanoscale, 2016, 8(1): 117-119.

[161] Nair R R, Wu H A, Jayaram P N, et al. Unimpeded permeation of water through helium-leak-tight graphene-based membranes [J]. Science, 2012, 335 (6067): 442-444.

[162] Luo J Y, Jang H D, Sun T, et al. Compression and aggregation-resistant particles of crumpled soft sheets[J]. ACS Nano, 2011, 5(11): 8943-8949.

[163] Koltonow A R, Huang J X. Two-dimensional nanofluidics[J]. Science, 2016, 351 (6280): 1395-1396.

[164] Jiang Y, Biswas P, Fortner J D. A review of recent developments in graphene-enabled membranes for water treatment [J]. Environmental Science: Water Research & Technology, 2016, 2(6): 915-922.

[165] Huang H B, Song Z G, Wei N, et al. Ultrafast viscous water flow through nanostrand-channelled graphene oxide membranes[J]. Nature Communications, 2013, 4: 2979.

[166] Dikin D A, Stankovich S, Zimney E J, et al. Preparation and characterization of graphene oxide paper[J]. Nature, 2007, 448(7152): 457-460.

[167] Dervin S, Dionysiou D D, Pillai S C. 2D nanostructures for water purification: Graphene and beyond[J]. Nanoscale, 2016, 8(33): 15115-15131.

[168] Hill J P, Jin W, Kosaka A, et al. Self-assembled hexa-peri-hexabenzocoronene graphitic nanotube[J]. Science, 2004, 304(5676): 1481-1483.

[169] Esser B, Rominger F, Gleiter R. Synthesis of [6.8]₃Cyclacene: Conjugated belt and model for an unusual type of carbon nanotube[J]. Journal of the American Chemical Society, 2008, 130(21): 6716-6717.

[170] Jang B, Kim C H, Choi S T, et al. Damage mitigation in roll-to-roll transfer of CVD-graphene to flexible substrates[J]. 2D Materials, 2017, 4(2): 024002.

[171] Matsuno T, Kamata S, Sato S, et al. Assembly, thermodynamics, and structure of a two-wheeled composite of a dumbbell-shaped molecule and cylindrical molecules with different edges[J]. Angewandte Chemie (International Edition), 2017, 56 (47): 15020-15024.

[172] Jia S, Sun H D, Du J H, et al. Graphene oxide/graphene vertical heterostructure electrodes for highly efficient and flexible organic light emitting diodes [J]. Nanoscale, 2016, 8(20): 10714-10723.

[173] Ma Y J, Zhi L J. Graphene-based transparent conductive films: Material systems, preparation and applications[J]. Small Methods, 2019, 3(1): 1800199.

[174] Liang J J, Li L, Tong K, et al. Silver nanowire percolation network soldered with graphene oxide at room temperature and its application for fully stretchable polymer light-emitting diodes[J]. ACS Nano, 2014, 8(2): 1590-1600.

[175] Jiao L Y, Zhang L, Wang X R, et al. Narrow graphene nanoribbons from carbon nanotubes[J]. Nature, 2009, 458(7240): 877-880.

[176] Chen Z H, Lin Y M, Rooks M J, et al. Graphene nano-ribbon electronics[J]. Physica E: Low-Dimensional Systems and Nanostructures, 2007, 40(2): 228-232.

[177] Xiang C S, Behabtu N, Liu Y D, et al. Graphene nanoribbons as an advanced precursor for making carbon fiber[J]. ACS Nano, 2013, 7(2): 1628-1637.

[178] Kosynkin D V, Lu W, Sinitskii A, et al. Highly conductive graphene nanoribbons

by longitudinal splitting of carbon nanotubes using potassium vapor[J]. ACS Nano, 2011, 5(2): 968-974.

[179] Kosynkin D V, Higginbotham A L, Sinitskii A, et al. Longitudinal unzipping of carbon nanotubes to form graphene nanoribbons[J]. Nature, 2009, 458(7240): 872-876.

[180] Hernandez Y, Nicolosi V, Lotya M, et al. High-yield production of graphene by liquid-phase exfoliation of graphite[J]. Nature Nanotechnology, 2008, 3(9): 563-568.

[181] Bai J W, Huang Y. Fabrication and electrical properties of graphene nanoribbons [J]. Materials Science and Engineering: R: Reports, 2010, 70(3-6): 341-353.

[182] Wu J B, Lin M L, Cong X, et al. Raman spectroscopy of graphene-based materials and its applications in related devices[J]. Chemical Society Reviews, 2018, 47(5): 1822-1873.

[183] Song J Z, Zeng H B. Transparent electrodes printed with nanocrystal inks for flexible smart devices[J]. Angewandte Chemie (International Edition), 2015, 54 (34): 9760-9774.

[184] Lu H, Zhang S T, Guo L, et al. Applications of graphene-based composite hydrogels: A review[J]. RSC Advances, 2017, 7(80): 51008-51020.

[185] Jiang L L, Fan Z J. Design of advanced porous graphene materials: From graphene nanomesh to 3D architectures[J]. Nanoscale, 2014, 6(4): 1922-1945.

[186] Chang H X, Wu H K. Graphene-based nanomaterials: Synthesis, properties, and optical and optoelectronic applications[J]. Advanced Functional Materials, 2013, 23(16): 1984-1997.

[187] Roth W J, Gil B, Makowski W, et al. Layer like porous materials with hierarchical structure[J]. Chemical Society Reviews, 2016, 45(12): 3400-3438.

[188] Georgakilas V, Otyepka M, Bourlinos A B, et al. Functionalization of graphene: Covalent and non-covalent approaches, derivatives and applications[J]. Chemical Reviews, 2012, 112(11): 6156-6214.

[189] Foo M E, Gopinath S C B. Feasibility of graphene in biomedical applications[J]. Biomedicine & Pharmacotherapy, 2017, 94: 354-361.

[190] Prasai D, Tuberquia J C, Harl R R, et al. Graphene: Corrosion-inhibiting coating [J]. ACS Nano, 2012, 6(2): 1102-1108.

[191] Luo B, Liu S M, Zhi L J. Chemical approaches toward graphene-based nanomaterials and their applications in energy-related areas[J]. Small, 2012, 8 (5): 630-646.

[192] Chang H X, Wu H K. Graphene-based nanocomposites: Preparation, functionalization, and energy and environmental applications [J]. Energy & Environmental Science, 2013, 6(12): 3483-3507.

[193] Bonaccorso F, Colombo L, Yu G H, et al. Graphene, related two-dimensional crystals, and hybrid systems for energy conversion and storage[J]. Science, 2015,

347(6217): 1246501.

[194] Yang Y K, Han C P, Jiang B B, et al. Graphene-based materials with tailored nanostructures for energy conversion and storage [J]. Materials Science and Engineering: R: Reports, 2016, 102: 1-72.

[195] Li X L, Zhi L J. Graphene hybridization for energy storage applications [J]. Chemical Society Reviews, 2018, 47(9): 3189-3216.

[196] Yusuf M, Elfghi F M, Zaidi S A, et al. Applications of graphene and its derivatives as an adsorbent for heavy metal and dye removal: A systematic and comprehensive overview [J]. RSC Advances, 2015, 5(62): 50392-50420.

[197] Yu J G, Yu L Y, Yang H, et al. Graphene nanosheets as novel adsorbents in adsorption, preconcentration and removal of gases, organic compounds and metal ions [J]. The Science of the Total Environment, 2015, 502: 70-79.

[198] Khan A, Wang J, Li J, et al. The role of graphene oxide and graphene oxide-based nanomaterials in the removal of pharmaceuticals from aqueous media: A review [J]. Environmental Science and Pollution Research, 2017, 24(9): 7938-7958.

[199] Kemp K C, Seema H, Saleh M, et al. Environmental applications using graphene composites: Water remediation and gas adsorption [J]. Nanoscale, 2013, 5(8): 3149-3171.

[200] Perreault F, Fonseca de Faria A, Elimelech M. Environmental applications of graphene-based nanomaterials [J]. Chemical Society Reviews, 2015, 44(16): 5861-5896.

[201] Ramesha G K, Kumara A V, Muralidhara H B, et al. Graphene and graphene oxide as effective adsorbents toward anionic and cationic dyes [J]. Journal of Colloid and Interface Science, 2011, 361(1): 270-277.

[202] Gadipelli S, Guo Z X. Graphene-based materials: Synthesis and gas sorption, storage and separation [J]. Progress in Materials Science, 2015, 69: 1-60.

[203] Reina G, González-Domínguez J M, Criado A, et al. Promises, facts and challenges for graphene in biomedical applications [J]. Chemical Society Reviews, 2017, 46(15): 4400-4416.

[204] Mao H Y, Laurent S, Chen W, et al. Graphene: Promises, facts, opportunities, and challenges in nanomedicine [J]. Chemical Reviews, 2013, 113(5): 3407-3424.

[205] He X P, Zang Y, James T D, et al. Probing disease-related proteins with fluorogenic composite materials [J]. Chemical Society Reviews, 2015, 44(13): 4239-4248.

[206] Ren L L, Zhang Y F, Cui C Y, et al. Functionalized graphene oxide for anti-VEGF siRNA delivery: Preparation, characterization and evaluation *in vitro* and *in vivo* [J]. RSC Advances, 2017, 7(33): 20553-20566.

[207] Cheng C, Li S, Thomas A, et al. Functional graphene nanomaterials based architectures: Biointeractions, fabrications, and emerging biological applications [J]. Chemical Reviews, 2017, 117(3): 1826-1914.

[208] Wu S Y, An S S A, Hulme J. Current applications of graphene oxide in nanomedicine[J]. International Journal of Nanomedicine, 2015, 10 (Spec Iss): 9-24.

[209] Masoudipour E, Kashanian S, Maleki N. A targeted drug delivery system based on dopamine functionalized nano graphene oxide[J]. Chemical Physics Letters, 2017, 668: 56-63.

[210] Iwan A, Chuchmała A. Perspectives of applied graphene: Polymer solar cells[J]. Progress in Polymer Science, 2012, 37(12): 1805-1828.

[211] Wan X J, Huang Y, Chen Y S. Focusing on energy and optoelectronic applications: A journey for graphene and graphene oxide at large scale[J]. Accounts of Chemical Research, 2012, 45(4): 598-607.

[212] Roy-Mayhew J D, Aksay I A. Graphene materials and their use in dye-sensitized solar cells[J]. Chemical Reviews, 2014, 114(12): 6323-6348.

[213] Yeh T F, Syu J M, Cheng C, et al. Graphite oxide as a photocatalyst for hydrogen production from water[J]. Advanced Functional Materials, 2010, 20(14): 2255-2262.

[214] Roy-Mayhew J D, Bozym D J, Punckt C, et al. Functionalized graphene as a catalytic counter electrode in dye-sensitized solar cells[J]. ACS Nano, 2010, 4 (10): 6203-6211.

[215] Liu Z F, Liu Q, Huang Y, et al. Organic photovoltaic devices based on a novel acceptor material: Graphene[J]. Advanced Materials, 2008, 20(20): 3924-3930.

[216] Guo C X, Yang H B, Sheng Z M, et al. Layered graphene/quantum dots for photovoltaic devices[J]. Angewandte Chemie International Edition, 2010, 49 (17): 3014-3017.

[217] Zhang Q H, Yang W N, Ngo H H, et al. Current status of urban wastewater treatment plants in China[J]. Environment International, 2016, 92-93: 11-22.

[218] Yang M Q, Zhang N, Pagliaro M, et al. Artificial photosynthesis over graphene-semiconductor composites. Are we getting better? [J]. Chemical Society Reviews, 2014, 43(24): 8240-8254.

[219] Chabot V, Higgins D, Yu A P, et al. A review of graphene and graphene oxide sponge: Material synthesis and applications to energy and the environment[J]. Energy & Environmental Science, 2014, 7(5): 1564-1596.

[220] Zhu X Y, Yang K J, Chen B L. Membranes prepared from graphene-based nanomaterials for sustainable applications: A review[J]. Environmental Science: Nano, 2017, 4(12): 2267-2285.

[221] Skowron S T, Lebedeva I V, Popov A M, et al. Energetics of atomic scale structure changes in graphene[J]. Chemical Society Reviews, 2015, 44(10): 3143-3176.

[222] Liu Y X, Dong X C, Chen P. Biological and chemical sensors based on graphene materials[J]. Chemical Society Reviews, 2012, 41(6): 2283-2307.

[223] Zhu X H, Liu Y, Li P, et al. Applications of graphene and its derivatives in intracellular biosensing and bioimaging[J]. The Analyst, 2016, 141(15): 4541-4553.

[224] Yoon J W, Lee J H. Toward breath analysis on a chip for disease diagnosis using semiconductor-based chemiresistors: Recent progress and future perspectives[J]. Lab on a Chip, 2017, 17(21): 3537-3557.

[225] Wang L, Wu A G, Wei G. Graphene-based aptasensors: From molecule-interface interactions to sensor design and biomedical diagnostics[J]. The Analyst, 2018, 143(7): 1526-1543.

[226] Singh R, Singh E, Nalwa H S. Inkjet printed nanomaterial based flexible radio frequency identification (RFID) tag sensors for the Internet of nano things[J]. RSC Advances, 2017, 7(77): 48597-48630.

[227] Min P, Li X F, Liu P F, et al. Rational design of soft yet elastic lamellar graphene aerogels via bidirectional freezing for ultrasensitive pressure and bending sensors [J]. Advanced Functional Materials, 2021, 31(34): 2103703.

[228] Mao S, Chang J B, Pu H H, et al. Two-dimensional nanomaterial-based field-effect transistors for chemical and biological sensing [J]. Chemical Society Reviews, 2017, 46(22): 6872-6904.

[229] Pang Y, Zhang K N, Yang Z, et al. Epidermis microstructure inspired graphene pressure sensor with random distributed spinosum for high sensitivity and large linearity[J]. ACS Nano, 2018, 12(3): 2346-2354.

[230] Ryoo S R, Lee J, Yeo J, et al. Quantitative and multiplexed microRNA sensing in living cells based on peptide nucleic acid and nano graphene oxide (PANGO)[J]. ACS Nano, 2013, 7(7): 5882-5891.

[231] He Q Y, Wu S X, Yin Z Y, et al. Graphene-based electronic sensors[J]. Chemical Science, 2012, 3(6): 1764-1772.

[232] Cantrill S. Graphene makes sense[J]. Nature Nanotechnology, 2007: 1.

[233] Kaplan A, Yuan Z, Benck J D, et al. Current and future directions in electron transfer chemistry of graphene[J]. Chemical Society Reviews, 2017, 46(15): 4530-4571.

[234] Jin H Y, Guo C X, Liu X, et al. Emerging two-dimensional nanomaterials for electrocatalysis[J]. Chemical Reviews, 2018, 118(13): 6337-6408.

[235] Geim A K. Graphene: Status and prospects[J]. Science, 2009, 324(5934): 1530-1534.

[236] Manga K K, Zhou Y, Yan Y L, et al. Multilayer hybrid films consisting of alternating graphene and titania nanosheets with ultrafast electron transfer and photoconversion properties[J]. Advanced Functional Materials, 2009, 19(22): 3638-3643.

[237] Kamat P V. Graphene-based nanoassemblies for energy conversion[J]. The Journal of Physical Chemistry Letters, 2011, 2(3): 242-251.

[238] Gupta V, Chaudhary N, Srivastava R, et al. Luminscent graphene quantum dots for organic photovoltaic devices[J]. Journal of the American Chemical Society, 2011, 133(26): 9960-9963.

[239] Steim R, Kogler F R, Brabec C J. Interface materials for organic solar cells[J]. Journal of Materials Chemistry, 2010, 20(13): 2499-2512.

[240] An Q S, Zhang F J, Zhang J, et al. Versatile ternary organic solar cells: A critical review[J]. Energy & Environmental Science, 2016, 9(2): 281-322.

[241] Liu Q, Liu Z F, Zhang X Y, et al. Organic photovoltaic cells based on an acceptor of soluble graphene[J]. Applied Physics Letters, 2008, 92(22): 223303.

[242] Jun G H, Jin S H, Lee B, et al. Enhanced conduction and charge-selectivity by N-doped graphene flakes in the active layer of bulk-heterojunction organic solar cells [J]. Energy & Environmental Science, 2013, 6(10): 3000-3006.

[243] Wang Y, Tong S W, Xu X F, et al. Interface engineering of layer-by-layer stacked graphene anodes for high-performance organic solar cells[J]. Advanced Materials, 2011, 23(13): 1514-1518.

[244] Hsu C L, Lin C T, Huang J H, et al. Layer-by-layer graphene/TCNQ stacked films as conducting anodes for organic solar cells[J]. ACS Nano, 2012, 6(6):5031-5039.

[245] Zhang D, Xie F X, Lin P, et al. Al-TiO$_2$ composite-modified single-layer graphene as an efficient transparent cathode for organic solar cells[J]. ACS Nano, 2013, 7 (2): 1740-1747.

[246] Liu Z K, Li J H, Sun Z H, et al. The application of highly doped single-layer graphene as the top electrodes of semitransparent organic solar cells[J]. ACS Nano, 2012, 6(1): 810-818.

[247] Park H, Rowehl J A, Kim K K, et al. Doped graphene electrodes for organic solar cells[J]. Nanotechnology, 2010, 21(50): 505204.

[248] Beliatis M J, Gandhi K K, Rozanski L J, et al. Hybrid graphene-metal oxide solution processed electron transport layers for large area high-performance organic photovoltaics[J]. Advanced Materials, 2014, 26(13): 2078-2083.

[249] Yun J M, Yeo J S, Kim J, et al. Solution-processable reduced graphene oxide as a novel alternative to PEDOT: PSS hole transport layers for highly efficient and stable polymer solar cells[J]. Advanced Materials, 2011, 23(42): 4923-4928.

[250] Li S S, Tu K H, Lin C C, et al. Solution-processable graphene oxide as an efficient hole transport layer in polymer solar cells[J]. ACS Nano, 2010, 4(6): 3169-3174.

[251] Sugathan V, John E, Sudhakar K. Recent improvements in dye sensitized solar cells: A review[J]. Renewable and Sustainable Energy Reviews, 2015, 52: 54-64.

[252] Low F W, Lai C W. Recent developments of graphene-TiO$_2$ composite nanomaterials as efficient photoelectrodes in dye-sensitized solar cells: A review [J]. Renewable and Sustainable Energy Reviews, 2018, 82: 103-125.

[253] Gong J W, Liang J, Sumathy K. Review on dye-sensitized solar cells (DSSCs):

Fundamental concepts and novel materials[J]. Renewable and Sustainable Energy Reviews, 2012, 16(8): 5848-5860.

[254] Tsai C H, Chuang P Y, Hsu H L. Adding graphene nanosheets in liquid electrolytes to improve the efficiency of dye-sensitized solar cells[J]. Materials Chemistry and Physics, 2018, 207: 154-160.

[255] Akilimali R, Selopal G S, Benetti D, et al. Hybrid TiO_2-Graphene nanoribbon photoanodes to improve the photoconversion efficiency of dye sensitized solar cells [J]. Journal of Power Sources, 2018, 396: 566-573.

[256] Ju M J, Kim J C, Choi H J, et al. N-Doped graphene nanoplatelets as superior metal-free counter electrodes for organic dye-sensitized solar cells[J]. ACS Nano, 2013, 7(6): 5243-5250.

[257] Wang X, Zhi L J, Müllen K. Transparent, conductive graphene electrodes for dye-sensitized solar cells[J]. Nano Letters, 2008, 8(1): 323-327.

[258] Yang N L, Zhai J, Wang D, et al. Two-dimensional graphene bridges enhanced photoinduced charge transport in dye-sensitized solar cells[J]. ACS Nano, 2010, 4 (2): 887-894.

[259] Zhu Z L, Ma J N, Wang Z L, et al. Efficiency enhancement of perovskite solar cells through fast electron extraction: The role of graphene quantum dots[J]. Journal of the American Chemical Society, 2014, 136(10): 3760-3763.

[260] Xie J S, Huang K, Yu X G, et al. Enhanced electronic properties of SnO_2 via electron transfer from graphene quantum dots for efficient perovskite solar cells [J]. ACS Nano, 2017, 11(9): 9176-9182.

[261] Nouri E, Mohammadi M R, Lianos P. Inverted perovskite solar cells based on lithium-functionalized graphene oxide as an electron-transporting layer [J]. Chemical Communications, 2017, 53(10): 1630-1633.

[262] Kim G H, Jang H, Yoon Y J, et al. Fluorine functionalized graphene nano platelets for highly stable inverted perovskite solar cells[J]. Nano Letters, 2017, 17(10): 6385-6390.

[263] Kakavelakis G, Maksudov T, Konios D, et al. Efficient and highly air stable planar inverted perovskite solar cells with reduced graphene oxide doped PCBM electron transporting layer[J]. Advanced Energy Materials, 2017, 7(7): 1602120.

[264] Jokar E, Huang Z Y, Narra S, et al. Anomalous charge-extraction behavior for graphene-oxide (GO) and reduced graphene-oxide (rGO) films as efficient p-contact layers for high-performance perovskite solar cells[J]. Advanced Energy Materials, 2018, 8 (3): 1701640.

[265] Heo J H, Shin D H, Kim S, et al. Highly efficient $CH_3NH_3PbI_3$ perovskite solar cells prepared by $AuCl_3$-doped graphene transparent conducting electrodes[J]. Chemical Engineering Journal, 2017, 323: 153-159.

[266] Putri L K, Ong W J, Chang W S, et al. Heteroatom doped graphene in photocatalysis: A review[J]. Applied Surface Science, 2015, 358: 2-14.

功能化石墨烯材料及应用

[267] Li K, An X Q, Park K H, et al. A critical review of CO_2 photoconversion: Catalysts and reactors[J]. Catalysis Today, 2014, 224: 3-12.

[268] Tan L L, Chai S P, Mohamed A R. Synthesis and applications of graphene-based TiO_2 photocatalysts[J]. ChemSusChem, 2012, 5(10): 1868-1882.

[269] Liu H T, Ryu S, Chen Z Y, et al. Photochemical reactivity of graphene[J]. Journal of the American Chemical Society, 2009, 131(47): 17099-17101.

[270] Kumar D, Lee A, Lee T, et al. Ultrafast and efficient transport of hot plasmonic electrons by graphene for Pt free, highly efficient visible-light responsive photocatalyst[J]. Nano Letters, 2016, 16(3): 1760-1767.

[271] Bell N J, Ng Y H, Du A J, et al. Understanding the enhancement in photoelectrochemical properties of photocatalytically prepared TiO_2-reduced graphene oxide composite[J]. The Journal of Physical Chemistry C, 2011, 115 (13): 6004-6009.

[272] Xie G C, Zhang K, Guo B D, et al. Graphene-based materials for hydrogen generation from light-driven water splitting[J]. Advanced Materials, 2013, 25 (28): 3820-3839.

[273] Xiang Q J, Yu J G. Graphene-based photocatalysts for hydrogen generation[J]. The Journal of Physical Chemistry Letters, 2013, 4(5): 753-759.

[274] Xie Y Z, Liu Y, Zhao Y D, et al. Stretchable all-solid-state supercapacitor with wavy shaped polyaniline/graphene electrode[J]. Journal of Materials Chemistry A, 2014, 2(24): 9142-9149.

[275] Dunn B, Kamath H, Tarascon J M. Electrical energy storage for the grid: A battery of choices[J]. Science, 2011, 334(6058): 928-935.

[276] Liang J, Li F, Cheng H M, et al. On Energy: Electrochemical capacitors: Capacitance, functionality, and beyond[J]. Energy Storage Materials, 2017, 9: A1-A3.

[277] Zhu J X, Yang D, Yin Z Y, et al. Graphene and graphene-based materials for energy storage applications[J]. Small, 2014, 10(17): 3480-3498.

[278] Raccichini R, Varzi A, Passerini S, et al. The role of graphene for electrochemical energy storage[J]. Nature Materials, 2015, 14(3): 271-279.

[279] Pumera M. Graphene-based nanomaterials for energy storage [J]. Energy & Environmental Science, 2011, 4(3): 668-674.

[280] Lv W, Li Z J, Deng Y Q, et al. Graphene-based materials for electrochemical energy storage devices: Opportunities and challenges [J]. Energy Storage Materials, 2016, 2: 107-138.

[281] Hannan M A, Hoque M M, Mohamed A, et al. Review of energy storage systems for electric vehicle applications: Issues and challenges [J]. Renewable and Sustainable Energy Reviews, 2017, 69: 771-789.

[282] Dong Y F, Wu Z S, Ren W C, et al. Graphene: a promising 2D material for electrochemical energy storage[J]. Science Bulletin, 2017, 62(10): 724-740.

[283] Zhong C, Deng Y D, Hu W B, et al. A review of electrolyte materials and compositions for electrochemical supercapacitors[J]. Chemical Society Reviews, 2015, 44(21): 7484-7539.

[284] Zheng L, Cheng X H, Ye P Y, et al. Low temperature growth of three-dimensional network of graphene for high-performance supercapacitor electrodes [J]. Materials Letters, 2018, 218: 90-94.

[285] Yoo J J, Balakrishnan K, Huang J S, et al. Ultrathin planar graphene supercapacitors[J]. Nano Letters, 2011, 11(4): 1423-1427.

[286] Yang X, Cheng C, Wang Y, et al. Liquid-mediated dense integration of graphene materials for compact capacitive energy storage[J]. Science, 2013, 341(6145): 534-537.

[287] Ke Q Q, Wang J. Graphene-based materials for supercapacitor electrodes — A review[J]. Journal of Materiomics, 2016, 2(1): 37-54.

[288] El-Kady M F, Strong V, Dubin S, et al. Laser scribing of high-performance and flexible graphene-based electrochemical capacitors[J]. Science, 2012, 335(6074): 1326-1330.

[289] Wu Z S, Feng X L, Cheng H M. Recent advances in graphene-based planar micro-supercapacitors for on-chip energy storage[J]. National Science Review, 2014, 1 (2): 277-292.

[290] El-Kady M F, Kaner R B. Scalable fabrication of high-power graphene micro-supercapacitors for flexible and on-chip energy storage [J]. Nature Communications, 2013, 4: 1475.

[291] Geng D S, Ding N, Hor T S A, et al. From lithium-oxygen to lithium-air batteries: Challenges and opportunities[J]. Advanced Energy Materials, 2016, 6(9): 1502164.

[292] Farooqui U R, Ahmad A L, Hamid N A. Challenges and potential advantages of membranes in lithium air batteries: A review[J]. Renewable and Sustainable Energy Reviews, 2017, 77: 1114-1129.

[293] Xiao J, Mei D H, Li X L, et al. Hierarchically porous graphene as a lithium-air battery electrode[J]. Nano Letters, 2011, 11(11): 5071-5078.

[294] Zhu T J, Li X Y, Zhang Y, et al. Three-dimensional reticular material NiO/Ni-graphene foam as cathode catalyst for high capacity lithium-oxygen battery[J]. Journal of Electroanalytical Chemistry, 2018, 823: 73-79.

[295] Jeong Y S, Park J B, Jung H G, et al. Study on the catalytic activity of noble metal nanoparticles on reduced graphene oxide for oxygen evolution reactions in lithium-air batteries[J]. Nano Letters, 2015, 15(7): 4261-4268.

[296] Liang S S, Yan W Q, Wu X, et al. Gel polymer electrolytes for lithium ion batteries: Fabrication, characterization and performance[J]. Solid State Ionics, 2018, 318: 2-18.

[297] Park M, Zhang X C, Chung M, et al. A review of conduction phenomena in Li-

ion batteries[J]. Journal of Power Sources, 2010, 195(24): 7904-7929.

[298] Kim H, Park K Y, Hong J, et al. All-graphene-battery: Bridging the gap between supercapacitors and lithium ion batteries[J]. Scientific Reports, 2014, 4: 5278.

[299] Chen K S, Xu R, Luu N S, et al. Comprehensive enhancement of nanostructured lithium-ion battery cathode materials via conformal graphene dispersion[J]. Nano Letters, 2017, 17(4): 2539-2546.

[300] Suresh S, Wu Z P, Bartolucci S F, et al. Protecting silicon film anodes in lithium-ion batteries using an atomically thin graphene drape[J]. ACS Nano, 2017, 11(5): 5051-5061.

[301] Lin D C, Liu Y Y, Liang Z, et al. Layered reduced graphene oxide with nanoscale interlayer gaps as a stable host for lithium metal anodes [J]. Nature Nanotechnology, 2016, 11(7): 626-632.

[302] Jiang T C, Bu F X, Feng X X, et al. Porous Fe_2O_3 nanoframeworks encapsulated within three-dimensional graphene as high-performance flexible anode for lithium-ion battery[J]. ACS Nano, 2017, 11(5): 5140-5147.

[303] Xing L B, Xi K, Li Q Y, et al. Nitrogen, sulfur-codoped graphene sponge as electroactive carbon interlayer for high-energy and -power lithium-sulfur batteries [J]. Journal of Power Sources, 2016, 303: 22-28.

[304] Tang C, Li B Q, Zhang Q, et al. CaO-templated growth of hierarchical porous graphene for high-power lithium-sulfur battery applications [J]. Advanced Functional Materials, 2016, 26(4): 577-585.

[305] Song J X, Yu Z X, Gordin M L, et al. Advanced sulfur cathode enabled by highly crumpled nitrogen-doped graphene sheets for high-energy-density lithium-sulfur batteries[J]. Nano Letters, 2016, 16(2): 864-870.

[306] Li Z Q, Li C X, Ge X L, et al. Reduced graphene oxide wrapped MOFs-derived cobalt-doped porous carbon polyhedrons as sulfur immobilizers as cathodes for high performance lithium sulfur batteries[J]. Nano Energy, 2016, 23: 15-26.

[307] Huang J Q, Xu Z L, Abouali S, et al. Porous graphene oxide/carbon nanotube hybrid films as interlayer for lithium-sulfur batteries[J]. Carbon, 2016, 99: 624-632.

[308] Fang R P, Zhao S Y, Pei S F, et al. Toward more reliable lithium-sulfur batteries: An all-graphene cathode structure[J]. ACS Nano, 2016, 10(9): 8676-8682.

[309] Yang K, Zhang S, Zhang G, et al. Graphene in mice: Ultrahigh *in vivo* tumor uptake and efficient photothermal therapy[J]. Nano Letters, 2010, 10(9): 3318-3323.

[310] Wang Y H, Wang H G, Liu D P, et al. Graphene oxide covalently grafted upconversion nanoparticles for combined NIR mediated imaging and photothermal/photodynamic cancer therapy [J]. Biomaterials, 2013, 34 (31): 7715-7724.

[311] Ma X, Qu Q Y, Zhao Y, et al. Graphene oxide wrapped gold nanoparticles for

intracellular Raman imaging and drug delivery[J]. Journal of Materials Chemistry B, 2013, 1(47): 6495-6500.

[312] Gao Z L, Xia H, Zauberman J, et al. Detection of sub-fM DNA with target recycling and self-assembly amplification on graphene field-effect biosensors[J]. Nano Letters, 2018, 18(6): 3509-3515.

[313] Jaihindh D P, Chen C C, Fu Y P. Reduced graphene oxide-supported Ag-loaded Fe-doped TiO_2 for the degradation mechanism of methylene blue and its electrochemical properties[J]. RSC Advances, 2018, 8(12): 6488-6501.

[314] Li J, Shao Z Y, Chen C L, et al. Hierarchical GOs/Fe_3O_4/PANI magnetic composites as adsorbent for ionic dye pollution treatment[J]. RSC Advances, 2014, 4(72): 38192.

[315] Chen Y Q, Chen L B, Bai H, et al. Graphene oxide-chitosan composite hydrogels as broad-spectrum adsorbents for water purification [J]. Journal of Materials Chemistry A, 2013, 1(6): 1992-2001.

[316] Venkateswarlu S, Lee D, Yoon M. Bioinspired 2D-carbon flakes and Fe_3O_4 nanoparticles composite for arsenite removal [J]. ACS Applied Materials & Interfaces, 2016, 8(36): 23876-23885.

[317] Salam M A, Fageeh O, Al-Thabaiti S A, et al. Removal of nitrate ions from aqueous solution using zero-valent iron nanoparticles supported on high surface area nanographenes[J]. Journal of Molecular Liquids, 2015, 212: 708-715.

[318] Zhao G X, Li J X, Ren X M, et al. Few-layered graphene oxide nanosheets as superior sorbents for heavy metal ion pollution management[J]. Environmental Science & Technology, 2011, 45(24): 10454-10462.

[319] Yusuf M, Khan M A, Abdullah E C, et al. Dodecyl sulfate chain anchored mesoporous graphene: Synthesis and application to sequester heavy metal ions from aqueous phase[J]. Chemical Engineering Journal, 2016, 304: 431-439.

[320] Yang A L, Yang P, Huang C P. Preparation of graphene oxide-chitosan composite and adsorption performance for uranium [J]. Journal of Radioanalytical and Nuclear Chemistry, 2017, 313(2): 371-378.

[321] Xu M H, Chai J, Hu N T, et al. Facile synthesis of soluble functional graphene by reduction of graphene oxide via acetylacetone and its adsorption of heavy metal ions[J]. Nanotechnology, 2014, 25(39): 395602.

[322] Luo S L, Xu X L, Zhou G Y, et al. Amino siloxane oligomer-linked graphene oxide as an efficient adsorbent for removal of Pb(Ⅱ) from wastewater[J]. Journal of Hazardous Materials, 2014, 274: 145-155.

[323] Li L, Luo C, Li X, et al. Preparation of magnetic ionic liquid/chitosan/graphene oxide composite and application for water treatment[J]. International Journal of Biological Macromolecules, 2014, 66: 172-178.

[324] Li Z J, Wang L, Yuan L Y, et al. Efficient removal of uranium from aqueous solution by zero-valent iron nanoparticle and its graphene composite[J]. Journal of

Hazardous Materials, 2015, 290: 26-33.

[325] Tang Y L, Guo H G, Xiao L, et al. Synthesis of reduced graphene oxide/magnetite composites and investigation of their adsorption performance of fluoroquinolone antibiotics [J]. Colloids and Surfaces A: Physicochemical and Engineering Aspects, 2013, 424: 74-80.

[326] Lin Y X, Xu S, Li J. Fast and highly efficient tetracyclines removal from environmental waters by graphene oxide functionalized magnetic particles [J]. Chemical Engineering Journal, 2013, 225: 679-685.

[327] Yu F, Li Y, Han S, et al. Adsorptive removal of ciprofloxacin by sodium alginate/graphene oxide composite beads from aqueous solution [J]. Journal of Colloid & Interface Science, 2016, 484: 196-204.

[328] Song S, Yang H, Su C P, et al. Ultrasonic-microwave assisted synthesis of stable reduced graphene oxide modified melamine foam with superhydrophobicity and high oil adsorption capacities [J]. Chemical Engineering Journal, 2016, 306: 504-511.

[329] Bi H C, Xie X, Yin K B, et al. Spongy graphene as a highly efficient and recyclable sorbent for oils and organic solvents[J]. Advanced Functional Materials, 2012, 22(21): 4421-4425.

[330] Wu Z Y, Li C, Liang H W, et al. Carbon nanofiber aerogels for emergent cleanup of oil spillage and chemical leakage under harsh conditions[J]. Scientific Reports, 2014, 4: 4079.

[331] Wu C, Huang X Y, Wu X F, et al. Mechanically flexible and multifunctional polymer-based graphene foams for elastic conductors and oil-water separators[J]. Advanced Materials, 2013, 25(39): 5658-5662.

[332] Wang C F, Lin S J. Robust superhydrophobic/superoleophilic sponge for effective continuous absorption and expulsion of oil pollutants from water[J]. ACS Applied Materials & Interfaces, 2013, 5(18): 8861-8864.

[333] Sun H Y, Xu Z, Gao C. Multifunctional, ultra-flyweight, synergistically assembled carbon aerogels[J]. Advanced Materials, 2013, 25(18): 2554-2560.

[334] Ge J, Zhao H Y, Zhu H W, et al. Advanced sorbents for oil-spill cleanup: Recent advances and future perspectives[J]. Advanced Materials, 2016, 28(47): 10459-10490.

[335] Ge J, Shi L, Wang Y C, et al. Joule-heated graphene-wrapped sponge enables fast clean-up of viscous crude-oil spill[J]. Nature Nanotechnology, 2017, 12(5): 434-440.

[336] Wang C L, Astruc D. Recent developments of metallic nanoparticle-graphene nanocatalysts[J]. Progress in Materials Science, 2018, 94: 306-383.

[337] Liu L, Zhu Y P, Su M, et al. Metal-free carbonaceous materials as promising heterogeneous catalysts[J]. ChemCatChem, 2015, 7(18): 2765-2787.

[338] Julkapli N M, Bagheri S. Graphene supported heterogeneous catalysts: An

overview[J]. International Journal of Hydrogen Energy, 2015, 40(2): 948-979.

[339] Chen Y J, Ji S F, Chen C, et al. Single-atom catalysts: Synthetic strategies and electrochemical applications[J]. Joule, 2018, 2(7): 1242-1264.

[340] Zhuang S Q, Nunna B B, Mandal D, et al. A review of nitrogen-doped graphene catalysts for proton exchange membrane fuel cells-synthesis, characterization, and improvement[J]. Nano-Structures & Nano-Objects, 2018, 15: 140-152.

[341] Chen K, Shi L R, Zhang Y F, et al. Scalable chemical-vapour-deposition growth of three-dimensional graphene materials towards energy-related applications[J]. Chemical Society Reviews, 2018, 47(9): 3018-3036.

[342] Zhang L P, Xu Q, Niu J B, et al. Role of lattice defects in catalytic activities of graphene clusters for fuel cells[J]. Physical Chemistry Chemical Physics, 2015, 17 (26): 16733-16743.

[343] Jia Y, Zhang L, Du A, et al. Defect graphene as a trifunctional catalyst for electrochemical reactions[J]. Advanced Materials, 2016, 28(43): 9532-9538.

[344] Duan X G, Sun H Q, Ao Z M, et al. Unveiling the active sites of graphene-catalyzed peroxymonosulfate activation[J]. Carbon, 2016, 107: 371-378.

[345] Zhang J T, Dai L M. Nitrogen, phosphorus, and fluorine tri-doped graphene as a multifunctional catalyst for self-powered electrochemical water splitting [J]. Angewandte Chemie (International Edition), 2016, 55(42): 13296-13300.

[346] Yu X M, Han P, Wei Z X, et al. Boron-doped graphene for electrocatalytic N_2 reduction[J]. Joule, 2018, 2(8): 1610-1622.

[347] Ito Y, Cong W T, Fujita T, et al. High catalytic activity of nitrogen and sulfur co-doped nanoporous graphene in the hydrogen evolution reaction[J]. Angewandte Chemie (International Edition), 2015, 54(7): 2131-2136.

[348] Zhang L P, Niu J B, Li M T, et al. Catalytic mechanisms of sulfur-doped graphene as efficient oxygen reduction reaction catalysts for fuel cells[J]. The Journal of Physical Chemistry C, 2014, 118(7): 3545-3553.

[349] Yang Z, Yao Z, Li G F, et al. Sulfur-doped graphene as an efficient metal-free cathode catalyst for oxygen reduction[J]. ACS Nano, 2012, 6(1): 205-211.

[350] Wang L, Dong H L, Guo Z Y, et al. Potential application of novel boron-doped graphene nanoribbon as oxygen reduction reaction catalyst[J]. The Journal of Physical Chemistry C, 2016, 120(31): 17427-17434.

[351] Su C, Tandiana R, Balapanuru J, et al. Tandem catalysis of amines using porous graphene oxide[J]. Journal of the American Chemical Society, 2015, 137(2): 685-690.

[352] Gong Y J, Fei H L, Zou X L, et al. Boron- and nitrogen-substituted graphene nanoribbons as efficient catalysts for oxygen reduction reaction[J]. Chemistry of Materials, 2015, 27(4): 1181-1186.

[353] Zhang C Z, Mahmood N, Yin H, et al. Synthesis of phosphorus-doped graphene and its multifunctional applications for oxygen reduction reaction and lithium ion

batteries[J]. Advanced Materials, 2013, 25(35): 4932-4937.

[354] Yang H B, Miao J W, Hung S F, et al. Identification of catalytic sites for oxygen reduction and oxygen evolution in N-doped graphene materials: Development of highly efficient metal-free bifunctional electrocatalyst[J]. Science Advances, 2016, 2(4): e1501122.

[355] Jiao Y, Zheng Y, Davey K, et al. Activity origin and catalyst design principles for electrocatalytic hydrogen evolution on heteroatom-doped graphene[J]. Nature Energy, 2016, 1: 16130.

[356] Guo D H, Shibuya R, Akiba C, et al. Active sites of nitrogen-doped carbon materials for oxygen reduction reaction clarified using model catalysts[J]. Science, 2016, 351(6271): 361-365.

[357] Rivera-Cárcamo C, Serp P. Cover feature: Single atom catalysts on carbon-based materials (ChemCatChem 22/2018)[J]. ChemCatChem, 2018, 10(22): 5056.

[358] Qiao B T, Wang A Q, Yang X F, et al. Single-atom catalysis of CO oxidation using Pt1/FeO$_x$[J]. Nature Chemistry, 2011, 3(8): 634-641.

[359] Liang S X, Hao C, Shi Y T. The power of single-atom catalysis[J]. ChemCatChem, 2015, 7(17): 2559-2567.

[360] Zhu C Z, Fu S F, Shi Q R, et al. Single-atom electrocatalysts[J]. Angewandte Chemie International Edition, 2017, 56(45): 13944-13960.

[361] Yang X F, Wang A Q, Qiao B T, et al. Single-atom catalysts: A new frontier in heterogeneous catalysis[J]. Accounts of Chemical Research, 2013, 46(8): 1740-1748.

[362] Feng K, Zhong J, Zhao B H, et al. Cu$_x$Co$_{1-x}$O nanoparticles on graphene oxide as A synergistic catalyst for high-efficiency hydrolysis of ammonia-borane[J]. Angewandte Chemie International Edition, 2016, 55(39): 11950-11954.

[363] Fei H L, Dong J C, Arellano-Jiménez M J, et al. Atomic cobalt on nitrogen-doped graphene for hydrogen generation[J]. Nature Communications, 2015, 6: 8668.

[364] Qiu H J, Ito Y, Cong W T, et al. Nanoporous graphene with single-atom nickel dopants: An efficient and stable catalyst for electrochemical hydrogen production [J]. Angewandte Chemie (International Edition), 2015, 54(47): 14031-14035.

[365] He L, Weniger F, Neumann H, et al. Synthesis, characterization, and application of metal nanoparticles supported on nitrogen-doped carbon: Catalysis beyond electrochemistry[J]. Angewandte Chemie (International Edition), 2016, 55(41): 12582-12594.

[366] Deng J, Ren P J, Deng D H, et al. Enhanced electron penetration through an ultrathin graphene layer for highly efficient catalysis of the hydrogen evolution reaction[J]. Angewandte Chemie (International Edition), 2015, 54(7): 2100-2104.

[367] Shahzad F, Kumar P, Yu S, et al. Sulfur-doped graphene laminates for EMI shielding applications[J]. Journal of Materials Chemistry C, 2015, 3(38): 9802-

9810.

[368] Chen Z P, Xu C, Ma C Q, et al. Lightweight and flexible graphene foam composites for high-performance electromagnetic interference shielding [J]. Advanced Materials, 2013, 25(9): 1296-1300.

[369] Cao M S, Wang X X, Cao W Q, et al. Ultrathin graphene: Electrical properties and highly efficient electromagnetic interference shielding[J]. Journal of Materials Chemistry C, 2015, 3(26): 6589-6599.

[370] Ling J Q, Zhai W T, Feng W W, et al. Facile preparation of lightweight microcellular polyetherimide/graphene composite foams for electromagnetic interference shielding[J]. ACS Applied Materials & Interfaces, 2013, 5(7): 2677-2684.

索 引

B

保护层　187,190,191
贝克曼环化反应　112,113
表面辅助合成法　28,29,32－36,40,
　137,139,142,143
表面增强拉曼成像　235,236

C

插层石墨　62,68,70,86,92
场效应晶体管　38,140－144,166－
　169,230,232
超临界法　86,87

D

单层肖特基　176
单空位　262,263
单原子催化　7,13,266,267,269,270
等电点　249
点缺陷　262,263,268
电磁干扰屏蔽　21,271,272
电弧放电法　74,76
电化学还原法　162,164
多巴胺　226－228

F

芳基重氮盐自由基反应　108

沸石咪唑酯骨架结构材料　53
傅-克酰基化反应　121,122,126,128

G

钙钛矿太阳能电池　187－191
共价有机框架　25,47,51
沟道　140,142,167,230,231
光动力学疗法　236－238
光解水　192,193
光热疗法　223,236－238
光阳极　183－185
过电势　191,219,220,259,262

H

海水淡化　21,154,156,175,275,277,
　278
海湾区　27,30,31
互补金属氧化物半导体　202
化学还原法　164,165,181
化学气相沉积　34,41,88,92,137,139,
　140,143,153
化学氧化法　61,63,67,88,97,100,103

J

激子　175－177,183,186,265
集流体　183,184,196,198,203,208,

210,214－217

金属有机框架 25,47,51,209,254

锯齿形 166

K

科尔贝电解反应 113

L

锂-空气（氧气）电池 218

锂硫电池 195,214－218,222

锂-氧电池 195

两电子过程 258

漏极 140－143,167－169,230

N

纳米多孔石墨烯 38,40

钠离子电池 195

P

膨胀石墨 62,69

平均短路电流密度 181

平均能量转化效率 181

平均填充因子 181

Q

亲核加成反应 120,121,125

球磨法 78,79

取代反应 110,121,124

R

染料敏化太阳能电池 176,183－185

热处理还原法 162,164

人造石墨 62

S

生物传感器 223,224,228－230,232

生物造影 223,234

石墨烯负载 221,264,265,268－270

双层异质结 176

双电层电容器 196－198

双空位 262,263

四电子过程 258,261

T

炭黑 18,61,88,99,100

碳纤维 88,99,101,102

体外检测 230,232

体异质结 160,176,180,181

天然石墨 62

W

微流化法 79,80

微型-超级电容器 201,202

无转移合成 146

X

细胞内检测 229,230

峡湾区 27

线缺陷 262,263,268

形貌调控功能化 12,14,15

Y

赝电容电容器 196,198－200

阳极界面层 181

药物传输 223－226,236

液相剥离法 81,82

液相合成法 32,34,139

乙炔环化三聚反应 29

荧光标记成像　234

源极　140－143,167－169,230

Z

重金属离子　156,242,244－246,

248,249

自由基加成反应　108,110－114